建设工程施工与安全

向伟明　雷　华　秦永球　主　编
梁妍妍　李德军　陈文伟　副主编
马伟民　李耀军　主　审

U0283337

中国建筑工业出版社

图书在版编目（CIP）数据

建设工程施工与安全/向伟明等主编. —北京：中国建筑工业
出版社，2017.9（2022.1重印）
ISBN 978-7-112-21199-9

Ⅰ.①建⋯　Ⅱ.①向⋯　Ⅲ.①建筑施工-安全技术-教材
Ⅳ.①TU714.2

中国版本图书馆 CIP 数据核字（2017）第 219975 号

　　本书以建设工程施工技术与相关的安全技术结合，分别介绍了隐蔽工程与地面工程、市政与路桥工程的施工方法和应注意的安全技术。第一篇为隐蔽工程与地面工程，分别是基坑工程、地下连续墙施工、盾构法施工技术、顶管法施工技术、沉管法施工技术、模板与脚手架工程、拆除爆破工程、钢筋和焊接工程、垂直运输工程、季节施工、高处作业。第二篇是市政与道路桥梁工程，主要内容是市政工程基本知识、管道工程、道路工程、桥梁工程，每章均列举了相关案例。
　　本书可作为土木工程施工技术人员和管理人员的参考书，也可作为高等院校相关专业的学习教材。

责任编辑：王　梅　杨　允
责任设计：李志立
责任校对：李欣慰　王宇枢

建设工程施工与安全

向伟明　雷　华　秦永球　主　编
梁妍妍　李德军　陈文伟　副主编
马伟民　李耀军　主　审

*

中国建筑工业出版社出版、发行（北京海淀三里河路9号）
各地新华书店、建筑书店经销
北京科地亚盟排版公司制版
北京建筑工业印刷厂印刷

*

开本：787×1092毫米　1/16　印张：17½　字数：432千字
2018年2月第一版　　2022年1月第二次印刷
定价：48.00元
ISBN 978-7-112-21199-9
（30839）

编写委员会

主　　编：向伟明　雷　华　秦永球

副主编：梁妍妍　李德军　陈文伟

主　　审：马伟民　李耀军

参　　编：向伟明　隆　敏　吴声扬　潘恩慕

　　　　　傅明月　李枚洁　李广熙　雷　华

　　　　　秦永球　梁妍妍　李德军　陈文伟

　　　　　雷传章

前　言

近 20 年来，我国在土木工程领域发展迅速，无论是施工规模还是施工速度都令世人瞩目，在建造过程由于材料、管理尤其是施工等方面的因素，造成工程质量事故并不鲜见，安全问题日益突出。为此作者组织编写了《建设工程施工与安全》一书，阐述施工技术与安全的关系，施工安全的措施等。作者在收集大量最新工程事故案例的基础上结合建筑工程施工方法阐述了安全的重要性。对土木工程施工领域的施工方法、安全作业等做了较详细的介绍。与其他相关工具书不同：本书除了常用的工业与民用建筑外，增加了市政工程、路桥工程的内容，可作为各类工程技术人员的参考资料，也可作为本科高年级学生的专业用书。

本书出版得到广州大学出版基金、广州城市职业学院、广东荣骏建设工程检测股份有限公司支持。广东荣骏建设工程检测股份有限公司、广东省高教建筑规划设计院对本书编写提供了大量的参考数据，广东省建设工程质量安全检测和鉴定协会参与编写并大力支持与参与。各章编写人员是：第 1 章：吴声扬、向伟明、李德军；第 2、3 章：吴声扬、向伟明、傅明月、雷传章；第 4 章：秦永球；第 5 章：吴声扬、秦永球、李枚洁；第 6、7、8 章：潘恩慕、雷传章、陈文伟；第 9 章：雷华、雷传章；第 10 章：潘恩慕、李枚洁；第 11 章：潘恩慕、傅明月、陈文伟；第 12、13 章：隆敏、雷华、梁妍妍；第 14 章：隆敏、李广熙。本书由向伟明等主编并统稿，由傅明月、李枚洁、吴天龙、陈庭霄等校核。

鉴于本书作者水平有限，难免存在一些不足，敬请读者原谅指正。

目　　录

第二篇 市政与路桥工程

第一篇

隐蔽工程与地面工程

第1章 基坑工程

1.1 概　述

近年来，城市高层建筑愈来愈多。大多数高层建筑的基础埋置较深，以满足使用等要求，同时利用地下空间，建造地下车库、商场、仓库和满足人防设施等，因此，建筑深基坑的开挖和支护便成为一个突出的问题。

本章所述的深基坑，是指深度大于7m的基坑。深基坑的支护，不仅要保证基坑内能正常安全作业，而且要防止基底及坑外土体移动，保证基坑附近建筑物、道路、管线的正常运行。我国深基坑工程迅速发展，在工程的实践中有成功也有失败，深基坑中还有很多问题需要我们进一步去解决。

1.2　基坑开挖与安全技术

1.2.1　基坑开挖方式

根据土层条件和周边环境，基坑开挖可分为4种类型：

（1）无支护开挖。它又分为垂直开挖和放坡开挖，不需要支撑，费用低、工期短，是首先考虑的方式。

（2）支护开挖。根据制作方式划分的常用的围护结构类型如下：

1）简易支挡。一边依靠土体，一边用木挡板和纵梁控制地层坍塌。可用于局部开挖，工期短的小规模工程。其特点为：刚性小、易变形、透水。

2）钢板桩。用锤击打入或振动打入法就位，施工简便，工程结束后钢板桩可回收，重复使用。

3）钢管桩。截面刚度大于钢板桩，在松软地层中开挖深度较大。需有防护措施相配合。

4）钢筋混凝土板桩。具有施工简便、现场作业周期短等特点，在基坑工程中广泛应用，但由于钢筋混凝土板桩的打入一般采用锤击方法，振动与噪声大，同时沉桩过程中挤土较为严重，在城市基础工程中受到一定限制。其制作成本较灌注桩等略高。

5）地下连续墙。其刚度度大，开挖深度大，可适用于所有地层，强度高，变形小，隔水性好，同时可兼作主体结构的一部分，环境影响小，但造价较高。

6）SMW工法。SMW工法是 Soil Mixing Wall 的简称，它是一种劲性水泥搅拌桩法，即在水泥桩内插入 H 型钢等，将承受荷载与防渗挡水结合起来，充分发挥水泥土混合体和受拉材料的力学特性。其强度高、隔水性好，内插的型钢可拔出反复使用，经济性好。

（3）逆作法或半逆作法开挖。借助地下结构的支撑作用，节约坑壁的锚拉结构，其施工顺序是先做混凝土灌注桩，再做混凝土顶板，然后再做竖井开挖排土，利用箱基结构作为侧向挡土结构的支撑点。

（4）其他形式。除以上介绍的几种外，还有综合法支护开挖（基坑部分放坡开挖，部分支护开挖）及坑壁、坑底土体加固开挖等。

1.2.2 基坑施工与支护选型

当建筑物地下部分施工时，就必须开挖基坑、进行降水和对坑壁进行围挡，选择合适的支护类型关系到整个工程的正常安全施工。

工程地质的多样性决定了基坑的复杂程度，工程上并没有相同的基坑，基坑支护结构的选型主要应考虑以下几方面的因素：

1. 工程地质与水文条件

（1）不同的水土环境决定了不同的施工方案，而设计施工前则应做好详细的地质勘察。

（2）土层环境的环境中的含水率、抗剪强度、密度、压缩量等技术参数，是对基坑土体最直接的特征。

2. 基坑开挖深度

（1）基坑侧壁的土压力随着开挖深度增加而增大，深度越大的基坑越复杂，深基坑的开挖必须经过专家论证方可实施。

（2）基坑开挖要遵循科学的施工顺序，宜结合不用的开挖方法来降低深基坑引起的失稳问题。

3. 降排水条件

（1）为保证坑底良好的作业面，应做良好的降排水措施。

（2）防止管涌流砂的危害，应对土层中水文条件进行实时监测。

4. 周边环境对基坑侧壁位移影响

（1）基坑周边原则上不能随意堆载土料以及其他大型机械，容易对基坑侧壁造成过大的侧压力，当附近有大型建筑物等重大荷载时，应对支护作严格要求并论证可行性。

5. 季节与气候

（1）雨季大量降水容易造成基坑侧壁荷载增大，应考虑排水及防渗措施。

（2）无法避免时，应做好排水措施。

以下介绍基坑支护的类型和选型的原则，如表1.1所示。

常用支护结构形式的选择 表1.1

类型、名称	支护特点	适用条件
挡土墙灌注排桩或地下连续墙	刚度大，抗弯性能好，变形小，适用性强	1. 适用各基坑侧壁安全等级； 2. 软土场地深度不宜大于5m； 3. 适用于逆作法施工； 4. 对于变形较大基坑可选用双排桩
排桩土层锚杆支护	能与土体结合承受很大拉力，变形小，适应性强； 无须大型机械，工作量小，省钢材，费用低	1. 适用于各基坑侧壁安全等级； 2. 适用于大面积深基坑； 3. 不宜使用于地下水层，含化学腐蚀物土层

类型、名称	支护特点	适用条件
排桩内支撑支护	受力合理，易于控制变形、安全可靠；但需大量支撑材料	1. 适用各基坑侧壁安全等级； 2. 适用于各种不易设置锚杆的松软土层； 3. 地下水位高于基坑底面时应采取降水或止水措施
水泥土墙支护	具有挡土、截水双重功能；施工机具设备相对较简单；成墙速度快，适用材料单一，造价低	1. 基坑侧壁安全等级一、二级； 2. 水泥土墙施工范围内的地基土承载力不宜小150kPa； 3. 基坑深度不宜大于6m； 4. 基坑周围具备水泥土墙的施工宽度
土钉墙或喷锚支护	结构简单，承载能力较高；可阻水，变形小，安全可靠，适应性强；施工机具简单，施工灵活，低噪声，低污染，对周边环境影响小，支护费用低	1. 基坑侧壁安全等级二、三级； 2. 土钉墙深度不宜大于12m；喷锚支护适于无流砂、含水率低、非流塑土层基坑，开挖深度不大于18m； 3. 地下水位高于基坑底面时应采取降水或止水措施
钢板桩	承载力高、刚度大、整体性好、锁口紧密、水密性强，适应各种平面形状土质，打设方便，施工快、可回收使用，但需大量钢材，成本较大	1. 基坑侧壁安全等级二、三级； 2. 基坑深度不宜大于5m； 3. 当地下水位高于基坑地面时，应采用降水或截水措施

1.2.3 深基坑施工

在软土地区，支护体系的插入深度除满足稳定要求外，当有较好下卧土层时，支护体系的根部宜插入土层。当坑底土层比较软弱时，宜对被动区土体进行加固。被动区土体加固应在基坑开挖前进行，并应有足够的养护期，保证加固土体的强度达到设计要求时，方可开挖基坑。

对被保护的建筑物采取加固措施时，应考虑加固施工过程中土体强度短期降低的影响；必要时要采取保护措施。

基坑工程施工，必须以缩短基坑暴露时间为原则，减少基坑的后期变形。

基坑开挖前应做好以下准备工作：

1. 做好地下水处理

（1）基坑施工常遇地下水，尤其深度施工处理不好不但影响基坑施工，还会给周边建筑造成沉降不均的危险，此时需要采取防水措施。

开挖深度较浅时，可采用明沟排水。沿槽底挖出两道水沟，每隔30~40m设置一集水井，用抽水设备将水抽走。有时深基坑施工，为排除雨季的暴雨突然而来的明水，也采用明排；开挖深度大于3m时，可采用井点降水。在基坑外设置降水管，管壁有孔并有过滤网，可以防止在抽水过程中将土粒带走，保持土体结构不被破坏。井点降水每级可降低水位4.5m，再深时可采用多级降水，水量大时也可采用深井降水。当降水可能造成周围建筑物不均匀沉降时，应在降水的同时采取回灌措施。回灌井是一个较长的穿孔井管，和井点的过滤管一样，井外填以适当级配的滤料，井口用黏土封口，防止空气进入。回灌与降水同时进行，并随时观测地下水位的变化，以保持原有的地下水位不变。

（2）基坑隔渗是用高压旋喷、深层搅拌形成的水泥土墙和底板而形成的止水帷幕，阻止地下水渗入基坑内。隔渗的抽水井可设在坑内，也可设在坑外。

1）坑内抽水：不会造成周边建筑物、道路等沉降问题，可以坑外高水位、坑内低水位干燥条件下作业。但最后封井技术上应注意防漏，止水帷幕采用落底式，向下延伸到不透水层以内对坑内封闭。

2）坑外抽水：含水层较厚，帷幕悬吊在透水层中。由于采用了坑外抽水，从而减轻了挡土桩的侧压力。但坑外抽水对周边建筑物有不利的沉降影响。

（3）做好止水堵漏的准备工作。

1）围护体系有渗漏时，必须及时采取有效的堵漏措施。基坑开挖后，必须及时铺筑垫层，必要时可在垫层中加钢筋。

2）严格控制基坑周边的堆载。在载重车辆频繁通过的地段，应铺设走道板或进行地基加固。

① 坑边堆置土方和材料包括沿挖土方边缘移动运输工具和机械不应离槽边过近，堆置土方距坑槽上部边缘不小于 1.2m，弃土堆置高度不超过 1.5m。

② 大中型施工机具距坑槽边距离，应根据设备重量、基坑支护情况、土质情况经计算确定。规范规定"基坑周边严禁超堆荷载"。土方开挖如有超载和不可避免的边坡堆载，包括挖土机平台位置等，应在施工方案中进行设计计算确认。

③ 当周边有条件时可采用坑外降水，以减少墙体后面的水压力。

2. 边坡放坡

开挖时，坡度和坡高应通过计算确定，当分级放坡时，应同时验算小坡和大坡的稳定性，并考虑卸荷回弹、雨季施工、土壤扰动等影响。控制在坡顶堆放弃土或其他荷载。保持坡体干燥并做好坡面和坡脚保护措施。

3. 作业环境

建筑施工现场作业条件，往往是地下作业条件被忽视，坑槽内作业不应降低规范要求：

（1）人员作业必须有安全立足点，脚手架搭设必须符合规范规定，临边防护符合要求。当基坑施工深度达到 2m 时，对坑边作业已构成危险，按照高处作业和临边作业的规定，应搭设临边防护设施；基坑周边搭的防护栏杆，从选材、搭设方式及牢固程度都应符合《建筑施工高处作业安全技术规范》的规定。

（2）交叉作业、多层作业上下设置隔离层。垂直运输作业及设备也必须按照相应的规范进行检查。

（3）深基坑施工的照明问题，电箱的设置及周围环境以及各种电气设备的架设使用均应符合电气规范规定。

4. 深基坑施工安全技术

（1）基坑周围的地面应进行防水处理，严防雨水等地面水侵入基坑周边的土体。

（2）基坑边坡开挖时边开挖边支护。

（3）基坑边缘堆置土方或沿挖土方边缘移动运输工具和机械，一般应距基坑上部边缘不少于 2m，堆置高度不应超过 1.5m。

（4）山坡上进行基坑开挖前，将坑口上坡山体的松动石块清理干净，如有松软的浮土或者不稳定土层，需将其全部清理干净，坑口上方留不小于 2m 宽的工作平台，在平台上设置 60cm 高砖墙，阻挡山体滑落的石块或者地表水流入基坑。

（5）土方开挖的过程中，根据边坡条件系数控制在 0.5～1.0，确保边坡稳定，设一名专职人员在作业前、作业中进行全方位监护，并做好记录。机械挖土和人工清边修脚时，起重臂回转半径内严禁站人，按合理的顺序挖土，边挖边清，但不准在同一个地点作业。

（6）基坑开挖过程，应按设计要求，及时做好防护工作。

（7）基坑开挖到设计标高后，坑底应及时封闭，及时进行下一道工序施工，防止基坑暴露时间过长。

1.3 支护桩及锚杆施工与安全

1.3.1 钢板桩的施工

钢板桩由自带锁口成钳口的热轧型钢制成，强度高，桩与桩之间的连接紧密，形成钢板桩墙，隔水效果好，可多次使用。但钢板桩一般为临时的基坑支护，在地下主体工程完成后即可将钢板桩拔出。

目前，钢板桩常用的断面形式多为 U 形或 Z 形，还有腹板型。我国城市隧道施工中多用 U 形钢板桩。

钢板桩的构成方法可分为单层钢板桩围堰、双层钢板桩围堰及屏幕等。采用屏幕式构造，施工方便，可保证基坑的垂直度，并使其能封闭合拢，城市隧道施工时基坑较深，大多采用此围护形式，钢板桩的边缘一般应设置通长锁口，使相邻板桩能相互咬合成既能截水又能共同承力的连续护臂。考虑到施工中的不利因素，当环保要求较高时，应在钢板桩背面另外加设水泥之类的隔水帷幕。

钢板桩围护墙可用于圆形、矩形、多边形等各种平面形状的基坑，对于矩形和多边形基坑，在转角处应根据转角平面形状作相应的异型转角桩。

钢板桩通常采用锤击、静压或振动等方法沉入土中，这些方法可以单独或者相互结合使用，当板桩长度不够时可采用相同型号钢板桩按等强度原则接长。打钢板桩应分段进行，不宜单块打入。封闭或半封闭围护墙应根据板桩规格和封闭段的长度事先计算好块数，第一块沉入钢板桩应比其桩长 2～3m，并确保垂直度，有条件时最好在打桩前在地面以上沿围护墙位置先设置导架，将一组钢板桩沿导架正确就位后逐根沉入土中。

钢板桩施工需要注意的安全问题及处理方法：

（1）基坑前对作业队进行技术和安全交底，开挖顺序、方法必须与设计交底一致，并遵循"边开挖边支撑，分层开挖，严禁超挖"的原则。挖掘机等机械在坑顶进行挖基坑作业时，机身距坑边的安全距离视基坑的深度、坡度、土质情况而定，一般不小于 1m，堆放材料和机具时不小于 0.8m。

（2）为防止钢板桩基坑开挖过程中漏水，在钢板桩插打之前认真检查钢板桩质量，对钢板桩存在缺口或锁扣破损的钢板桩严禁使用，并且在钢板桩锁扣处涂抹黄油，以起到防水、止水的作用。

（3）钢板桩施工时，周边应该设置安全防护围栏及安全警示标志，周边设置不低于 1.2m 高的防护栏，内部设置一条步梯和四个爬梯，方便人员上下和逃生。必须制作导向架子。

(4) 插打钢板桩的导向设备按照施工方法，一般先打定位桩，然后在定位桩上安装导架，组成框架式围笼作为插桩时的导向设备，因此在打桩前必须制作导向架。

1.3.2 挖孔桩的施工

挖孔桩作为基坑支护结构与钻孔灌注桩相似，是由多个桩组成桩墙而起挡土作用。挖孔桩可以使用简单机具进行开挖，不受设备和工作面限制，若干个孔可同时开挖，施工时无振动、无噪声、无泥浆，对周围环境不会产生污染；适合建筑物、构筑物拥挤的地区，对邻近结构和地下设施的影响小，场地干净，造价较经济。

挖孔桩适用于无水或少水的较密实的土类中，对流动性淤泥、流砂和地下水较丰富的地区不宜采用。桩的直径（或边长）不宜小于 1.7m，最大可达到 5.0m，孔深一般不宜超过 20m。

挖孔桩施工，必须在保证安全的基础上不间断地快速进行。每一桩孔开挖、提升出土、排水、支撑、立模板、吊装钢筋骨架、灌注混凝土等作业都应事先准备好，紧密配合，及时完成。

人工挖孔桩是采用人工挖掘桩孔土方，随着桩孔的下挖，逐段浇捣钢筋混凝土护壁，直到所得深度，当土层较好时，也可不用护壁，一次挖至设计标高，最后在护壁内一次浇筑混凝土。其主要施工程序如下：

(1) 开挖桩孔。一般采用人工开挖，开挖之前应清除现场及山坡上的悬石、浮土，排除一切不安全因素，作好孔口四周临时围护和排水措施。孔口应采取措施防止土石掉入孔内，并安排好排土提升设备（卷扬机或木绞车等），布置好运土通道及弃土地点，必要时孔口应搭雨棚。挖孔过程中要随时检查桩孔尺寸和平面位置，防止误差。应注意施工安全。入孔人员必须佩戴安全帽和安全绳，提取土渣的机具必须经常检查。孔深超过 10m 时，应经常检查孔内二氧化碳浓度，如超过 0.3% 应增加通风措施。孔内如用爆破施工应采取浅眼爆破法，且在炮眼附近要加强支护，以防止振坍孔壁。当桩孔较深时，应采用电引爆，爆破后应通风排烟，经检查孔内无毒后施工人员方可下孔。

(2) 护壁和支护。在挖孔桩开挖过程中，开挖和护壁两个工序，必须连续作业，以确保孔壁不坍。挖孔桩能否顺利施工，护壁起决定性作用，应根据地质、水文条件、材料来源等情况，因地制宜选择支撑及护壁方法。挖孔较深，土质较差，出水量较大或流砂等情况时，宜采用就地灌注混凝土护壁，每下挖 1~2m 灌注一次，随挖随支。护壁厚度一般为 0.15~0.20m，混凝土强度等级为 C15~C20，必要时可配置少量的钢筋，也可采用下沉预制钢筋混凝土圆管护壁。如土质较松散而渗水量不大时，可考虑用木料作框架式支撑或在木框架后面铺架木板作支撑。

(3) 排水。孔内渗水量不大，可采用人工排水，渗水量较大，可用高扬程抽水机或将抽水机吊入孔内抽水，遇到混凝土护壁坍塌或漏水，用水泥干拌堵塞，效果较好。

(4) 吊装钢筋骨架及灌注桩身混凝土。挖孔达到设计深度后，应检查和处理孔底、孔壁。清除孔壁和孔底浮土，孔底必须平整，符合设计条件及尺寸，以保证桩身混凝土与孔壁及孔底密贴，受力均匀。遇到地下水较难排干，但可清孔干净时，可采用先铺砌条石、块石封底，或采用水下混凝土封底。浇灌桩身混凝土时应一次浇灌完毕，不留施工缝。

挖孔桩在挖孔过深（超过 15~20m），或孔壁土质易于坍塌，或渗水量较大的情况下，都应慎重考虑。

挖孔桩施工时需要注意的安全问题和处理措施：

（1）孔桩作业区采取带警戒色钢管双护栏防护措施隔离，并设安全标准。地面孔口必须设护栏，高度不低于 1.2m，无关人员不得靠近桩孔口，孔口机械操作人员不准离开岗位。进入施工现场必须戴好安全帽，佩戴相应劳动保护用品，特别是井下工作人员，必须穿好长筒绝缘胶鞋，井口作业人员必须拴好安全带和系保险钩，桩孔洞口应设置应急悬挂软爬梯，并随桩孔深度放长，供人员上下孔桩使用，电动吊篮或吊笼等应安全、可靠并配有防坠落安全装置，不得使用麻绳和尼龙绳吊挂或脚踏井壁凸阶上下，作业人员上下井时必须乘坐专用安全吊笼，不得随意攀爬护壁和乘坐吊桶（或土篓）、吊绳等方式上下井，上下孔桩必须有可靠的联络信号。挖孔桩作业人员下班休息前，必须盖好孔口，采用钢管焊接钢板网将孔口封闭围挡，钢板网必须有一定的冲击力，确保人员不坠入孔桩内。

（2）每天工作开始前及施工中，现场的作业人员都应配合项目机电人员认真检查提升机的辘轳轴、支架、吊绳、挂钩、保险装置和吊桶（或土篓）、刹车制动等设备和工具是否完好无损，防护措施是否安全到位和正确牢固可靠，发现问题及时向机电人员报告，并在修复及设备试运行正常完好后方准许正式使用。

（3）预防物体打击安全措施有：施工现场项目部建立预防物体打击应急预案及应急救援措施。混凝土护壁浇筑前，应注意高出井沿（厚度与护壁相同），保护井口和防止物体滑落井内伤人。孔内运出的土石料应堆放在离井口以外的地方并及时清理出场，在井口周边 1m 范围内不堆放杂物，保持作业场所整洁，混凝土护壁不得放置与施工无关的工具和站人。

（4）预防孔壁坍塌安全措施有：施工现场项目部建立预防坍塌应急预案及应急救援措施。人工挖孔桩开挖顺序，应采取间断挖孔方法，以减少水的渗透和防止土体滑移，防止成孔过程中因邻桩混凝土未初凝而发生窜孔现象。在熟悉场地地质条件的基础上，开挖桩孔按要求做钢筋混凝土护壁，特别是直径在 1.2m 以上孔桩，混凝土护壁每节 1m，厚0.1m，应加相应钢筋，混凝土强度等级不低于 C20，每节护壁混凝土应保证设计厚度、同心度、直径及垂直度，每挖成一节就应及时绑扎钢筋支模并浇灌混凝土，护壁混凝土浇灌要周围同步上升，振捣密实，待混凝土达到规定强度后方可拆模，第二天继续施工。严禁不按设计要求不做混凝土护壁，严禁采用挖地道的挖法。

（5）预防触电安全措施有：施工现场项目部建立预防触电应急预案及应急救援措施。施工现场的一切临时用电安装和拆除必须有特种作业证和上岗证的专业电工操作。井底抽水时，原则上应在挖孔作业人员上到地面后再合闸抽水，然后立即关闭电源，严禁带电作业。

（6）预防窒息中毒安全措施有：施工现场项目部建立预防窒息中毒应急预案及应急救援措施。地下特殊地层中因有机物腐化或其他化学物质往往含有 CH_4、SO_2、H_2S 或其他有毒气体，可能造成毒气中毒甚至死亡事故，故当挖孔深度超过一定深度时，每日开工前应检测井下有无危害气体和不安全因素，孔深大于 10m 以及腐殖质土层较厚时，应有专门送风设备，风量不应小于 25L/s，采用风力压管引至井底进行送风，特别是对存在臭水、污泥和异味的井孔，下井作业前必须对井内送风，送风时间要超过 20min 以上，并用小动物（如鸽子）等检测，确认无有毒气体后方可下井，作业过程中要不间断送风，以防有害气体中毒窒息事故发生。

1.3.3　土层锚杆施工

锚杆是一种特殊的支护类型，锚杆包括土层锚杆及岩石锚杆，基坑工程一般采用土层锚杆，锚杆支护的优点主要有：

（1）安全迅速地与岩土体结合在一起，承受很大的拉力，被广泛地应用于围岩的早期支护尤其适用于多变的地质条件、块裂岩体以及形状复杂的地下洞室。

（2）可采用高强度钢材，并可施加预应力，可有效地控制建筑物的变形量。

（3）施工所需钻孔孔径小，不用大型机械。不占用作业空间，坑道的开挖断面比使用其他类型支护的小。

其缺点是：所提供的支护阻力较小，尤其不能防止小块塌落一般可与金属网喷射混凝土联合使用，效果较好。

锚杆施工所选用的施工方法、机械设备是至关重要的环节。机械设备选用得合适，施工工艺采用得当，才能有良好的施工质量，也才能使锚杆的可靠性得到保证。

1. 施工准备

（1）根据地质勘察报告，摸清工程区域地质、水文情况，同时查清锚杆设计位置的地下障碍物情况，以及钻孔、排水对邻近建（构）筑物的影响，按设计要求选定施工方法、施工机械和材料。

（2）制订施工方案或施工组织设计。根据设计要求和施工现场的实际情况制定施工方法、技术措施、质量保证体系和公害防治措施等，以及施工工期、现场机械、临时用电、水平面布置、材料的准备与堆放等。

（3）将使用的水泥、砂按设计规定配合比，做砂浆强度试验，锚杆对焊应做焊接强度试验，验证能否满足设计要求。

2. 锚杆的施工工艺

锚杆的施工工艺流程图如图 1.1 所示。

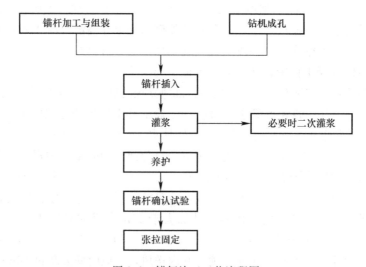

图 1.1　锚杆施工工艺流程图

（1）锚拉杆的制作与要求。锚拉杆可用钢筋、钢管、钢丝束或钢绞线，多用钢筋。当锚杆采用钢筋时，有单杆和多杆之分，单杆多选用 HRB335 或 HRB700 级的热轧螺纹钢筋，一般直径为 25mm 或 28mm；多杆直径为 16mm，一般为 2～7 根。钢筋、钢绞线使用前要检查各项性能，检查有无油污、锈蚀、缺股断丝等情况，如有不合格的，应进行更换或处理；钢筋的接头应采用焊接接头，搭接长度为 10d（d 为锚杆钢筋直径），且不小于 50mm。

（2）钻机成孔。锚杆钻孔机械有许多类型：螺旋式钻孔机、旋转冲击式钻孔机或 YQ—100 型潜水钻机。亦可采用普通地质钻孔改装的 HGY100 型或 ZT100 型钻机，并带套管和钻头等。

锚杆钻孔时，钻机一般是向下倾斜的，而且往往要通过松软的覆盖层才能达到稳定的土层中，在复杂的地质条件如涌水的松散层中钻孔时，由于容易壅孔或缩颈，可采用长螺旋一次成孔的施工法。当地层为砂砾石、卵石层及涌水地基，钻孔施工可采用旋转冲击钻机。此种钻机可根据地层情况分别旋转、冲击，旋转中，前端打击向前走并打入套管，钻孔速度快。

钻孔要保证位置正确，要随时注意调整好钳孔位置（上下、左右及角度），防止高低参差不齐和相互交错，钻进后要反复提插孔内钻杆，并用水冲洗孔底沉渣直至出清水，再接下节钻杆，若有粗砂、砂卵石土层，在钻杆钻至最后一节时，应比要求深度多 10～20cm，以防粗砂、碎卵石堵塞管子。

（3）锚孔造好后，应尽快安放制作好的锚杆，安放锚杆的要求为：

1）锚杆放入锚孔前，应认真检查锚杆的质量，确保锚杆组装满足设计要求。

2）安放锚杆时，应防止杆体扭曲变形，无对中支架的一面朝上放好，应检查排气管是否通气，否则抽出重做。

3）若采用底部注浆，注浆管应随锚杆一同放入锚孔，注浆管头部距孔底应有一定距离，一般为 5～10cm。

4）锚杆体放入孔内深度不应小于锚杆长度的 95%，杆体安放后不得随意敲击、悬挂重物。

（4）张拉锚杆。锚杆安放后，在锚杆头部焊接紧锁装置或安装张拉夹具，以备张拉。张拉前要校核千斤顶，检验锚具硬度，清理孔内油污、泥砂。张拉力要根据实际所需的有效张拉力和张拉力的可能松弛程度而定，一般按设计轴向力的 75%～85% 进行控制。

锚杆张拉时，分别在拉杆上、下部位安设两道工字钢或槽钢横梁，与护坡墙（桩）紧贴。张拉用穿心式千斤顶，当张拉到设计载荷时，拧紧螺母，完成锚定工作。张拉时宜先用小吨位千斤顶拉，使横梁与托架贴紧，然后再换大千斤顶进行整排锚杆的正式张拉。宜采用跳拉法或往复式拉法，以保证钢筋或钢绞线与横梁受力均匀。

（5）采用锚孔口部（非底部）注浆时，锚杆上应安装排气装置，具体要求如下：

1）排气管材料通常为直径 10cm 左右的塑料管。

2）排气管用扎丝或塑线绑扎在锚孔的正上方，离杆体里端 5～10cm，其外端比锚杆长 1m 左右。

3）在锚杆体底部绑扎透气的海绵体，其大小应和孔径相同。

（6）孔道注浆：孔道注浆需用搅拌机、活塞式或隔膜式压浆泵等。

注浆用材料应符合下列要求：水泥宜选用强度等级为 42.5 或 42.5R 普通硅酸盐水泥，不宜选用矿渣硅酸盐水泥和火山灰质硅酸盐水泥，不得采用高铝水泥；细骨料应选用粒径小于2mm的中细砂，严格控制砂的含泥量和杂质含量；水的pH值小于7一般选用灰浆比为1:1或1:0.5、水灰比0.5～0.7的水泥砂浆或水灰比为0.7～0.75的纯水泥浆，还可根据需要加入一定的外加剂，拌和好的砂浆或水泥浆需具有高可泵送性、低分浆性，且凝固时只有少量或没有膨胀。

注浆完成后应将注浆管、压浆泵和搅拌机等用清水洗净。

1.3.4 锚杆施工中的安全原则

（1）施工中，定期检查电源线路和设备的电器部件，确保用电安全。

（2）喷射机、水箱、风包、注浆罐等应进行密封性能和耐压试验，合格后方可使用。

（3）注浆施工作业中，要经常检查出料弯头、输料管、注浆管和管路接头等有无磨薄、击穿或松脱现象，发现问题应及时处理。

（4）处理机械故障时，必须使设备断电、停风。向施工设备送电、送风前，应通知有关人员。

（5）向锚杆孔注浆时，注浆罐内应保持一定数量的砂浆，以防罐体放空，砂浆喷出伤人。

（6）非操作人员不得进入正进行施工的作业区。施工中，喷头和注浆管前方严禁站人。

（7）施工操作人员的皮肤应避免和速凝剂、树脂胶泥直接接触，严禁树脂卷接触明火。施工过程中指定专人加强观察，定期检查锚杆抗拔力，确保安全。

（8）锚杆安设后不得随意敲击，其端部3天内不得悬挂重物，在砂浆凝固前，确实作好锚杆防护工作，防止敲击、碰撞、拉拔杆体和在加固下方开挖；粘结锚杆用水泥砂浆强度达到80%以上后，才能进行锚杆外端部弯折施工。

（9）进入施工作业必须戴好安全帽，施工人员要随时观察洞口及路面地形变化，一旦有异常马上通知人员撤离至安全区，严禁冒险作业。

（10）对于正在作业的路段，在路口树立醒目的施工标志牌，提醒过往行人、车辆，以免行人、车辆在开挖区内行驶。

1.4 基坑施工的监测

1.4.1 基坑监测等级

现场监测是指在基坑开挖及地下工程施工过程中，对基坑岩土性状、支护结构变位和周围环境条件的变化，进行各种观测及分析工作，并将观测结果及时反馈，以指导设计与施工。

支护结构设计图纸应根据工程的具体情况提出对现场监测的要求，包括观测项目、测点布置、观测精度、观测频度和临界状态报警值等。

（1）在基坑开挖前制定现场监测方案，主要内容包括测点布置、观测方法、监测项目报警值、监测结果处理要求和监测结果反馈制度等。

严格实施现场监测方案，及时处理监测结果，监测工作应由有资质的勘察单位进行监测，并将监测结果及时向监理、设计和施工人员作信息反馈。必要时，应根据现场监测结果采取相应措施。

（2）基坑工程现场监测除应符合有关的规定外，尚应符合现行国家标准《工程测量规范》的有关规定。现场监测的对象包括：自然环境；基坑底部及周围土体；支护结构；地下水位；周围建（构）筑物；周围地铁、水管、管线等重要地下设施；与基坑相邻的周围城市道路路面，对监测项目规定见表1.2。

监测项目规定   表1.2

监测项目 \ 安全等级	一级	二级	三级
支护结构水平位移	应测	应测	应测
周围建筑物、地下管线变形	应测	应测	宜测
地下水位	应测	应测	宜测
桩、墙内力	应测	宜测	可测
锚杆拉力	应测	宜测	可测
支撑轴力	应测	宜测	可测
土体变形	应测	宜测	可测
土体分层位移	应测	宜测	可测
支护结构界面上临界压力	宜测	可测	可测

（3）基坑管沟土方工程验收必须确保支护结构安全和周围安全为前提，当设计有规定以设计为依据；设计无指标基坑变形的监控值按 GB 50202—2002 规定执行。

（4）位移观测基准点数量不应少于两点，且应设在影响范围以外。

（5）监测项目在基坑开挖前应测得初始值，且不应少于两次。

（6）基坑监测项目的监控报警值应该根据监测对象的相关规范及其支护结构要求确定。

（7）各项监测的时间间隔可根据施工进程确定。当变形超过有关标准或监测结果变化速率较大时，应加密观测次数。当有事故征兆时，应连续监测；密切关注监测数据。

（8）基坑开挖监测过程中，应根据设计要求提交阶段性监测结果报告，结束时应提交完整的监测报告如图 1.2 所示，而报告的内容应包括：

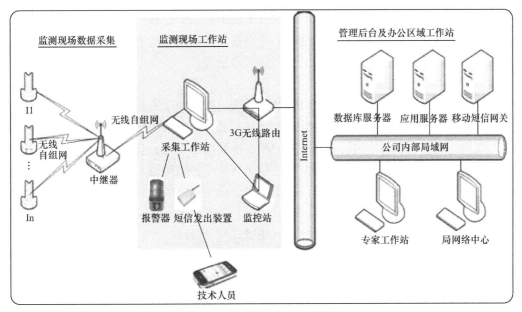

图 1.2   监测数据采样及其系统

1）工程概况；

2）监测项目和各测点的平面和立面布置图；

3）采用仪器设备和监测方法；

4）监测数据处理方法和监测结果过程曲线；

5）监测结果评价。

1.4.2 基坑监测的内容

1. 水平位移监测

测定特定方向上的水平位移时可采用视准线法、小角度法、投点法等；测定监测点任意方向的水平位移时可视监测点的分布情况，采用前方交会法、自由设站法、极坐标法等；当基准点距基坑较远时，可采用 GPS 测量法或三角、三边、边角测量与基准线法相结合的综合测量方法。当监测精度要求比较高时，可采用微变形测量雷达进行自动化全天候实时监测。

水平位移监测基准点应埋设在基坑开挖深度 3 倍范围以外不受施工影响的稳定区域，或利用已有稳定的施工控制点，不应埋设在低洼积水、湿陷、冻胀、胀缩等影响范围内；基准点的埋设应按有关测量规范、规程执行。宜设置有强制对中的观测墩；采用精密的光学对中装置，对中误差不宜大于 0.5mm。

2. 竖向位移监测

竖向位移监测可采用几何水准或液体静力水准等方法。坑底隆起（回弹）宜通过设置回弹监测标，采用几何水准并配合传递高程的辅助设备进行监测，传递高程的金属杆或钢尺等应进行温度、尺长和拉力改正等。基坑围护墙（坡）顶、墙后地表与立柱的竖向位移监测精度应根据竖向位移报警值确定。

3. 倾斜监测

建筑物倾斜监测应测定监测对象顶部相对于底部的水平位移与高差，分别记录并计算监测对象的倾斜度、倾斜方向和倾斜速率。应根据不同的现场观测条件和要求，选用投点法、水平角法、前方交会法、正垂线法、差异沉降法等。

4. 支护结构内力监测

坑开挖过程中支护结构内力变化可通过在结构内部或表面安装应变计或应力计进行量测。对于钢筋混凝土支撑，宜采用钢筋应力计（钢筋计）或混凝土应变计进行量测；对于钢结构支撑，宜采用轴力计进行量测。围护墙、桩及围檩等内力宜在围护墙、桩钢筋制作时，在主筋上焊接钢筋应力计的预理方法进行量测。支护结构内力监测值应考虑温度变化的影响，对钢筋混凝土支撑尚应考虑混凝土收缩、徐变以及裂缝开展的影响。

5. 土压力监测

土压力计埋设可采用埋入式或边界式（接触式）。埋设时应符合下列要求：

（1）受力面与所需监测的压力方向垂直并紧贴被监测对象；

（2）埋设过程中应有土压力膜保护措施；

（3）采用钻孔法埋设时，回填应均匀密实，且回填材料宜与周围岩土体一致；

（4）做好完整的埋设记录。

6. 孔隙水压力监测

孔隙水压力宜通过埋设钢弦式、应变式等孔隙水压力计，采用频率计或应变计量测。孔隙水压力计应满足以下要求：量程应满足被测压力范围的要求，可取静水压力与超孔隙水压力之和的 1.2 倍；精度不宜低于 0.5%F.S，分辨率不宜低于 0.2%F.S。孔隙水压力计埋设可采用压入法、钻孔法等。

1.5　事　故　案　例

某地铁车站工程深基坑土方滑坡事故案例分析

1. 事故概况

2015 年 8 月 20 日，某建筑公司土建主承包，某土方公司分包的某地铁车站工程工地上（监理单位为某工程咨询公司）正在进行深基坑土方挖掘施工作业。下午 18 时 30 分，土方分包项目经理陈某将 11 名普工交给领班褚某，19 时左右，褚某向 11 名工人交代了生产任务，11 人就下基坑开始在 14 轴至 15 轴处平台上施工（褚某未下去，电工贺某后上基坑未下去），大约 20 时，16 轴处土方突然开始发生滑坡，当即有 2 人被土方所埋，另有 2 人埋至腰部以上，其他 6 人迅速逃离至基坑上。现场项目即接到报告后，立即准备组织抢险营救。20 时 10 分，16 轴至 18 轴处，发生第二次大面积土方滑坡。滑坡土方由 18 轴开始冲至 12 轴将另两人也掩没，并冲断了基坑内钢支撑 16 根。事故发生后，虽经项目部极力抢救，但被土方掩埋的 4 人终因缺氧时间过长而死亡。

2. 事故原因分析

（1）直接原因

该工程所处地基软弱，开挖范围内基本上均为淤泥质土，其中淤泥质黏土平均厚度达 9.65m，土体抗剪强度低，灵敏度高达 5.9，这种饱和软土受扰动后，极易发生触变现象。且施工期间遭遇百年一遇特大暴雨影响造成长达 171m 基坑纵向留坡困难；而在执行小坡处置方案时未严格执行有关规定，造成小坡坡度过陡，是造成本次事故的直接原因。

（2）间接原因

目前，在狭长形地铁车站深基坑施工中，对纵向挖土和边坡留置的动态控制过程，尚无比较成熟的量化控制标准。设计、施工单位对复杂地质地层情况和类似基坑情况估计不足，对地铁施工的风险意识不强和施工经验不足，尤其对采用纵向开挖横向支撑的施工方法，纵向留坡支撑安装到位之间合理匹配的重要性认识不足，该工程分包土方施工的项目部技术管理力量薄弱，在基坑施工中，采取分层开挖横向支撑及时安装到位的同时，对处置纵向小坡的留设方技和措施不力。监理单位、土建施工单位对基坑施工中的动态管理不严，是造成本次事故的重要原因，也是造成本次事故的间接原因。

（3）主要原因

地基软弱，开挖范围内淤泥质黏土平均厚度厚，土体抗剪强度低，灵敏度高，受扰动后极易发生触变。施工期间遇百年一遇特大暴风造成长达 171m 基坑纵向留坡困难。未严格执行有关规定，造成小坡坡度过陡，是造成本次事故的主要原因。

3. 事故预防措施

（1）在公司范围内，进一步全善各部门安全生产管理制定，开展一次安全生产制度执行情况的大检查，在内容上重点突出各生产安全员责任制到人、权限和奖惩分明，在范围上重点为工程一部、工程二部和各项目部。

（2）建立完善纵向到底、横向到边的安全生产网络，公司安全部要增设施工安全主管岗位，选配懂建筑施工、具有工程师职称和项目经理资质的专业技术人员担任。

（3）加强技术和施工管理人员的培训。通过规范的培训和进修，获取施工员、项目经理等各种施工管理上岗资格，并加大引进专业技术人才的力度。

（4）严格每月一次的安全生产领导小组例会制度，部门和员工的考核、评优、续约、奖励等均严格实行安全生产一票否决制。

4. 相关责任人及应负的责任

此项目的管理人员动态管理不严，没有根据突发的天气状况和施工环境的变化及时采取相应的预防措施，是造成此次事故的重大原因。项目施工负责人施工经验不足，没有选择最安全的方法进行施工，对本次事故负有直接责任。

第 2 章　地下连续墙施工

2.1　概　　述

建造地下连续墙是一项施工工序多、质量要求高，且须在短时间内连续完成一节墙段的地下隐蔽工程。因此，施工必须认真按程序进行，备齐技术资料，认真编写施工设计，做好施工前的准备工作，以确保施工的顺利、安全进行。

2.2　地下连续墙的施工与安全技术

2.2.1　单元槽段的划分

一个槽段是指地下连续墙在沿长度方向的一次混凝土浇筑单元，槽段单元长度的确定。从理论上讲，除去小于钻挖机具长度的尺寸外，各种长度均可施工，而且越长越好。这样，能减少地下连续墙的接头数量，提高地下连续墙的防水性能和整体性，但是，槽段长度越长，槽壁坍塌危险性就越大。槽段的实际长度需要综合下列因素确定：

（1）地下连续墙所处的地层情况和地下水位对槽段稳定性的影响。

（2）地下连续墙的厚度、深度、构造（柱及主体结构等的关连和形状）。

（3）地下续墙对相邻结构物的影响。

（4）工地所需具备的起重机能力和钢筋笼的重量及尺寸。

（5）单位实际提供的混凝土性能。

（6）泥浆池的容积（一般规定，泥浆池的容积应是每一槽段容积的 2 倍）。

（7）工地所能占用的场地面积及可以连续作业的时间。

（8）挖槽机的型号及其最小挖掘长度。

图 2.1 给出了单元槽段划分的 3 种基本情况：

（1）挖槽机的最小挖掘长度作为一个单元槽段的长度。适用于减少对相邻结构物的影响，或必须在较短的作业时间内完成一个单元槽段，或必须特别注意槽壁的稳定性等情况。

（2）较长单元槽段，一个单元槽段的挖掘分几次完成，在放槽内不得产生弯曲现象。为

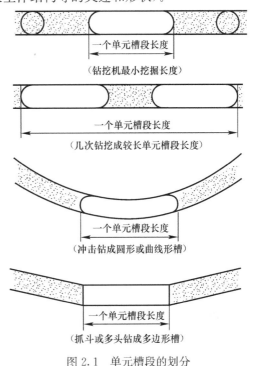

图 2.1　单元槽段的划分

此，通常是先挖单元槽段的两端，再进行跳跃式挖掘。

（3）多边形、圆形或曲线形状的地下连续墙。若用冲击钻法挖槽，可按曲线形状施工；若用其他方法挖槽，则可使短的直线边连接成多边形。

表 2.1 给出了常见的挖槽机最小挖掘长度。

常见挖槽机最小挖掘长度表　　　　　　　　　表 2.1

挖槽方式	机械名称	最小挖槽长度（mm）
蚌式抓斗	ICOS	因墙厚而异：1500～1700
	FEW（地墙法）	墙厚 500～600 时：2500 墙厚 800～1000 时：2800
	OWS	1500
	凯里法（导杆液压抓斗）	墙厚 500～1000 时：1800～2000 墙厚 1200～1500 时：2200
	"高个子"抓斗	2500
冲击钻	ICOS	墙厚的两倍
	Soletanche	与墙厚相同
多头钻	BW SSS	墙厚 400～550 时：2100 墙厚 800～1200 时：2800
滚刀钻	TBW	TBW—Ⅰ型：1500 TBW—Ⅱ型：1900
抓斗	EISE	3800
重锤凿	TM	导向立柱用的竖孔宽度：1500

在确定单元槽段的过程中，槽壁的稳定性是首先要考虑的因素，当施工条件受限时，单元槽段长度度就要受到限制。一般来说，单元槽段的长度采用挖槽机的最小挖掘长度（一个挖掘单元的长度）或接近这个尺寸的长度（2～3m）。当施工不受条件限制且作业场地宽阔、混凝土供应充足，土渣处理方便时，可增大单元槽段的长度。一般以 5～8m 为多，也有取 10m 或更长一些的情况。

标准单元槽段长度计算式为：

$$L = nW + nD$$

若需要根据结构尺寸调整单元槽的长度时，其计算公式为：

$$L = nW \pm nD$$

式中：L——单元槽段的长度；

　　　W——抓斗开口的宽度；

　　　D——导孔的直径；

　　　n——单元槽段的挖掘次数。

2.2.2　地下连续墙的施工与安全

地下连续墙的施工方法分为桩排式和槽段式两种，桩排式是采用钻孔灌注桩或预制桩来代替挡土板或板桩的造墙方法；槽段式是利用泥浆作为稳定液，以钻挖方式造壁板墙，然后将壁板墙连接成整体墙的造墙方法。桩排式和槽段式施工方法都需要先建立导墙，然后再继续施工。

2.2.3 导墙修建

导墙是建造地下连续墙必不可少的构筑物，必须认真设计与施工。成槽施工之前，必须沿设计轴线开挖导沟，构筑导墙。

1. 导墙的作用

（1）导墙是控制地下连续墙各项指标的基准，也是地下连续墙的地面标志。导墙和地下连续墙中心线应一致，导墙的宽度一般是地下连续墙的宽度再另加 3～5cm，导墙的宽度将直接影响地下连续墙的墙体厚度，导墙竖向面的垂直精度是决定地下连续墙能否保持垂直的首要条件。

（2）挡土作用。导墙可防止槽壁顶部坍塌，由于地表土质较深层土质差，而且常受邻近地面超载的影响，为了保持地面上土体稳定，经常在导墙之间每隔 1～3m 添加临时木支撑。

（3）支撑台的作用。在施工期间，导墙常受钢筋笼、灌注混凝土用的导管、钻机等的静、动载荷的作用。

（4）维持泥浆液面稳定的作用。导墙内的空间也是储容泥浆的储备循环槽，为了维持槽壁面地层的稳定，需要有一个较小变化的泥浆液面。特别是地下水位很高的地段，为了维持泥浆液面的稳定，至少要求高出地下水位一定高度。导墙顶部有时会高出地面。

2. 导墙形式

导墙的形式与选用的材料有关，最常用的是钢筋混凝土导墙，其配筋率一般比较低。导墙的基本断面形式有板墙形、T形、L形和匚字形几种，在特殊情况下则需要在基本形式基础上设计出特殊形式的导墙如图 2.2 所示。图 2.2（a）为最基本的断面形式，适用于表层地基土良好（如致密的黏性土等）且作用在导墙上的荷载不大的情况。图 2.2（b）适用于作用在导墙上荷载较大的情况，可根据荷载的程度增减其伸出部分的大小，图 2.2（c）适用于表层地基土强度不够时，特别是坍塌的砂土和回填土地基。图 2.2（d）适用于地基强度不足且施工期临槽设备负荷大的情况。图 2.2（e）适用于作业面在路面以下的情况，导墙外侧的伸出部分作为先施工的挡土设施，此时导墙内侧的临时横撑可用千斤顶代替，图 2.2（f）适用于需要保护相邻结构物的情况和要考虑地下室深度等。图 2.2（g）适用于地下水位高，导墙内泥浆液面需要高出地面一定距离的情况。

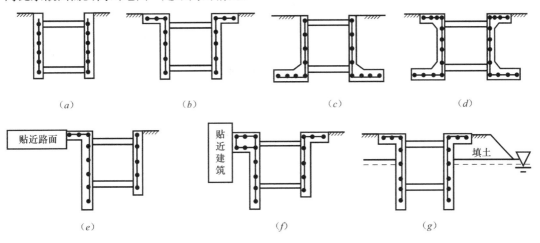

（a）   （b）   （c）   （d）

贴近路面   贴近建筑

（e）   （f）   （g）

图 2.2 导墙的各种断面形式

3. 导墙施工

导墙的施工有现浇筑钢筋混凝、预制钢筋混凝土或钢材制作的工具式导墙等 3 种施工形式。导墙厚度一般为 0.15～0.20m，深度为 1.5m 左右。导墙一般采用 C20 混凝土浇筑，配筋多为 $\phi20～200mm$，水平钢筋必须连接起来使导墙成为整体。导墙施工接头位置与地下连续墙施工接头位置要错开。

导墙应高于地面约 10cm，以防止地面水流入槽内污染泥浆。导墙的内墙应平行于地下连续墙轴线，对轴线距离的最大允许偏差为 ±10mm，内外导墙面的净距离应为地下连续墙墙厚加 5cm 左右，墙面应垂直；导墙顶面应水平，全长范围内高差应小于 10mm，局部高差应小于 5mm；导墙的基底应和土面密贴、以防槽内泥浆渗入导墙后面。若场地土质较好，外侧土壁可作为现浇导墙的情况侧模；若土质较差，则应在开挖的导墙两边竖立模板，才能现浇混凝土，待到一定强度后拆去模板，然后用黏土或其他力学性能较好的材料回填，并分层夯实，以防泥浆渗入墙后土体中，引起滑动坍塌。现浇钢筋混凝土导墙拆模以后，应沿纵向每隔 1m 左右设上、下两道木支撑，将导墙支撑起来，在导墙的混凝土达到设计强度之前，禁止任何重型机械和运输设备在旁边行驶，以防导墙受压而发生变形。

为保证地下连续墙转角处的质量和成墙设备的移动定位方向，导墙在以墙交接处应做成 T 形，常见的四种形式如图 2.3 所示。

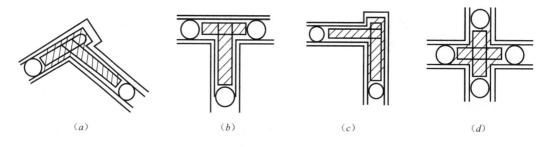

| (a) | (b) | (c) | (d) |

图 2.3　导墙在转角处的形式

常见的现浇钢筋混凝土导墙施工顺序是：平整场地→测量定位→挖槽及处理弃土→绑扎钢筋→支模板→浇筑混凝土→拆模并设置横撑→导墙外侧回填土。

导墙施工需要注意的安全问题及处理措施：

（1）导墙开挖施工时必须严格注意地下管线的保护，开挖前必须进行人工挖槽探管：管线上下、左右 1m 的范围内严禁使用任何机械的开挖，仅使用人工开挖，挖掘机作业时必须有专人旁站监督施工，开挖过程中遇到不明管线应及时通知现场工程师确认，并做好标记，禁止违章施工。

（2）查明所有污水、雨水及其他管道，在钢筋绑扎前必须将其所有出口用水泥封堵严实，避免地下连续墙施工时大量泥浆从地下管道渗漏，造成环境污染和连续墙施工时的土体坍塌。

（3）导墙养护期间，重型设备不能在附近作业或停置。

（4）在导墙拐角处根据所用的成槽机的成槽面形状相应延伸出去 30cm，以免成槽断面不足，妨碍钢筋笼下槽。

（5）每幅导墙施工时均应注意设置溢流孔。

（6）开槽中如果发现障碍物等，施工队及时向项目部反应，研究针对性措施，报告有关部门批准后再进行施工。

2.2.4 泥浆的制备和废泥浆处理

1. 泥浆的配置

槽段式地下连续墙施工时，利用泥浆维持槽壁稳定进行钻挖成槽，泥浆技术是整个施工最重要的一个环节，它直接关系到施工能否顺利进行。

（1）泥浆的作用

泥浆护壁的作用是保证在土中开挖探沟直到灌注混凝土之前都不发生坍塌。泥浆具有一定的密度，在槽内对槽壁产生一定的液体压强，相当于一种液体支撑。泥浆中的自由水渗入地层，并在槽壁形成一层弱透水的泥皮。泥皮具有一定结构强度和阻止泥浆中自由水继续渗入的作用，有助于维护槽壁的稳定性。槽内泥浆面应高出地下水位1m以上，这样才能有较好的防止槽壁坍塌的效果。

（2）泥浆性能的要求

泥浆性能指标有黏度、相对密度、含砂量、失水量、胶体率、pH值和泥皮性质，泥浆的性能指标由专用仪器进行测定，在施工过程中要随时根据泥浆性能的变化对泥浆加以维护和调整。表2.2给出了不同地层条件对泥浆性能的要求。

不同地层的护壁泥浆性质控制指标　　　　表2.2

地层＼泥浆性能	黏度（s）	相对密度	含砂量（%）	失水量（%）	胶体率（%）	静切力（kPa）	泥皮厚度（mm）	pH值
黏土层	18～20	1.15～1.25	<4	<10	>96	3～10	<3	7～10
砂砾石层	20～25	1.20～1.30	<4	<20	>96	4～12	<2	7～9
漂卵石层	25～30	1.10～1.20	<4	<30	>96	6～12	<4	7～9
碾压土层	20～22	1.15～1.20	<4	<10	>96		<3	7～8
漏失土层	25～40	1.10～1.25	<15	<30	>97			

护壁泥浆除通常使用的膨胀土泥浆外，还有盐水泥浆、钙处理泥浆、集合物泥浆和植物胶泥浆等。其主要成分和常用外加剂见表2.3。

护臂泥浆的种类及其主要成分和常用外加剂　　　　表2.3

泥浆种类	主要成分	常用外加剂
普通泥浆	膨润土、水	分散剂、增黏剂、降失水剂、防漏剂
盐水泥浆	膨润土、盐水	分散剂、降失水剂、加重剂
钙处理泥浆	膨润土、水、石灰或氧化钙	分散剂、降失水剂
聚合物泥浆	聚合物、水	膨润土、降失水剂
植物胶泥浆	植物胶、水	膨润土、分散剂

（3）泥浆的制备

在确定泥浆配合比时，首先根据为保持槽壁稳定所需的密度来确定膨胀土等成分的掺量，再根据膨润土和泥浆性能要求分别确定分散剂、增黏剂、降失水剂等的掺量。在配制泥浆时，根据初步确定的配合比进行试配制，若试配制出的泥浆符合规定的要求，则可投入使用，否则须修改配合比。

在制备膨润土泥浆时，应对膨润土进行预水处理。配制时搅拌要充分，外加剂加入的先后顺序对泥浆性能影响很大，每加入一种外加剂应充分搅拌后再加入第二种。配制好的泥浆，在一般情况下应储存 3h 以上，待泥浆中的成分充分溶胀之后再使用。

2. 废泥浆的处理

在施工过程中，钻挖的渣土和灌注的混凝土会不同程度地混入泥浆中，致使泥浆受到污染。被污染的泥浆经处理后仍可重复使用，但污染严重或施工结束后的大量废泥浆则应舍弃。为满足环保要求，废弃的泥浆不能就地排放，需经特别处理使泥浆中的水达到排放标准后排放，再将泥浆中的固相物质外运。常用的泥浆处理方法有土渣分离处理和污染泥浆的化学处理。

分离土渣可用机械处理和重力沉降处理，两种方法共同作用效果更好。

（1）机械处理

机械处理是利用专门的泥水分离设备对泥浆进行分离处理的方法。这类泥水分离设备有机械振动筛、旋流除砂器、真空式过滤机械、滚筒式或带式碾压机及大型沉淀相等。使用时，通常将上述几种机械组成一套泥浆处理系统，进行泥水分离联合处理（图2.4），形成含水量一般不超过50%的湿土和符合标准的泥水，最后湿土装车运走，泥水经过再生处理制定成可重复使用的泥浆。这种处理方法占用场地大，动力消耗大，处理量一般不超过 $15m^3/h$，不能适应大量泥浆的及时处理。

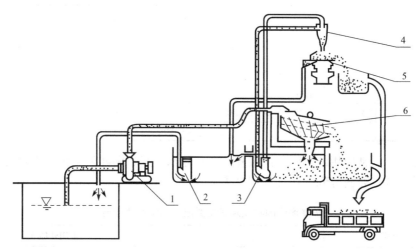

图 2.4　渣土分离机械处理示意图

1—吸泥泵；2—回流泵；3—旋流器供给泵；4—旋流器；5—脱水机；6—振动筛

（2）重力沉降处理

重力沉降处理是利用泥浆与土渣的相对密度差使土渣产生沉淀以排除土渣的方法。沉淀池容积越大，泥浆在沉淀池中停留的时间越长，土渣沉淀分离的效果越好。所以，如果现场条件允许，应设置大容积的沉淀池。考虑到土渣沉淀会减少沉淀池的有效容积，沉淀池的容积一般为一个单元槽段挖土量的1.5～2倍，需要考虑到泥浆循环、再生、舍弃等工艺要求，一般分隔成几个沉淀池，各个沉淀池之间可采用埋管或开槽口连通。

（3）化学处理

对恶化了的泥浆要进行化学处理，首先需要使用化学絮凝剂沉淀，使土渣分离，然后清出沉淀的泥渣。由于这类絮凝剂的价格较高，而使用量往往又比较大，因此处理费用也较高。另外，为了防止化学絮凝剂对环境的污染，对使用化学絮凝剂有严格的限制，故在施工中单独使用化学方法泥浆的处理也比较少。

（4）机械化学联合处理

首先用振动筛将泥浆中的大颗粒土筛出，再加入高效的高分子絮凝剂对细小土渣进行絮凝沉淀，然后送到压滤机或真空过滤机进行泥土分离。

2.2.5　桩排式地下连续墙施工

1. 桩排式地下连续墙的分类

根据构造墙体的种类不同，桩排式地下连续墙的施工方法可分为灌注桩式和预制桩式两种。

（1）按桩孔的排列方式

1）间隔形式排列，如图 2.5（*a*）所示。

2）切线形式排列，如图 2.5（*b*）所示。

3）直线互搭形式排列，如图 2.5（*c*）所示。

4）双排交错形式排列，如图 2.5（*d*）所示。

5）双排交错互搭形式排列，如图 2.5（*e*）所示。

（2）按桩的材料

按桩的材料分类，可分为钢筋砂浆桩、钢筋混凝土桩和钢管桩等。

另外，还有一种组合墙法，即用壁板式地下墙将桩之间连接起来（桩排式＋壁板式）的施工方式，如图 2.5（*f*）所示。

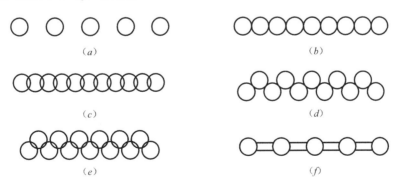

图 2.5　桩排式地下连续墙的排列方式

（*a*）间隔式；（*b*）切线形式；（*c*）直线互搭形式；（*d*）双排交错形式

（*e*）双排交错互搭形式；（*f*）组合墙形式

2. 桩排式地下连续墙的施工程序

桩排式地下连续墙的施工方法，实质上是密集形式的单孔灌注桩或者灌注桩与注浆相结合。桩排式地下连续墙的施工程序：①钻进成孔（根据钻孔排列形式以间隔跳打顺序进行）；②清除孔底沉渣；③下入钢筋笼；④下入导管，灌注混凝土；⑤成桩；⑥桩与桩连接成墙。

3. 桩排式地下连续墙的特点

（1）优点

1）对地层的损坏较小，对相邻建筑物或地基不会产生不良影响。

2）可根据要求自由调节桩的长度和直径，可用于软土地基中的大开挖施工。

3）通过加压灌注，可使浆液或混凝土浸透到地层中去，提高地基的截水防渗效果。

4）因为是单桩的重复施工，可多机组同时作业，所以在作业时间受到限制的条件下，易于进行施工作业时间调整。

（2）缺点

1）桩与桩之间不可能完全密封相连，存有间隙，如果通地下水，间隙就会成为侵入通道，引起砂土流出等现象，造成重大事故。因此，为防止事故发生，必须在桩外采取注入固结浆液或泥浆等补充措施。

2）在水平方向上，不能用钢筋使桩相互连接起来，故不宜作为主体结构物。

3）由于施工技术水平的不同，在施工的质量、桩径和桩垂直度上有很大的差别。

2.2.6　槽段式地下连续墙的施工

槽段式地下连续墙的施工方法有多种，不同之处在于成槽方法和钻挖槽土以及排土方式。国内各种槽段式地下连续墙的施工方法，大致可分为以下三种。

1. 先钻导管，再钻挖整修成槽形

先以一定间隔距离钻挖出直径与墙厚相同的钻孔，该钻孔称为先导孔，然后用抓斗将导孔间的土方挖去，形成槽段。如图 2.6 所示。

导孔相互间的距离根据成槽机种类和墙厚以及地基的软硬而定。用抓斗挖掘排土时，因沟槽内的残土和砂粒不能彻底排除，以及抓斗频繁地上下运动会碰撞槽面和影响垂直度，所以施工时必须注意沟槽内残留渣土的清除和避免抓斗在上下运动过程中碰撞槽壁。

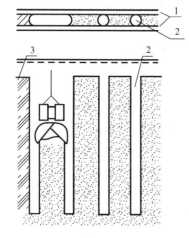

图 2.6　先钻导孔，再用
抓斗挖掘成槽形
1—导墙；2—导孔；
3—已完成的单元墙段

2. 先钻导孔，再重复钻圆孔成槽形

先在墙段的两端钻导孔至设计深度，作为基孔，再将导孔间的土体采用连续重叠钻圆柱形孔的方式钻除导孔间的土体，如图 2.6 所示。后续的圆柱孔则分层作业，每层钻进 0.5～0.8m 的深度，即当钻头钻挖 0.5～0.8m 后就要提钻，将钻机横移一下，使孔位与前次的稍有重叠，再钻到规定的分层深度。这样的作业在槽内反复进行，直到完成槽段。其他槽段同法，依次逐步向前推。这种成槽方法的优点是可用回转钻进设备成槽，其缺点是钻机移位频繁，工序复杂，效率较低，目前已很少应用。

3. 一次钻挖成槽形

根据单元槽段长度，一次或分次进行钻挖，从一开始就钻挖成长条形的沟槽直至规定的墙体深度。这种施工方法作业单纯，施工效率高，目前应用较为广泛。

2.2.7　槽段清底

挖槽结束后，悬浮在泥浆中的土颗粒将逐渐沉淀到槽底。此外，在挖槽过程中未被排出而残留在槽内的土渣以及在用放钢筋笼时从槽壁上刮落的泥皮等都会堆积在槽底，因此在挖槽结束后，必须清除槽底沉淀物，这项作业称为清底。槽段清底工作通常用铣槽机进行作业，其工作原理如图2.7所示。

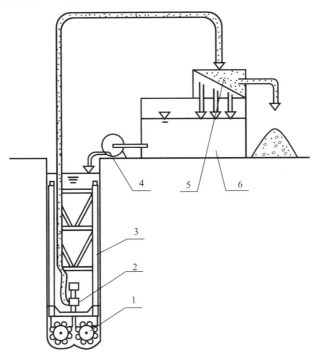

图 2.7　铣槽机工作原理示意图
1—铣轮；2—泥浆泵；3—机架；4—离心泵；5—振动筛；6—泥浆池

1. 清底的必要性

在槽底有沉渣的情况下插入钢筋笼和灌注混凝土，将会影响地下连续墙的质量和使用。因此，清除槽底的沉渣是地下连续墙施工中的一项重要工作。

（1）沉渣在槽底很难被灌注的混凝土置换出地面，它残留在槽底会成为槽底和持力层地基之间的夹杂物，降低地下墙的承载力，造成墙体沉降；同时，也会影响墙体底部的截水防渗能力，成为产生管涌的隐患。

（2）灌注混凝土过程中若沉渣混进混凝土，不但会降低混凝土的强度，还会因混凝土的流动，使沉渣集中到单元槽段的接头处，严重影响接头部位的强度和防渗性。

（3）沉渣会降低混凝土的流动性，因而降低了混凝土的灌注速度，有时还会造成钢筋笼上浮。

（4）沉渣过多时，会影响钢筋笼插入到预定的位置。

对挖槽时残留在槽底的沉渣，在挖槽结束时进行清理则比较容易。悬浮在泥浆中的土渣逐渐沉陷所产生的沉降物，数量相当多，沉淀的状况受泥浆性能的影响，即使在挖槽后已对槽底的沉边进行了彻底清除，但在灌注混凝土前的一段时间内，还会产生大量的沉淀物，由此对清底工作需有足够的认识。

2. 清底方法

常用的清底方法，一般分沉淀法和置换法两种。沉淀法是待土渣沉淀到槽底之后再将其清除，置换法是在挖槽结束之后，在土渣还没有完全沉淀之前就用新鲜泥浆（泥浆的相对密度小于或等于 1.15）把槽内悬浮有土渣的泥浆置换出槽外。具体清除沉渣的方式可分为：

（1）正循环置换法。

（2）循环置换法。

（3）砂石吸力泵排泥法。

（4）压缩空气升液排泥法。

（5）带搅动翼的潜水泥浆泵排泥法。

（6）水枪冲射排泥法。

（7）抓斗直接排泥法。

其中（3）、（4）、（5）应用较多，其工作原理如图 2.8 所示。

不同的清除沉渣方法所耗用的时间不同，对槽壁稳定性的影响度和清底效果亦不同。在选择清底方法时，应以槽壁完全为主，兼顾其他因素合理选择。

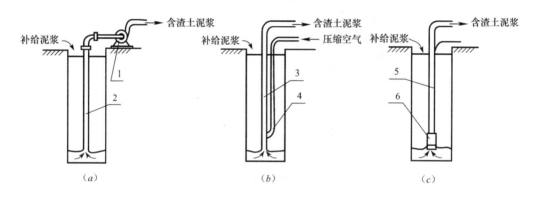

图 2.8　常用三种清底方法工作原理

2.2.8　槽段的连接

地下连续墙的接缝是采用在两相邻单元墙段之间建立一个可以使两相邻单元墙段连接起来的施工接头，利用施工接头，可在技术上使地下连续墙在可能范围内成为一个整体。

槽段间的接缝是地下连续墙的薄弱部分，故接续数量越少越好。采用长槽段施工对提高地下连续墙质量是有利的。在过去的施工中，槽段的长度多数为 2~5m。由于技术进步以及长期实践的结果，目前墙段长度很多是 7~8m，很少超过 10m。但是，长槽段施工不一定经济，因此应使单元槽段长度与经济的挖掘次数相符合。

1. 对纵向接头的连接要求

（1）不得妨碍下一单元槽段的开挖。混凝土不得从接头下端或接头构造物与槽壁之间的空隙沉向背面，即使在土质条件（砾石或卵石层等）不好或泥浆管理不善而使槽壁坍塌，扩大了墙厚，也必须能够防止混凝土绕流。

（2）接头应能承受混凝土的侧向压力，而不发生弯曲和变形。根据结构的设计目的，能够传递单元槽段之间的应力，并起到伸缩接头的作用。

（3）接头表面不应粘附沉渣或变质泥浆的胶凝物，以免降低强度或漏水。

（4）根据沟槽深度或插入接头结构物作业的需要，若必须分段接长时，应采用施工适应性好、无弯曲，容易进行垂直连接的方式。

（5）在隐蔽而且难以进行测定的泥浆中，能够进行准确的施工。

（6）加工简单，拆装方便，成本便宜。

2. 对水平接头与结构物顶部接头的连接要求

对于地下连续墙与楼板、柱、梁等结构物的接头连接，可通过预埋构件实现。其基本要求是便于连接、保证强度、利于混凝土灌注，同时还要注意不能因泥浆浮力产生位移而损坏。

3. 接头的形式及施工方法

为了保证地下槽段墙与槽段墙之间的连接具有良好的止水性和整体性，应根据建设地下连续墙的目的来选择适当的接头形式。

地下连续墙的接头形式很多，有接头管式、直接式、榫接式、翼板式、间隔钢板式、接头箱式和先做接头缝的形式等。一般是根据受力和防渗要求进行选择，在地下连续墙施工接缝的最初阶段，常用平面式接合缝。但这种接头形式减弱了剪力的传递，同时也不利于防水。目前常用的接头形式有以下几种：

（1）接头管接头。接头管接头又称锁扣管接头，是当前地下连续墙施工中应用最多的一种接头形式。这种接头的方法是：在成槽、清底后，于槽段端部将接头管插入或用起重机起吊放入槽孔内，然后吊放钢筋笼并浇筑混凝土，待混凝土强度达到 $0.05 \sim 0.2\text{MPa}$ 时（一般在混凝土浇筑后 $3 \sim 5\text{h}$，视气温而定），开始用吊车或液压顶升机提拔接头管，上拔速度应与混凝土强度增长速度相适应，一般为 $2 \sim 4\text{m/h}$，应在混凝土浇筑结束后 8h 以内将接头管全部拉出。接头管直径一般比墙的厚度小 50mm，管身壁厚一般为 $18 \sim 20\text{mm}$，每节管的长度一般为 $5 \sim 10\text{m}$。若受到施工现场高度的限制，每节管的管长可适当缩短，使用时应根据需要分段接长。当槽段宽度较小时，用单根接头管（见图 2.9a）。当留槽段宽度较大时，采用并联多根接头管（见图 2.9b）。

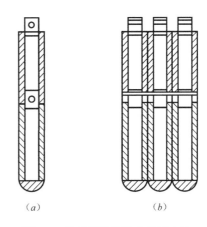

图 2.9 接头管的构造和连接方法
(a) 单根接头管；(b) 并联多根接头管

施工宽度与深度都较大的地下连续墙，接头管的顶拔较困难，对此可采用"注砂钢管接头工艺"。这种工艺是在浇筑混凝土前插入一直径与槽宽基本相等的钢管。浇筑混凝土时，在注砂钢管中注入粗砂，随着混凝土的浇筑，继续上拔钢管，这时便会在槽段接头处形成一个砂柱，该砂柱将起着侧模作用，如接头管一样。这种方法设备简单，上拔的摩擦阻力小，上拔速度快，接头质量也好，只是要消耗一些砂子，至于如何回收利用尚需进一步研究。

为了便于接头管的起拔，管身外壁必须光滑，可在管身上涂抹黄油。

接头管拔出后，单元槽段的端部台形成半圆形，继续施工即形成相邻两单元槽段的接

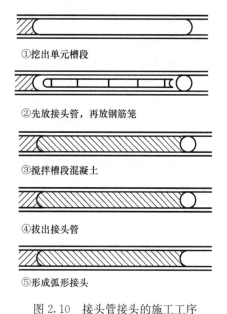

①挖出单元槽段

②先放接头管，再放钢筋笼

③搅拌槽段混凝土

④拔出接头管

⑤形成弧形接头

图 2.10　接头管接头的施工工序

头，它可以增强墙体的整体性和防渗能力。施工工艺过程如图 2.10 所示。

（2）接头箱接头。这种接头形式基本类似接头管连接，不同之处是在接头管旁附设一个敞口接头箱，即可得连续钢筋笼的刚性连接。接头箱接头可以使地下连续墙形成整体接头，接头的刚度较好。

接头箱接头的施工方法与接头管接头相似，只是以接头箱代替接头管。一个单元槽段挖土结束后，吊放接头箱，再吊放钢筋笼。接头箱在浇筑混凝土的一方是开口的，所以钢筋笼端部的水平钢筋可插入接头箱内。浇筑混凝土时，接头箱的开口面被焊在钢筋笼端部的钢板封住，因而浇筑的混凝土不能进入接头箱，混凝土初凝后。与接头管一样逐步吊出接头箱，与后一个单元槽段的水平钢筋交错搭接而形成整体接头。

接头箱接头有多种形式，其中充气式接头箱就是在钢板式接头箱基础上增设有锦纶塑料充气软管，下入接头箱后，对锦纶塑料软管充气，用来密封止浆，以防止新浇筑混凝土浸透绕流。

2.2.9　钢筋笼的制作与调放

钢筋笼通常是在现场加工制作的。但当现场作业场地狭窄、加工困难时，也可在其他适当场所加工。其制作程序是：

（1）纵向钢筋的切断、焊接或者压接，水平钢筋、斜拉补强钢筋、剪力连接钢筋等的切断加工。

（2）钢筋的架立，为便于配筋，可用角钢等在制作平台上设置靠模。

（3）设置保护层垫块。

（4）安装钢板箱（或泡沫苯乙烯等），用以保护后楼板或柱的连接钢筋。

（5）根据横向接头的结构（单元墙段之间的接头），安装连接钢板或其他预埋件。

（6）装贴罩布及其他作业。

1. 钢筋笼的制作

在制作钢筋笼时，应根据地下连续墙墙体钢筋设计尺寸和单元槽段的划分来制作。钢筋笼最好是按单元槽段组成一个整体（一般不超过 10m）。如果需要分段接长，接头用绑条焊接，纵向受力钢筋的搭接长度应采用 60 倍的钢筋直径长度。钢筋笼的制作应满足以下要求：

（1）钢筋的加工

1）纵向钢筋接头采用气压焊接、双面焊搭接和单面焊搭接。

2）纵向钢筋底端距槽底的距离应有 $100\sim200$mm 以上，当采用接头管的接头形式时，水平钢筋的端部至混凝土表面应留有 $50\sim150$mm 的间隙。

3）在加工钢筋时，要考虑斜拉补强钢筋的保护层厚度和纵向钢筋及水平钢筋的直径。

4）根据设计图纸要求的数量和尺寸，进行斜拉补强钢筋、剪力连接钢筋、连接钢筋

（把墙体内外侧的纵向钢筋连接起来使其固定）以及起吊用附加钢筋等的切断和加工。

（2）钢筋笼的加工

1）配筋加工后，应按设计图纸要求制作钢筋笼。要确保钢筋的正确位置、根数及间距，并牢固固定，不允许在起吊或吊入时产生变形。

2）纵向钢筋的连接，按设计要求可采用焊接或用直径为0.8mm的退火铁丝绑扎。

3）水平钢筋的设置不得妨碍灌注导管的下入，最好将纵向钢筋布置在水平钢筋的内侧。

4）在钢筋重叠处要有确保混凝土流动所必需的间隙，并注意不要影响设计要求的保护层尺寸。

5）起吊或吊入钢筋笼时的起吊用钢材，因为设计的水平钢筋太细、强度不够，必须使用大直径钢筋代替。在钢筋笼大而重的情况下，可根据需要用钢板或型钢予以安装。

6）钢筋笼端部与接头管或混凝土接头面应留有15～20cm的空隙，主筋保护层厚度应为5～8cm，保护层垫块厚度应为5cm，在垫块和墙壁之间要留有2～3cm间隙。垫块一般用薄钢板制作，焊于钢筋笼上，亦可用预制水泥中空圆柱体间隙套在主筋上。

钢筋笼应在平台上成形。为便于纵向钢筋定位，宜在平台上设置带凹槽的定位工装。钢筋笼除四周两道钢筋的交点需要全部焊接外，其余的采用50%交错焊。成形用的临时扎结铁丝焊后应全部拆除。

2. 钢筋笼的吊放

钢筋笼的起吊、运输和吊放应周密地制定施工方案，不允许在此过程中产生不能恢复的变形。钢筋笼起吊前，要仔细检查起吊架的钢索长度，使之能够水平地吊起再转成垂直状态。起吊用的吊架有双索吊架和四索吊架两种。在钢筋笼的头部及中间部两处同时起吊，钢筋笼的下端不得在地面拖引或碰撞其他物体，以防止造成下端钢筋笼弯曲变形，如图2.11所示。为了防止钢筋笼吊起后在空中摆动，在钢筋笼下端系上防摆动绳索，由人力操作使钢筋笼平稳。

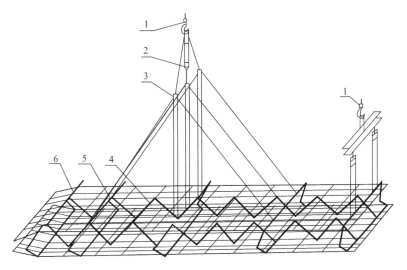

图2.11　钢筋笼的构造与起吊方法

1—吊钩；2—单门葫芦；3—双门葫芦；4—纵向桁架；5—卸甲；6—横向桁架

29

在插入钢筋笼时，最重要的是使钢筋对准单元槽段的中心，垂直而又准确地插入槽内。钢筋笼插入槽内时，吊点中心必须对准槽段中心，然后缓缓下降。此时，必须注意不要因起重臂摆动而使钢筋笼产生横向摆动，造成槽壁坍塌。

2.3 地下连续墙安全事故及预防措施

1. 导墙破坏或变形

导墙出现坍塌、不均匀下沉、裂缝、断裂、向内挤扰等现象，而致不能使用。

预防措施：

(1) 按设计要求精心施工导墙，确保质量；导墙内钢筋应连接。

(2) 适当加大导墙深度，加固地基；墙两侧做好排水措施。

(3) 在导墙内侧设置有一定强度的支撑，不使间距过大；替换支撑时，应安全可靠地进行。

(4) 如钻机及附属荷载过大，宜用大张钢板（厚 $40\sim60\text{mm}$）铺在导墙上，以分散作用在导墙上的设备及其他荷载，使导墙上荷载均匀。

2. 坍槽

在槽壁成孔、下钢筋笼和浇筑混凝土时，槽段内局部槽壁坍塌，出现水位突然下降，孔口冒细密的水泡，钻进时出土量增加而不见进尺，钻机负荷显著增加的现象。预防措施：

(1) 采取慢速挖掘，适当加大泥浆密度，控制槽段内液面高于地下水位 0.5m 以上。

(2) 严格拌制泥浆质量，成槽应根据土质情况选用合格泥浆，并通过试验确定泥浆密度，一般应不小于 1.05t/m^3。

(3) 泥浆必须认真配制，并使其充分溶胀，严格按配合比施工；所用水质应符合规定，废泥浆应经循环过滤处理后才可使用。

(4) 做好地面排水或降低地下水位工作，减少渗流和高压水流冲刷，控制槽内泥浆液面在安全范围以内。

(5) 在松软砂层中挖掘，应控制进尺，不要过快或空转时间过长。

(6) 尽量采用对土体扰动较少的成槽机械，减少地面荷载。

(7) 根据挖掘情况，随时调整泥浆密度和液面标高；发现泥浆漏失或变质，应及时补浆或更新泥浆。

(8) 槽段成孔后，紧接着放钢筋笼并灌注混凝土，尽量不使其搁置时间过长。

(9) 加强施工操作控制，缩短每道工序的间隔时间。

3. 卡槽

成槽机在成槽过程中抓斗被卡在槽内，难以上下扫孔或不能提出槽外。一般在塌方或挖槽时出现。

预防措施：

(1) 挖掘中注意不定时地交替紧绳、松绳，将抓斗慢慢下降或上下反复扫孔，扩大孔径，避免泥渣淤积堵塞造成卡抓斗。

(2) 抓斗中途停止挖掘时，严禁停放在槽段内，应将抓斗提出槽外。

(3) 挖掘中要适当控制泥浆密度，使形成液体支撑，防止塌方。

（4）挖槽前应探明障碍物并及时处理。

4. 钢筋笼吊放不下

预防方法：

（1）下放钢筋笼前认真检查垂直度；

（2）钢筋笼增加斜拉钢筋加强，防止变形；

（3）接长钢筋笼时，加强垂直度检测，并采取焊接纠正变形措施，控制偏差在允许范围内。

第3章 盾构法施工技术

盾构法施工是一种先进的隧道机械化施工技术。本章主要介绍盾构法施工的技术要点和适用范围、盾构类型的选择和盾构施工方法等内容。

3.1 盾构法施工技术的要点及其使用范围

3.1.1 盾构法施工的定义

盾构（shield），在土木工程领域中原指遮盖物、保护物。在隧道施工中把外形与隧道截面相同，但尺寸比隧道外形稍大的钢框架压入地中构成保护切削机的外壳，该外壳及壳内各种作业机械、作业空间的组合体称为盾构机（以下简称盾构）。实际上，盾构是一种既能支撑地层的压力，又能在地层中掘进的施工工具。以盾构为核心的一整套完整的建造隧道的施工方法称为盾构施工法，它是隧道暗挖施工法的一种。与其他暗挖法施工相比，盾构施工引起的地表沉降较小。

3.1.2 盾构法施工的技术要点

盾构法施工的示意图如图3.1所示。其主要施工过程有：

（1）在盾构法隧道的起始端和终端各建一个工作井。

（2）盾构在起始端工作井内安装就位。

（3）依靠盾构千斤顶推力（作用在已拼装好的衬砌环和工作井后壁上）将盾构从起始工作井的墙壁开孔处推出。

（4）盾构在地层中沿着设计轴线推进，在推进的同时不断出土和安装衬砌管片。

（5）及时地向衬砌背后的空隙注浆，防止地层移动和固定衬砌环位置。

（6）盾构进入终端工作井被拆除，如施工需要，也可穿越工作井再向前推进。

在上述施工过程中，保证掘进面稳定的措施、盾构机沿设计路线的高精度推进（即盾构的方向、姿态控制）、衬砌作业的顺利进行等三项工作最为关键，这三项工作是保证盾构施工成功的重要因素。

盾构机是这种施工法中的主要施工机械，它是一个既能承受围岩压力又能在地层中自动前进的圆筒形隧道工程机器，但也有少数为矩形、马蹄形和多圆形断面。

从纵向可将盾构分为切口环、支撑环和盾尾三部分。切口环是盾构的前导部分，在其内部和前方可以设置各种类型的开挖和支撑地层的装置；支撑环是盾构的主要承载结构，沿其内周边均匀地装有推进盾构前进的千斤顶，以及开控机械的驱动装置和排上装置；盾尾主要是进行衬砌作业的场所，其内部设置衬砌拼装机，尾部有盾尾密封刷、同步压浆管和盾尾密封刷油膏注入管等。切口环和支撑环都是用厚钢板焊成的或铸钢的肋形结构，而盾尾则是用厚钢板焊成的光壁筒形结构，如图3.2所示。

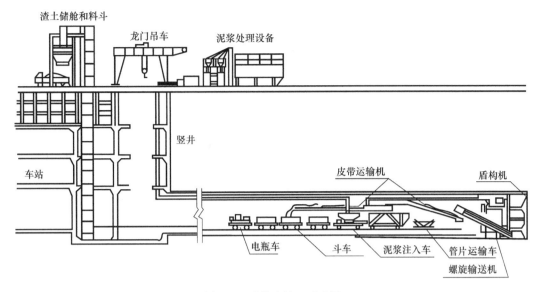

图 3.1　盾构法施工示意图

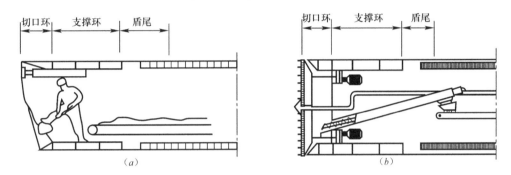

图 3.2　盾构主要结构构造图

所谓铰接式盾构，就是在普通盾构的支撑环与盾尾之间装有铰链，将盾构分为前壳和后壳两部分，用方向控制千斤顶联结，前壳和后壳之间可以做相对转动（转动角度在 $1°\sim5°$ 之间），如图 3.3 所示。

为推进盾构所需的动力、控制设备以及注浆设备等，根据盾构断面大小和构造，将这些设备的一部分或全部放在后面车架上。为了预测开挖面前方的地质情况和障碍物或对围岩进行加固，现代化盾构在其端部装有地质勘探仪器，如超前钻机、地质雷达、声波探测仪、地质声呐以及注浆设备等。

盾构外径取决于管片衬砌外径、保证管片拼装方便、曲线施工以及修正盾构蛇形时的间隙量和盾构壳体的厚度等因素，一般的计算公式为：

$$D = D_0 + 2(x + t) \tag{3.1}$$

式中　D——盾构外径，mm；

　　　　D_0——管片衬砌外径，mm；

　　　　t——盾尾壳体的厚度，一般取 $t = 30\sim40$mm；

　　　　x——盾尾间隙，mm，$x = x_1 + x_2$，其中 x_1 为拼装管片方便的裕量，当 $6m \leqslant D < 8m$ 时，$x_1 = 30$mm；x_2 为曲线施工和修正盾构蛇形所需的间隙，可参照图 3.4 确定。

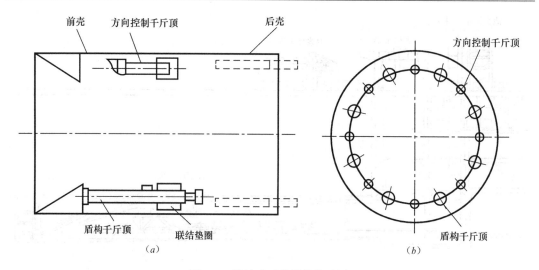

图 3.3 铰接式盾构结构构造图

$$x_2 = \frac{1}{2}R_1(1 - \cos\beta) = \frac{L^2}{4\left(R - \frac{D_0}{2}\right)} \tag{3.2}$$

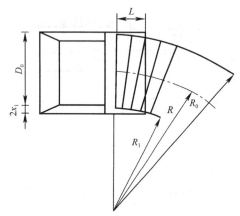

图 3.4 曲线施工及修正盾构
蛇形所需间隙参照图

其中 L——盾尾覆盖的衬砌长度;

R——曲线半径。

盾构长度应根据围岩条件、隧道平面形状、开挖方法、运转操作和衬砌形式等条件确定一般的计算公式为:

$$L = L_H + L_c + L_\tau \tag{3.3}$$

式中 L_H——切口环长度,取决于刀盘和刀盘支撑形式;

L_c——支撑环长度,取决于盾构千斤顶的冲程长,即每环管片的宽度;

L_τ——盾尾长度,取决于盾尾需要覆盖几种管片,一般为 $1.5 \sim 2.5$ 环。

切口环的长度 L_H 对全(半)敞开式盾构而言,应根据切口贯入切削地层的深度、挡土千斤顶的最大伸缩量、切削作业空间的长度等因素确定。对封闭式盾构而言,应根据刀盘厚度、刀盘后面搅拌装置的纵向长度、土舱的容量(长度)等条件确定。

支撑环长度 L_c 取决于盾构推进千斤顶、排土装置等设备的规格大小,其长度不应小于千斤顶最大伸长状态的长度。

盾构长度与盾构外径的比值 (L/D) 记作盾构机的灵敏度 (ξ),它直接决定盾构操纵的灵活性。ζ 越小,操作越方便。大直径盾构 $(D > 6m)$,$\zeta = 0.7 \sim 0.8$(多取 0.75);中直径盾构 $(3.5m \leqslant D \leqslant 6m)$,$\zeta = 0.8 \sim 1.2$(多取 1.0);小直径盾构 $(D \leqslant 3.5m)$,$\zeta = 1.2 \sim 1.5$(多取 1.5);对于非铰接盾构,其比值应在图 3.5 所示的曲线附近。

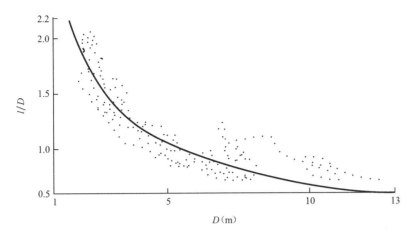

图 3.5 盾构长度与盾构外径的比值曲线

3.1.3 盾构法施工的优点及其适用范围

盾构能适用于各种复杂的工程地质和水文地质条件。从流动性很大的第四纪淤泥质土层到中风化和微风化岩层，它既可用来修建小断面的区间隧道，也可用来修建大断面的车站隧道，而且施工速度快（5~40m/d），能有效地控制地面沉降。盾构法的优点有：

（1）对环境要求小。

1）出土量少，故周围地层的沉陷小，对周围建筑物的影响小；

2）不影响地表交通，不影响商业运营，无经济损失；无须切断、搬迁地下管线等各种地下设施，可节省搬迁费用；

3）对周围居民生活、出行影响小；

4）无空气、噪声、振动污染问题。

（2）施工不受地形、地貌和江河水域等地表环境条件的限制。

（3）地表占地面积小，故征地费用少。

（4）适于大深度、大地下水压施工，相对而言施工成本低。

（5）施工不受天气（风、雨等）条件限制。

（6）挖土、出土量少，利于降低成本。

（7）盾构法构筑的隧道抗震性好。

（8）适用于地层范围宽，软土、砂卵土、软岩直到岩层均适用。

但应指出，盾构法施工需要较多的时间和资金用于盾构与附属设备的设计和制造，以及建造墙头工作井等工程设施。同时，盾构法的施工技术方案和施工细节对围岩条件的依赖性，较之其他方法尤甚。这就要求事先对沿线的工程地质和水文地质条件做细致的勘探工作，并要根据围岩的复杂程度做好各种应变的准备。因此，只有在地面交通繁忙，地面建筑物和地下管线密布，对地面沉降要求严格的城区，且地下水发育，围岩稳定性差或隧道很长而工期要求紧迫，不能采用较为经济的矿山法时，采用盾构法施工才是经济合理的。

3.2 盾 构 选 型

3.2.1 盾 构 类 型

根据开挖、工作面支护和防护方式，一般可以将盾构分为全面开放型、部分开放型、密封型以及全断面隧道掘进机 TBM（Tunnel Boring Machine）4 大类。严格来说，各种类型的盾构都可称为隧道掘进机，只是盾构和 TBM 的适用范围不同，现分述如下。

1. 全面开放型盾构

全面开放型盾构按其开挖的方法可分为手掘式、半机械和机械式 3 种。

（1）手掘式盾构是最老式的盾构，但目前世界上仍有工程采用。根据不同的地质条件，工作面可全部敞开人工开挖，也可用安装在切口环内的开挖面支撑系统（包括开挖面支撑千斤顶和伸缩工作平台），分层开挖，边开挖边支撑。必要时，可在切口环顶部设置活动前檐作为顶部支撑。这种盾构便于观察地层和消除障碍，易于纠偏，简易价廉。但劳动强度大，效率低，如遇正面塌方，易危及人身及工程安全。在含水地层中需辅以降水、气压或土体加固。手掘式盾构结构如图 3.6 所示。

（2）半机械式盾构是在手工式盾构正面装上悬臂式挖土机而成的，如图 3.7 所示。

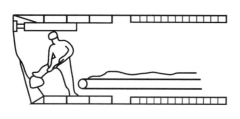

图 3.6 手掘式盾构结构

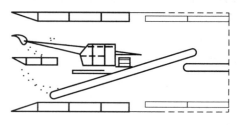

图 3.7 半机械式盾构结构

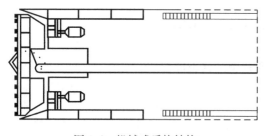

图 3.8 机械式盾构结构

（3）机械式盾构是在手掘式盾构的切口环部分装上与盾构直径相适应的大刀盘，以进行全断面开胸机械切削开挖，切削下的土石靠刀盘上的料斗装载，并卸到皮带输送机上，用矿车运出洞外，如图 3.8 所示。

半机械式和机械式盾构适用于能够自稳或采用其他辅助措施能够自稳的围岩。

2. 部分开放型盾构

部分开放型盾构又称挤压式盾构。它是在开放型盾构的切口环与支撑环之间设置胸板，以支挡正面土体，但在胸板上有一些开口，当盾构向前推进时，需要排除的土体将从开口处挤入盾构内，然后装车外运。这种盾构适用于松软的土层，且在推进过程中会引起较大的地面变形，如图 3.9 所示。

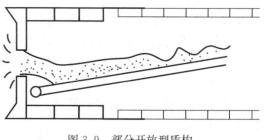

图 3.9 部分开放型盾构

3. 密封型盾构

根据支护工作面的原理和方法可将密封型盾构分为局部气压式、土压平衡式、泥水加压式和混合式等几种。

4. 隧道掘进机

以上所述的几种类型的盾构主要适用于土层或土石混合地层，当岩层或盾构与围岩之间的摩擦力不足以平衡盾构切削刀盘的扭矩时，就需有关隧道掘进机施工的知识。

3.2.2 盾构选型

根据不同的工程地质、水文地质条件和施工环境与工期的要求，合理地选择盾构类型，对保证施工质量，保护地面与地下建筑物安全和加快施工进度是至关重要的。因为只有在施工中才能发现所选用的盾构是否适用，一般不适用的盾构将对工期和造价产生严重影响，但此时想更换已经不可能了。

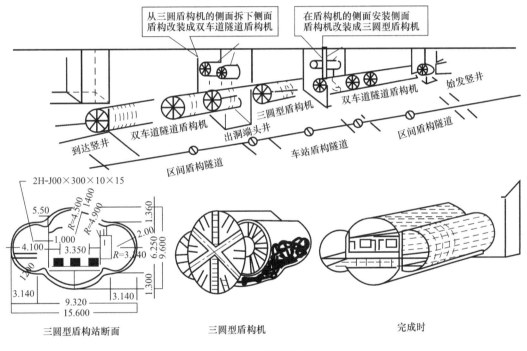

图 3.10 三圆盾构图

盾构选型的根据，按其重要性排列如下：

（1）工程地质与水文地质条件。

1）隧道沿线地层围岩分类、各类围岩的工程特性、不良地质现象和地层中含沼气状况。

2）地下水位，穿越透水层和含水砂砾透镜体的水压力、围岩的渗透系数以及地层在动水压力作用下的流动性。

（2）地层的参数。

1）表示地层固有特性的参数：颗粒级配、最大土粒粒径、液限 w_L、塑限 w_P、塑性指数 I_P（$I_P = w_L - w_P$）。

2）表示地层状态的参数：含水量 w、饱和度 S_r、液性指数 I_L、孔隙比 e、渗透系数

K、饱和重度 γ_e。

3）表示地层强度和变形特性的参数：不排水抗剪强度 S_P、黏聚力 C、内摩擦角 φ、标准贯入度 N、压缩系数 a、压缩模量 E；对于岩层则有无侧限抗压强度 σ_c，RQD 等。

（3）地面环境、地面和地下建筑物对地面沉降的敏感度。

（4）隧道尺寸：长度、直径、永久衬砌的厚度。

（5）工期。

（6）造价。

（7）经验：承包商的经验、有无同类工程经验。

根据工程需求（隧道尺寸、长度、覆盖土厚度、地层状况和环境条件需求等）选定盾构类型（具体构造、稳定切削面的方式和施工方式等）的工作，简称为盾构选型。

选择盾构机时，必须综合考虑下列因素：①满足设计要求；②安全可靠；③造价低；④工期短；⑤对环境影响小。盾构机机型的选择正确与否是盾构隧道工程施工成败的关键。因盾构选型欠妥或者不恰当，致使隧道施工过程中出现事故的情况很多。如选型不恰当，切削面喷水，掘进被迫停止；切削面坍塌致使周围建筑物基础受损；地层变形、地表沉降，致使地下水管道设施受损，引起管道破裂，造成喷水、喷气、通信中断和停电等事故。严重时整条隧道报废的事例屡见不鲜。由此可见盾构选型的重要性。

盾构选型必须严格遵守以下几项原则：

（1）选用与工程地质匹配的盾构机型，确保施工安全；

（2）辅以合理的辅助工法；

（3）盾构的性能应能满足工程推进的施工长度和线性的要求；

（4）选定的盾构机的掘进能力可与后续设备、始发基地等施工设备匹配；

（5）选择对周围环境影响小的机型。

首先，以上原则中以能够保证切削面稳定，确保施工安全的机型最为重要；其次，从盾构造型的根据来看，项目很多且相互联系，因此很难找到一个简单的选型程序，只能在综合分析比较的基础上，从技术角度来探讨最适宜的盾构形式，最终的选择仍取决于经济情况和企业的施工能力。

3.3 盾构法施工

3.3.1 施工准备工作

采用盾构法施工，除了进行一般的施工准备工作外，还必须修建盾构始发井和到达井、拼装盾构、附属设备和后续车架，盾构地层加固等。

1. 修建盾构始发井和到达井

和矿山法施工不同，在盾构掘进前，必须先在地下开辟一个空间，以便在其中拼装（拆卸）盾构、附属设备和后续车架，以及出渣、运料等。同时，拼装好的盾构也是从此开始掘进，故在此空间内尚需设置临时支撑结构，为盾构的推进提供必要的反力。

开辟地下空间所用的方法，就是在盾构决定的始、终点的线路中线上方，由地面向下开凿一座直达未来区间隧道底面以下的竖井，其底墙即可用作盾构拼装室。当盾构正式掘进时，此竖井即用作出渣、进料和人员进出的孔道，运营时则可用作通风井。根据不同的地质条件，竖井可采用地下连续墙、沉井法、冻结法或普通矿山法修建。盾构始发井的平面形状多数为矩形的，平面净空尺寸要根据盾构直径、长度、需要同时拼装的盾构数目，以及运营时的功能而定，一般在盾构外侧留 0.75～0.80m 的空间，容许一个拼装工人工作即可。

如果地铁车站采用明挖法施工，则区间隧道的盾构拼装室常设在车站两端，成为车站结构的一部分，并与车站结构一起施工，但这部分结构暂不封顶和覆土，留作盾构施工时的运输井。如图 3.11 所示为这种拼装室的布置图。若到达的盾构在此不拆卸，而是调头，则拆卸室的平面尺寸应根据盾构掉头的要求而定，如图 3.12 所示。

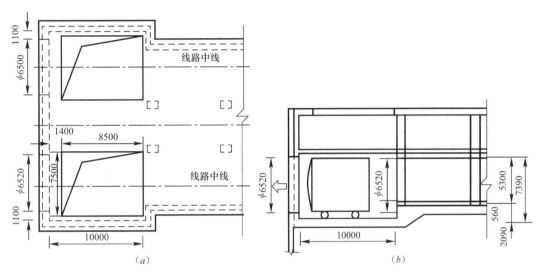

图 3.11 盾构始发井结构图（单位：mm）
(a) 盾构始发井平面；(b) 盾构始发井纵剖面

在盾构拼装（拆卸）室的端墙上应预留出盾构通过的开口，又称为封门。这些封门最初起挡土和防止渗漏的作用，一旦盾构安装调试结束，盾构刀盘抵住端墙，要求封门能尽快拆除或打开。根据拼装室周围的地质条件，可以采用不同的封门制作方案。

（1）浇钢筋混凝土封门。一般按盾构外径尺寸在井壁（或连续墙钢筋笼）上预留环形钢板，板厚 8～10mm，宽度同井壁匣。环向钢板切断了连续墙或沉井壁的竖向受力钢筋，故封门周边要作构造处理。环向钢板内的井壁可按周边弹性固定的钢筋混凝土圆板进行内力分析和截面配筋设计，如图 3.13（a）所示。这种封门制作和施工简单，结构安全。但拆除时要用大量人力铲凿，费工费时。如能将静态爆破技术引入封门拆除作业，可加快施工速度，降低劳动强度。

（2）钢板桩封门。这种封门结构较适宜于用沉井修建的盾构工作井。在沉井制作时，按设计要求在井壁上预留圆形孔洞，沉井下沉前，在井壁外侧密排钢板桩，封闭预留的孔洞，以挡住侧向水、土压力。当沉井较深时，钢板桩可接长。盾构刀盘切入洞口靠近钢板桩时，用起重机将其连根拔起，如图 3.13（b）所示。用过的钢板桩经修理后可以重复使用。钢板桩通常按简支梁计算。钢板桩封门受埋深、地层特性和环境要求等的影响较大。

（3）预埋 H 型钢封门。将位于预留孔洞范围内的连续墙或沉井壁的竖向钢筋用塑料管套住、以免其与混凝土粘结，同时，在连续墙或沉井壁外侧预埋 H 型钢，封闭孔洞，抵抗侧向水、土压力。当盾构刀盘抵住墙壁时，凿除混凝土，切断钢筋，连根拔起 H 型钢，如图 3.13（c）所示。

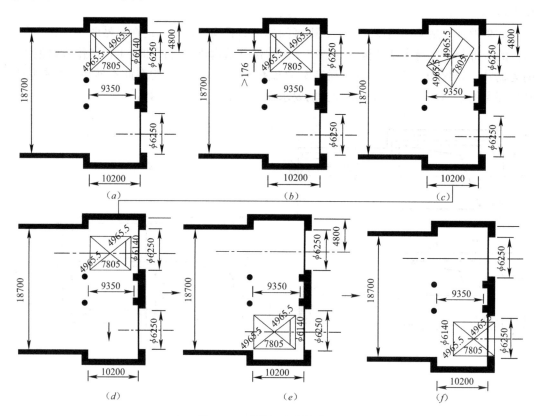

图 3.12　盾构调头井结构图

（a）盾构到达；（b）盾构平移大于 176mm；（c）盾构旋转 180°；

（d）盾构向右平移；（e）平移推出；（f）重新推出盾构

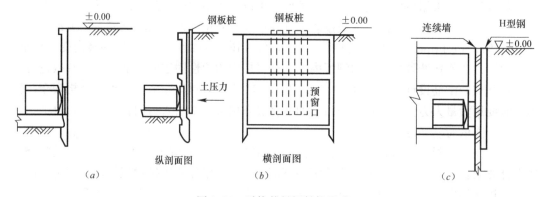

图 3.13　盾构井封门结构形式

2. 盾构拼装

在盾构拼装前，先在拼装室底部敷设 50cm 厚的混凝土垫层，其表面与盾构外表面相适应，在垫层内埋设钢轨，轨顶伸出垫层约 5cm，可作为盾构推进时的导向轨，并能防止盾构旋转。若拼装室将来要作他用，则垫层将凿除，费工费时。此时可改用由型钢板拼成的盾构支撑平台，其上亦需有导向和防止旋转的装置。

由于起重设备和运输条件的限制，通常盾构都拆成切口环、支撑环和盾尾三节运到工地，然后用起重机将其逐一放入井下的垫层或支撑平台上。切口环与支撑环用螺栓连成整体，并在螺栓连接面外圈加薄层电焊，以保持其密封性。盾尾与支撑环之间则采用对接焊连接。

在拼装好的盾构后面，尚需设置由型钢拼成的、刚度很大的反力支架和传力管片。根据推出盾构需要开动的千斤顶数目和总推力，进行反力支架的设计和传力管片的排列。一般来说，这种传力管片都不封闭成环，故两侧都要将其支撑住，如图 3.14 所示。

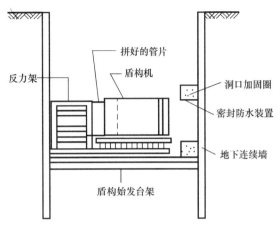

图 3.14 盾构始发工艺结构图

3. 洞口地层加固

当盾构工作井周围地层为自稳能力差、透水性强的松散砂土或饱和含水黏土时，若不对其进行加固处理，则在凿除封门后，必将会有大量的土体和地下水向工作井内坍塌，导致洞周大面积地表下沉，危及地下管线和附近建筑物。目前，常用的加固方法有注浆、旋喷、深层搅拌、井点降水和冻结法等，可根据土体种类（黏性土、砂性土、砂砾土和腐殖土）、渗透系数和标准值、加固深度和范围、加固的主要目的（防水或提高强度）、工程规模和工期相环境要求等条件进行选择。加固后的土体应有一定的自立性、防水性和强度，一般以单轴无侧限抗压比强度 $q_u = 0.3 \sim 1.0$MPa 为宜，数值太高则刀盘切土困难，易引发机器故障。

由于影响加固土体强度的因素很多，加固土体的受力情况又十分复杂，上述的计算方法仅是一种简化处理，实践中尚需根据类似的工程经验予以核定。例如，有文献指出对于埋深、高水头、易于液化的砂型土，应取 $t = l + a$。此处，l 为盾构长度，a 为安全储备，通常取 $a = 1$m 等。

根据理论分析和工程实践经验，孔洞口周围土体的最小加固宽度和高度见表 3.1。

土体加固最小尺寸表　　　　　　　　　　　　　　　　　　　　　　　表 3.1

范围（m）＼直径（m）	$D<1.0$	$1.0<D<3.0$	$3.0<D<5.0$	$5.0<D<8.0$	简图
B	1.0	1.0	1.5	2.0	
H_1	1.0	1.5	2.0	2.5	
H_2	1.0	1.0	1.0	1.0	

为了确保加固质量，必须对加固土体钻孔取样，以检查其强度、透水性，以及均匀性，钻孔数目视地层种类、加固方法以及施工技术水平而定，一般不小于 1 个/m^2。必要时也可采用标准贯入度和静力触探等方式进行检测。

3.3.2　盾构施工管理

1. 洞口密封装置和盾构出洞顺序

为了增加开挖面的稳定性，在盾构未进入加固土体前，就需要适当地向开挖面注水或注入泥浆，因此洞口要有妥善的密封止水装置，以防止开挖面泥浆流失。目前常用的密封止水装置如图 3.15 所示，其中图 3.15(a) 为滑板式结构，它是由橡胶密封板和钢滑板组成，盾构通过密封装置前，将滑板滑下。盾构通过后，将滑板滑上去顶住管片，防止橡胶垫板倒退；图 3.15(b) 为铰接式结构，防倒钢板是铰链的，始终压在橡胶垫板上，盾构通过密封止水装置前后，无须人工调控。

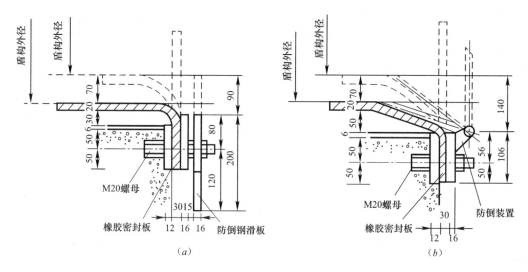

图 3.15　出洞密封装置
(a) 滑板式；(b) 铰接式

2. 盾构掘进施工管理

施工管理的目的就是使盾构在推进中对地层和地面影响最小，表现为地层的强度下降小，受到的扰动小，超孔隙水压力小，地面隆沉小以及衬砌脱开盾尾时的突然沉降小。盾构掘进的施工管理包括挖掘管理、线性管理、注浆管理、管片拼装管理等。详细内容见表 3.2。

盾构拼装出洞的顺序，可由图 3.16 所示的流程图表示。

盾构掘进施工管理构成　　　　　　　　　　　　　　　　　　　表 3.2

项目	内容	
挖掘管理	开挖面稳定 泥水加压式 土压平衡式 切削、排土 盾构机	开挖面泥水压力保持 开挖面土压力保持，密封舱内砂土性态 开挖土量、排土性态 总推力、推进速度、切削扭矩 千斤顶推力、搅拌扭矩

续表

项目	内容	
线形 管理	盾构机 位置、形态	俯仰、旋转、偏移 铰接的相对转角、超挖量、蛇形量
注浆 管理	注入状况诸如材料	注入量，注入压力 稠度、离析性 胶凝时间、强度、配比
管片 拼装 管理	拼装 防水 位置	真圆度、拧螺栓的扭矩 漏水、管片缺损、接缝张开 蛇形量、垂直度

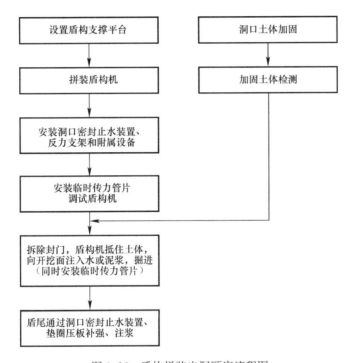

图 3.16　盾构拼装出洞顺序流程图

（1）施工管理中的挖掘管理。对泥水加压式盾构来说，就是要通过开挖面管理（泥浆压力和泥浆质量）、切削土量管理、盾构机管理（推进速度、千斤顶总压力、切削扭矩和搅拌扭矩），使密封舱内的泥浆稳定在设定值。对土压平衡式盾构来说，则通过开挖面管理（刀盘和密封舱内的渣土压力）、添加剂注入管理、切削土量管理和盾构机管理，使开挖面土压稳定在设定值。目前，挖掘管理已经实施自动化控制，用智能化系统来调整开挖速度以控制开挖面孔隙水压力，维持在天然地层孔隙水压力的上下（泥水盾构），或维护天然地层不受扰动，优化选择密封舱渣土压力（土压盾构），保证开挖面稳定。

（2）施工管理中的线形管理。就是通过一套测量系统随时掌握正在掘进中的盾构机的位置和姿态，并通过计算机将盾构机的位置和姿态与隧道设计轴线相比较，找出偏差数值和原因，下达调整盾构机姿态应启动的千斤顶的模式，从最佳角度位置移动盾构，使其蛇形前进的曲线与隧道轴线尽可能接近。

目前，盾构机自动导向测量系统有以下三种类型：激光导向系统、陀螺仪加千斤顶冲程计数器导向系统、普通测量系统。这三种系统的功能比较见表3.3。日本大部分的中、小断面盾构采用陀螺仪加千斤顶冲程计数器系统，德国盾构机则以采用激光导向系统为主。

（3）施工管理中的注浆管理。盾构施工中的注浆作业根据注入时间，大致可分为三种方式：

1）同步注浆，即一边推进盾构，一边注浆。同步注浆一般是通过后尾注浆装置（见图3.17）来进行，它是在盾尾的外表面设置了若干块凸板，每一凸板内装置一根注浆管，一根备用或冲洗管，一根盾尾密封刷油脂注入管。在岩层或卵砾石层中，盾尾注浆装置则应设在盾尾内部，以防盾构推进中将其损坏。

2）即时注浆，即在盾构推进终了后，通过管片上的注浆孔，迅速对口径脱离盾尾的管片环背后间隙注浆。这种注浆方式设备简单、操作方便、但防止地层移动的效果不如同步注浆。

3）后方注浆，即在盾构后方一定距离处，从管片上的注浆孔向衬砌背后注浆，在时间上与盾构掘进无直接联系。

盾构施工管理中的注浆管理即时通过对浆液、注浆方式、注浆压力和注浆量的优化选择，达到能即时填满衬砌和周围地层之间的环形间隙，防止地层移动，增加行车的稳定性，提高结构的抗震性。

盾构使用几种导向系统导向功能比较表

表 3.3

项目	SLS-T 激光导向系统	陀螺仪加千斤顶冲程计数器	人工测量导向	备注
能实现的导向功能	显示盾构机的行进曲线（相对DTA）；实时显示盾构机的位置坐标和相对偏差；实时显示盾构机的俯仰和旋转姿态；可实现远程控制	可由陀螺仪得出方位和相对简单的行进曲线；可由设置在盾构机上的千斤顶冲程计数器等测出俯仰和旋转姿态，但不能实时显示	在盾构掘进过程中没有导向的功能	SLS-T 激光导向系统可以方便地升级，从技术上可以实现所有的自动导向功能，但价格昂贵
测量复核频率的要求	一般直线地段100m，曲线地段视曲线半径而定	一般每天复核一次	每环	
需要的人员及工作量	除了控制测量和复核测量需专业测量人员外，施工过程中的导向测量只需1名工程师，工作量小	很多工作需要多个专业的测量人员完成，而其内外作业的工作量较大	几乎所遇的导向数据均需专业测量人员提供，工作量极大	
施工控制	施工控制方便，精度高	施工控制不方便	施工控制很不方便、精度难以掌握，需要非常有经验的操作人员	
其他方面的应用	结合导向功能，实现在管片的拼装和管片环测量方面的应用			

对浆液的要求：应具有充分填满间隙的流动性，注入后必须在规定时间内硬化，必须具有超过周围地层的静强度，保证衬砌与周围地层的共同作用，减少地层移动；具有一定的动强度，以满足抗震要求，产生的体积收缩小，受到地下水稀释不引起材料的离析等。浆体材料的使用因围岩条件而异。

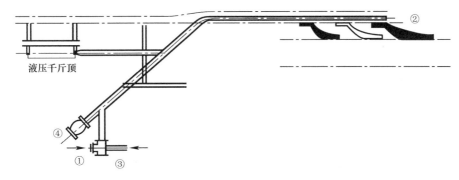

图 3.17 盾尾注浆装置图

采用同步注浆时，要求在注入口的注浆压力大于该点的静水压力和土压力之和，做到尽量填充而不是劈裂。注浆压力过大，对地层扰动大，将会造成较大的地层后期沉降和隧道本身沉降，还易跑浆。注浆压力过小，则浆液填充速度快，填充不充分。一般来说，注浆压力可取 1.1～1.2 倍的静止土压力。通过管片上注浆孔的注浆压力一般为 0.1～0.3MPa，以能填满空隙为原则。

理论上每环衬砌背后的注浆量为

$$V = \frac{\pi}{4}(D_1^2 - D_2^2) \cdot l \qquad (3.4)$$

式中　l——衬砌环的宽度；

　　　D_1——盾构外径；

　　　D_2——管片外径。

考虑到盾构推进过程中纠偏、跑浆和浆体的收缩等因素，实际注浆量一般为理论值的 120%～180%。

必须注意的是，为了防止地层中泥水和注浆的浆浓从盾尾间隙中调入盾构，同步注浆和即时注浆时盾构密封装置必须完好。目前，盾尾密封装置那是由 2～3 道弹簧钢丝刷组成。盾构起步时密封刷上必须涂足密封油膏，推进中还应按要求压注油膏，以提高密封效果，减少密封刷与衬砌外表面的摩擦，延长密封刷寿命。

（4）施工管理的管片拼装管理。它是要严格控制管片拼装的垂直度、真圆度、拧紧螺栓的扭矩、曲线地段相修正蛇形时楔形管片或垫块的拼装位置等，防止接缝张开调水。

刚拼好的管片环在自重和土压力作用下都将产生变形，因此，在盾构中可考虑设置真圆度保持器，用以支撑刚拼好的管片环，同时采用同步注浆及时固定管片环的形状和位置。

3.3.3　盾构施工地面沉降的防治

工程实践表明，盾构施工多少都会扰动地层引起地面沉降，即使采用目前先进的盾构技术，要完全消除地面沉降也是不太可能的。地面沉降量达到某种程度就会危及周围的地下管线和建筑物。因此，必须研究盾构施工时引起的地层移动造成地面沉降的机理，要清楚地掌握沿线的地下管线和建筑物的构造、形式等，对地面沉降量和影响范围进行预测，在设计和施工中通过现场反馈资料，采取相应的防治对策和措施。

做好盾构掘进的施工管理，即对盾构施工参数优化是防治地面沉降的基本措施。具体来说就是：

（1）保持开挖面的稳定性。开挖面的稳定性可用稳定系数 N 来定量描述，N 值定义为：

$$N = \frac{\gamma H - P}{C_{\mathrm{u}}} n \tag{3.5}$$

式中　H——地面至开挖中心的距离，m；

　　　　γ——地面重度，$\mathrm{kg/m^2}$；

　　　　P——开挖面支护压力，$\mathrm{kg/m^2}$；

　　　　C_{u}——地层的不排水抗剪强度，$\mathrm{kg/m^2}$；

$n = 0.7 \sim 0.8$，当 $N = 1 \sim 2$ 时，地层损失率可控制在 1％ 以下；当 $N = 2 \sim 4$ 时，地层损失率可控制在 $0.5\% \sim 11.0\%$；当 $N = 4 \sim 6$ 时，地层损失率较大。

（2）及时、有效、足量地充填衬砌背后的建筑间隙，必要时还可通过在管片上的注浆孔进行二次加固注浆，以充填第一次注浆收缩后留下的空隙。浆液材料要严格控制其稠度、含水率和浆液中的颗粒含量，要根据盾构注入和拌浆设备的具体条件，优选浆液的材料和配比。同时要严格控制注浆压力，防止开裂、渗水影响到管片衬砌环的正常使用。

（3）严格控制盾构施工中的偏差量，盾构施工偏差增大，不但影响地下铁道线路、限界等使用要求，还会过多扰动地层而导致地面沉降量的增加。

3.4　盾构施工安全措施

进入施工现场必须戴好安全帽，正确使用劳保用品，高处临边作业，必须佩戴安全绳，在有限空间内严禁违章操作。

（1）对全员进行始发技术方案交底并按其进行操作，保证始发安全。

（2）盾构始发时必须做好盾构机防扭转和基座稳定措施，并对盾构姿态作复核、检查。

（3）负环管片定位时，管片横断面中线应与线路中线一致。

（4）在始发阶段应控制盾构机推进的初始推力，初始推力应根据技术交底方案实施，并注意监测反力架结构情况。

（5）根据隧道地质状况、埋深、地表环境、盾构姿态、施工监测结果制定当班盾构掘进施工指令，并准备好管片拼装、壁后注浆工作。应做到注浆与掘进的同步进行，及时根据信息反馈情况调整注浆参数。

（6）严格按照盾构设备安全操作规程以及当班的掘进指令控制盾构掘进参数与盾构姿态。

（7）掘进中应设专人按规定进行监控量测，并及时向监控室反馈监测情况。

（8）盾构过程中应按有关规定进行盾构与管片姿态，人工复核测量、跟踪与信息反馈。

（9）施工过程中，应尽量防止盾构机横向偏差、纵向偏差和转动偏差的发生，用测量数据修正盾构姿态，尽早进行"蛇行"修正。

（10）盾构机体前端两侧及机尾不得站人。电机车运行前后轨道两端头必须设置铁鞋和阻车器，以防止发生电瓶车突发溜车伤人事故。

（11）盾构暂停施工时，应按稳定开挖面的专项措施执行。

（12）盾构机司机、修理工、电工等相关工作人员应十分熟悉设备上的所有安全保障设施，以便在可能发生危险时能熟练利用这些设施来阻止或消除危险的发生。

（13）当设备发生紧急故障或事故，危急到设备和人员的安全时，应立即按下相关急停按钮，停止该部分系统的运行以停止事故的继续发生。如无特殊情况，任何人任何时候都不能按下主控室控制面板上或主配电柜上的紧急停止按钮。

（14）控制室内控制面板上的部分锁定开关如维修保养开关，非专业授权人员，严禁擅自操作。

（15）在工作区域的所有人员应十分熟悉盾构机上所有危险的区域，熟悉所有的警示灯、警报器所代表的盾构设备状态及可能发生的危险含义。

（16）工作人员应熟悉设备内的联络系统，并经常检查以保证这些通信设备能正常使用。

（17）经常检查设备上防火系统配备的完整性及功能的可靠性。盾构机内严禁吸烟，工作过程中必须防止火灾的发生，避免产生火灾隐患。

（18）经常检查在盾构机上安装的各种气体检测装置。

（19）带压进仓前，必须保证备用内燃空压机随时处于可启动状态，以确保突然断电时可以立即启动以保证压力舱所需压缩空气供应。

（20）严禁一切泵类设备空转（液压油泵、油脂泵、砂浆泵、膨润土泵、泡沫剂泵、水泵）。

（21）禁止移动、缠绕、损坏安全保障设备。

（22）禁止非操作人员操作设备，严禁非授权专业人员改变控制系统的参数和程序。

（23）操作人员在启动设备之前，必须清楚设备的状态和设备周边的环境，严禁随意启动带故障设备，严禁启动会危及设备附近的设备和人员安全的设备。

（24）盾构机上所有表示安全和危险的标识必须完整，并可被容易识别。

（25）严格按照操作指令操作，不得随意更改既定参数。

（26）进入土舱作业前应检查相关安全装置，根据具体地质情况将土舱内渣土排到合适的位置。

（27）进入土舱作业时严禁转动刀盘，确定螺旋输送机已停止并已关闭螺旋输送机出土口。如需转动刀盘，需将操作室内连锁开关锁上并到闸内手动操作，转动刀盘前必须确认土舱内作业人员已全部撤出。

3.5　事　故　案　例

1. 工程概况

该风井结构为地上一层，地下五层钢筋混凝土结构，风井地下部分为 24.2m×15.6m 矩形基坑，深约 31.7m。

风井围护采用厚 1.2m、深 49.7m 的地下连续墙。隧道采用内径为 5.5m，外径为 6.2m，衬砌厚度为 0.35m，钢筋混凝土管片宽为 1.2m 的。风井盾构进、出洞处采用高压旋喷加固，$q_u \geq 0.5 \sim 0.8$MPa；地下墙外侧采用高压旋喷桩加固，从地面至坑底以下 3m，$q_u \geq 1.0$MPa；均满足设计要求。

2. 事故经过及处理措施

（1）2006 年 5 月某日凌晨，施工单位在盾构已经安全进、出风井一个多月的情况下，拆除上行线进洞防水装置，过程中发现上行线进洞处下方局部渗漏水。抢险人员随即采取隧道内压水泥袋或黄砂袋压重、堵漏、注双液浆、注聚氨酯、隧道内支撑和加密对隧道和地面沉降监测等措施，第一次险情得到控制，未对社会及周边交通造成影响，也无人员伤亡。根据这次险情对隧道的影响，工地抢险指挥部布置下一步抢险工作任务，分别采取地面注浆、打降水井措施。

（2）数日后，左右风井上行线出洞口发生漏水、漏砂现象（第二次发生险情），现场抢险人员再次抢险，用水泥封堵上行线出洞口漏水点，抢险队伍立即赶到风井现场，对隧道内进行聚氨酯注浆，堵漏成功。之后继续采取地面注浆和降水井措施，对因流砂所造成的地下空隙进行填充。

（3）三天后的下午，风井上行线进洞口附近再次发生漏水流砂现象，抢险人员立即采取隧道内注聚氨酯，到晚上再次堵漏成功。

3. 事故原因及相关责任人应负的责任

通过对施工及险情发生过程的调查和初步分析得出，加固体与基坑围护体之间、加固体与隧道管片之间存在有渗水通道，在洞口止水装置拆除过程中，流砂在高承压水作用下，从渗水通道处涌出（突涌），造成险情。从责任角度分析，企业主要负责人、项目负责人管理不到位，专职安全生产管理人员对险情未提前采取预警，予以警告。

第4章 顶管法施工技术

4.1 顶管施工原理

顶管法是一种非开挖的敷设地下管道的施工方法，基本原理就是借助于主顶千斤顶（油缸）及管道间等的推力，把工具管或掘进机从工作坑内穿过土层一直推进到接收坑内吊起。与此同时，也就把紧随工具管或掘进机后的管道埋设在两井之间。

顶管施工前要对地质和周围环境情况调查清楚，这也是保证顶管顺利施工的关键之一。

4.2 顶管法施工

4.2.1 基 本 程 序

顶管施工一般包括以下16大部分内容。

（1）工作坑施工。顶管施工虽然不需要大范围开挖地面，但必须进行工作坑的开挖。工作坑的形状主要有圆形和矩形两种。圆形工作坑较深，一般采用沉井法施工。圆形井下沉顺利、筒壁受力好、占地面积小，但需另筑后背。沉井材料采用钢筋混凝土，竣工后沉井就成为管道的附属构筑物。最常用的工作坑形式还是矩形工作坑，短边和长边之比一般为2：3，坑内空间能充分利用，覆土深浅都可采用，布置后背方便。若短边和长边之比较小，为条形工作坑，多用于顶进小口径钢管。根据顶管施工的需要有顶进和接收两种形式的工作坑。顶进工作坑是顶进的起点，也是顶管的操作基地，还是承受主顶油缸推力的反作用力的构筑物；接收工作坑则是顶进管道的终点，供顶管工具管进坑和拆卸用的接收井。

为了降低施工的费用，按时完工，在工作坑的选址上应尽量避开房屋、地下管线、河塘、架空电线等不利于顶管施工作业的场所。如果工作坑太靠近房屋和地下管线，在其施工过程中可能使它们损坏，给施工带来麻烦。有时，不得不采用一些特殊的施工方法或保护措施，以确保房屋或地下管线的安全，但这样会增加成本，延长施工的期限。

根据顶进方向，工作坑的顶进形式又可分为单向顶进、对头顶进、调头顶进和多向顶进。

（2）洞口止水圈施工。洞口止水圈是安装在顶进工作坑的出洞洞口和接收坑的进洞洞口，具有制止地下水和泥砂流到工作坑和接收坑的功能。在洞圈与管节间的建筑空间，在顶管出洞过程中极易造成外部土体涌入工作井内的严重事故。为此，施工前在洞圈上采取安装环形帘布、橡胶板等措施，以密封洞圈，达到止水的功能。

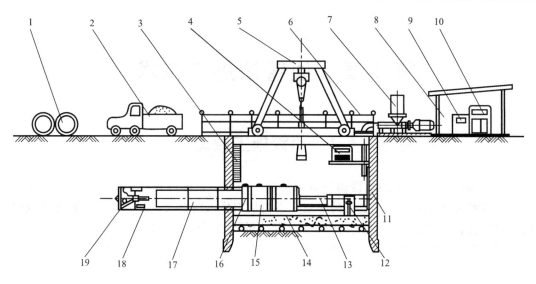

图 4.1　顶管法施工示意图

1—预制的混凝土管；2—运输车；3—扶梯；4—主顶油泵；5—门式起重机；6—安全护栏；7—润滑减阻注浆系统；
8—操纵房；9—配电系统；10—操纵系统；11—后座；12—测量系统；13—主顶油缸；14—导轨；
15—弧形顶铁；16—环形顶铁；17—已顶入的混凝土管；18—运土车；19—机头

（3）掘进机。掘进机是顶管用的机器，它安放在所顶管道的最前端，其有各种形式，是决定顶管成败的关键所在。在手掘式顶管施工中不用掘进机而只用一只工具管。不管哪种形式，掘进机的功能都是取土和确保管道顶进方向的正确性。

（4）主顶装置。主顶装置由主顶油缸、主顶油泵、操纵房和油管等 4 部分构成。主顶油缸是管子推进的动力，它多呈对称状布置在管壁周边。在大多数情况下都成双数，且左右对称。

主顶油缸的压力油由主顶油泵通过高压油管供给。常用的压力在 32～42MPa 之间，高可达 50MPa。

主顶油缸的推进和回缩是通过操纵台控制的。操作方式有电动和手动两种，前者使用电伺阀或电液阀，后者使用手动换向阀。

（5）顶铁。顶铁有环形顶铁、弧形或马蹄形顶铁之分。环形顶铁的主要作用是把主顶油缸的推力较均匀地分布在所顶管子的端面上。弧形或马蹄形顶铁是为了弥补主顶油缸行程与管节长度之间的不足。弧形顶铁用于手掘式、土压平衡式等方式的顶管中，它的开口是向上的。便于管道内出土。而马蹄形顶铁则是倒扣在基坑导轨上的、开口方向与弧形顶铁相反。它只用于泥水平衡式顶管中。

（6）基坑导轨。基坑导航是由两根平行的箱形钢结构焊接在轨枕上制成的。它的作用主要有两点：一是使推进管在工作坑中有一个稳定的导向，并使推进管沿该导向进入土中；二是让环形、弧形顶铁工作时有一个可靠的托架。

（7）后座墙。后座墙是把主顶油缸推力的反力传送到工作坑后部土体中去的墙体。它的构造会因工作坑的构筑方式不同而不同。在沉井工作坑中，后座墙一般就是工作井的后方井壁。在钢板桩工作坑中，必须在工作坑内的后方与钢板桩之间浇筑一座与工作坑宽度相等的，厚度为 0.5～1m 的钢筋混凝土墙，目的是使推力的反力能比较均匀地作用到土体中去，尽可能地使主顶油缸的总推力的作用面积大些。

由于主顶油缸较细，对于后座墙的混凝土结构来讲只相当于作用于几个点的集中力，如果把主顶油缸直接抵在后座墙上，则后座墙极容易损坏。为了防止此类事情的发生，在后座墙与主顶油缸之间垫上一块厚度在 $200\sim300mm$ 的钢构件，称之为后背墙。通过它把油缸的反力较均匀地传递到后座墙上、这样后座墙也就不太容易损坏。

（8）推进用管及接口。推进用管分为多管节和单一管节两大类。多管节的推进管大多为钢筋混凝土管，管节长度有 $2\sim3m$ 不等。这类管都必须采用可靠的管接口，该接口必须在施工时和施工完成以后的使用中都不渗漏。这种管接口形式有企口形、T 形和 F 形等多种形式。

单一管节是钢管，它的接口部是焊接成的，施工完工以后变成刚性较大管子。它的优点是焊接接口不易渗漏，缺点是只能用于直线顶管，而不能用于曲线顶管。

除此之外，有些 PVC 管也可用于顶管，但一般顶距都比较短。铸铁管在经过改造后也可用于顶管。

（9）结土装置。结土装置会因推进方式不同而不同：在手掘式顶管中，大多采用手推车出土，在土压平衡式顶管中，采用蓄电池拖车、土砂泵等方式出土；在泥水平衡式顶管中，都采用泥浆泵和管道输送泥水。

（10）地面起吊设备。常用的是门式起重机，它操作简单、工作可靠，不同口径的管子应配不同吨位的起重机。它的缺点是转移过程中拆装比较困难。

汽车式起重机和履带式起重机也是常用的地面起吊设备，它们的优点是转移方便、灵活。

（11）测量装置。通常用的测量装置就是置于基坑后部的经纬仪和水准仪。使用经纬仪来测量管子的左右偏差，使用水准仪来测量管子的高低偏差。有时所顶管子的距离比较短，也可只用上述两种仪器的任何一种。在机械式顶管中，大多使用激光经纬仪。

（12）注浆系统。注浆系统由拌浆、注浆和管道三部分组成。拌浆是把注浆材料按比例兑水以后再搅拌成所需的浆液。注浆是通过注浆泵来进行的，它可以控制注浆的压力和注浆员。

管道分为总管和支管，总管安装在顶管管道内的一侧。支管则把总管内压送过来的浆液输送到每个注浆孔去。

（13）中继站。中继站亦称中继间，它是长距离顶管中不可缺少的设备。中继站内均匀地安装有许多台油缸，这些油缸把它们前面的一段管子推进一定长度以后，然后再让它后面的中继站或主顶油缸把该中继站油缸缩回。这样一只连一只，一次连一次就可以把很长的一段管子分几段顶。最终依次把由前到后的中继站油缸拆除，一个个中继站合拢即可。

（14）辅助施工。顶管施工有时离不开一些辅助的施工方法，如手掘式顶管中常用的井点降水、注浆等。又如进出洞口加固时常用的高压旋喷桩施工和搅拌桩施工等。不同的顶管方式以及不同的土质条件应采用不同的辅助施工方法。顶管常用的辅助施工方法有井点降水、高压旋喷、注浆、搅拌桩和冻结法等多种，都要因地制宜地使用，才能达到事半功倍的效果。

（15）供电及照明。顶管施工中常用的供电方式有两种：一种是在距离较短和口径较

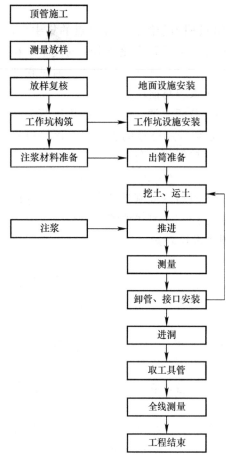

图 4.2　顶管施工流程图

小的顶管中，以及在用电量不大的手掘式顶管中，都采用直接供电。如动力电用 380V，则由电缆直接把 380V 电输送到掘进机的电源箱中。另一种是在口径比较大而且顶进距离又比较长的情况下，都是把高压电如 1000V 的高压电输送到掘进机后的管子中，然后由管子中的变压器进行降压，降至 380V 再把 380V 的电送到掘进机的电源箱中去。高压供电的好处是途中损耗少而且所用电线可细些，但高压供电危险性大，要慎重，更要做好用电安全工作和采取各种有效的防触电、漏电措施。

照明通常也有低压和高压两种：手掘式顶管施工中的行灯应选用 12～24V 低压电源。若管径大的，照明灯固定的可采用 220V 电源，同时，也必须采取安全用电措施来加以保护。

（16）通风与换气。通风与换气是长距离顶管中不可或缺的一环，否则，可能发生缺氧或气体中毒现象，千万不能大意。

顶管中的换气应采用专用的抽风机或者鼓风机。通风管道一直通到掘进机内，把混浊的空气抽离工作井，然后让新鲜空气自然地补充。或者使用鼓风机，使工作井内的空气强制流通。

顶管施工的主要流程如图 4.2 所示。

4.3　顶管机及其选型

4.3.1　按管前挖土方式分类

以推进管前工具管或掘进机的作业形式来分，可分为人工顶管、挤压式顶管、水射流顶管、机械化顶管和半机械化顶管。

1. 人工顶管

推进管前只有一个钢制的带刃的管子，具有挖土保护和纠偏功能，称为工具管。人在工具管内挖土、运土，随后利用安装在工作井内的千斤顶逐渐分段顶入，这种顶管称为手掘式或人工顶管。

由于人工挖土能及时针对顶进沿程工作面的土质变化俯况采取不同的操作方法，因此对不同土层和地下水的变化适应性强是人工顶管员主要的特点。除了严重液化的土层外，在一般土层，甚至松散的砂砾石层内都能顶进。在顶进中能不断纠正偏差，很容易控制管道前进中的方位，施工时可随时排除障碍物，并且其设备简单，工作坑尺寸较小，造价较低，可以顶进方形或椭圆形的特殊管道。在长距离敷设管线中采用人工顶管法，掉头方便、安装用时短。

人工顶管法也有诸多缺点，劳动强度大，影响工人健康，施工安全性差，易造成地面下沉，涌水时需降低地下水位，管节内径不宜小于 800mm，当管径超过 1800mm 时，必须采取一定的辅助施工措施，才能保证工作面土壁的稳定性。

2. 挤压式顶管

如果工具管前端是环刃式挤压口，主压千斤顶在后面推挤，顶进时挤压刃口切土，土被挤入工具管，切入的土通过挤压口挤压，呈密实的土柱状，挤进一定长度后，用钢丝切断土柱，将土柱运到工作坑外，这就是挤压式顶管。通常条件下，采用镇压式顶管，不用任何辅助施工措施，且比人工挖掘提高效率 1～2 倍。

这种顶管适用于各种空隙较大，又具有可塑性的土质，如含水率较大的黏性土淤泥，在挤压时土在外力作用下形成很长的密实土柱，因此挤压后的土重度增加，含水率较小的土质，即使能挤压也需要很大的挤压力，因此不宜采用此法。

挤压式顶管法要求覆盖上深度较大，最小为顶入管道直径的 2.5 倍。如果覆土深度过浅会使地面变形隆起。

3. 水射流顶管

当管道穿越河流时，为了不影响河道通航和河道流量，可以采用水射流顶管法。所谓水射流技术，就是根据不同性能的土，采用不同的水压和水量，使用水枪喷射破碎土层，再用水力吸泥机将土块和水混合成的泥浆运出管外。

应用水射流顶管法是有一定条件的：

（1）现场要有丰富的水源，以保证水力射流敲土和水力运土。

（2）工作面要密闭。为了保证施工的可取性、操作的安全性，机头除可调整方向、方便操作外，还应具有良好的防水功能和密闭性能，施工中密闭式机头的密封门不得任意开启。此外，管道接口应密封良好，以防止河水灌入管内。

（3）排水有道。从管内运出的泥浆要进行泥水分离处理，使泥浆浓度降低成低浓度的泥水排放到下水道或河道，或者作循环使用，并将沉淀出的泥渣运走弃掉。

4. 机械化顶管

在推进管前端装上掘进机械，利用掘进机进行掘土、破碎和输送的顶管施工方法称为机械顶管。

根据机械挖土的形式又可细分为螺旋钻进式和全面挖掘式。螺旋钻进式就是采用螺旋式水平钻机水平钻进，边钻进，边出土，边顶入管节，施工人员在管外操作，适用于小口径顶管。全面挖掘式是将挖掘刀盘装于主轴上，刀盘旋转挖土，一次挖成土洞，边挖土，边顶进，该方法是很常见的机械顶进形式。

机械化顶管工作面采用机械挖土，方向准确，施工中不需降水，可长距离顶进，安全可靠，工效高。但对土质变化的适应性差，顶进过程中若土质变化，容易给机械挖土带来困难。随着施工经验的积累、科技的不断进步，机械顶管向着能适应软硬土层的先进机械型发展。

根据掘进机的种类不同，机械顶管又可分为泥水平衡式、加压式、土压平衡式、岩石掘进式顶管。在这 4 种机械式顶管中，泥水平衡式和土压式顶管由于在许多条件下不需要采用辅助施工措施，因而适用的范围较广，掘进机的结构形式也多种多样。

4.3.2　根据工作面的稳定程度分类

1. 开放式顶管

顶管工作面与后续的管道之间没有压力密封区，工作面土层稳定，可直接挖土，操作时不会出现塌方现象，称为开放式顶管。其优点是方便工作人员进入工作面，便于施工作业，但是要求工作面土层物理力学性能良好。

2. 密闭式顶管

顶管机至少由两部分组成：一是切削工具管（顶管机前面部分）；二是盾尾。当工作面土层不稳定时，为了防止塌方，在顶管工作面与盾尾之间设一压力墙，并施以一定压力使工作面土层稳定，由于工作面密闭，所以叫密闭式顶管。

根据采用的平衡介质不同，密闭式顶管又分为如下三种顶管：

（1）气压平衡式

采用压缩空气加压，使工作面稳定。气压平衡分为全气压平衡和局部气压平衡，全气压平衡使用的最早，它是在所顶进的管道中及挖掘面上都充满一定压力的空气，以空气的压力来平衡地下水的压力。而局部气压平衡则往往只有掘进机的土仓内充以一定压力的空气，达到平衡地下水压力和疏干挖掘面土体中地下水的作用。

（2）泥水平衡式

以含有一定量黏土且具有一定相对密度的泥浆水充满掘进机的泥水舱，并对它施加一定的压力，以平衡地下水压力和土压力。泥浆水在挖掘面上能形成泥膜，以防止地下水的渗透，然后再加上一定的压力就可平衡地下水压力，同时，也可以平衡土压力。

（3）土压平衡式

用挖下来的土造成土压在工作面加压，来平衡掘进机所处土层的土压力和地下水压力，并靠土压力将土挤出。

土压平衡式顶管具有设备简单、适用范围广的优点，且在施工过程中所排出的渣土要比泥水平衡掘进机所排出的泥浆容易处理，因此应用越来越广泛。

4.4　常用顶管施工技术

4.4.1　人工式顶管施工技术

人工式顶管，在施工时，采用手工的方法来破碎工作面的土层，破碎辅助工具主要有镐、锹以及冲击锤等。该方法是最早发展起来的一种顶管施工的方式，由于它在特定的土质条件下采用一定的辅助施工措施后，便具有施工操作简便、设备少、施工成本低、施工进度快等一些优点，所以，至今仍被许多施工单位采用。不过，现在的人工式顶管施工，无论是设备还是工艺都和原始的人工式顶管有很大的不同。

1. 人工式顶管施工工艺

人工式工具管大体由以下几个部分组成：壳体、纠偏油缸、液压阀、高压油管、测量装置及照明等。壳体有一段的，也有两段的。两段形式的壳体分为前、后两节，在前、后壳体之间安装有纠偏油缸，为防止泥水侵入，在前、后壳体活动的部分内装有密封团。后壳体则与第一节要顶的混凝土管或钢管刚性连接。因此，如果顶钢管则把后壳体与第一节钢管的前端焊成一个整体。如果顶混凝土管，一般也把后壳体与第一节混凝土管之间用接拉杆螺栓固定牢。

2. 手掘式顶管施工工艺

如图 4.3 所示为手掘式顶管的施工工艺流程图。其主要施工工序如下：

（1）安装管节。首先用主顶油缸把手掘式工具管放在安装牢靠的基坑轨道上。下管前应先对管子进行外观检查，主要检查管子无破损及纵向裂缝，前端要平直，管壁无坑陷或鼓泡，管壁应光洁。检查合格后的管子方可用起重设备吊到工作坑的导轨上就位。第一节管作为工具管，它的顶进方向与高程的准确，是保证整段顶管质量的关键。

（2）管前挖土。管前挖土是控制管节顶进方向和高程、减少偏差的重要作业，是保证顶进质量及管上构筑物安装的关键。在不允许土下沉的顶进地段（如上面有重要建筑物或其他管道）。管子周围一律不得超挖。在一般顶管地段，上面允许超挖 1.5cm，但在下面 135°范围内不得超挖，一定要保持管壁与土基表面吻合。

（3）顶进。用主顶油缸慢慢地把工具管切入土中。这时由于工具管尚未完全出洞，可以用水平尺在工具管的顶部监测一下工具管的水平状态是否与基坑导轨保持一致。通常，把出洞后的 5～10m 以内的顶进，称为初始顶进。在初始顶进过程中，应特别要加强测量工作。如果发现误差，尽量采用挖土来校正。同时可以用多种方法来测量，把测得的数据综合起来加以分析。

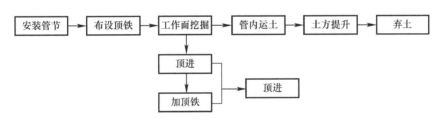

图 4.3 手掘式工艺管的施工工艺流程图

顶进时若发现有油路压力突然增高，应停止顶进，检查原因经过处理分析后方可继续顶进，回镐时油路压力不得过大，速度不得过快。

（4）管内运土。挖出的土要及时外运，土方在管内可采用电瓶车运输，也可采用人力斗车进行运输。

管道与顶管设备的垂直运输采用简易龙门和卷扬机（电动葫芦），并搭设工字钢梁作为地面工作平台。下管采用汽车式起重机吊装。

（5）测量与校正。人工式顶管的纠偏油缸呈十字形布置，最大纠偏角度宜不大于 2.5°。由于人工式工具管纠偏油缸的行程很长，故无法保证管道入土位置正确。手掘式工具管的测量靶可采用"T"字形。

4.4.2 泥水平衡式顶管施工

在顶管施工的分类中，我们把用水力切削泥土以及采用机械切削泥土而采用水力输送弃土，同时有的利用泥水压力来平衡工作面处的地下水压力和土压力的这一类顶管形式都称为泥水式顶管施工。这样，从有无平衡的角度出发，又可以把它们细分为具有泥水平衡功能的和不具有泥水平衡功能的两大类。现今生产的比较先进的这类顶管掘进机大多具有泥水平衡功能，泥水加压平衡顶管适用于各种黏性土和砂性土的土层中的$\phi800\sim\phi1200$mm的各种口径管道。所用管材可以是预制钢筋混凝土管，也可以是钢管。

1. 泥水平衡顶管的基本原理

在泥水式顶管施工中，首先应了解泥水的性质。通过比较试验可以了解泥水与普通的清水（不含任何泥土成分的水）的性质有着很大的不同。

如图 4.4(a) 所示一个方形玻璃容器中间用一块很薄的隔板将容器隔成左右两部分，在左边部分装上砂，右边部分装有 $d=1.2$ 的泥水（d 为相对密度）。等泥水稳定下来，轻轻地把容器中的隔板抽掉，就会发现砂和泥水都始终处于一种平衡状态，保持相对稳定。即使再过一段时间，右侧容器内的这种状态仍然不会有明显的改变。

相反，若将容器的右边装上清水，如图 4.4(b) 所示，待隔板去掉后，只需几秒钟的时间，就看到容器中的砂慢慢地往旁边清水中下滑，如果再过 $40\sim60$s，砂就会按一定角度分布在整个容器中。

由试验可知：第一，在泥水式顶管施工中，要使挖掘面上保持稳定，就必须在泥水仓中充满一定压力的泥水，而不能充清水；第二，因为泥水在挖掘面上可以形成一层不透水的泥膜，它可以阻止泥水向挖掘面里面渗透。同时，该泥水本身又有一定的压力，因此，它就可以用来平衡地下水压力和土压力。这就是泥水平衡式顶管基本原理。

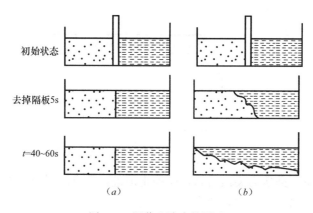

图 4.4 泥浆和清水的测试

2. 泥水平衡式顶管组成

完整的泥水平衡顶管系统分为 8 大部分，如图 4.5 所示。第一部分是掘进机，它有各种形式，往往通过更换切削刀盘，适应于相应的土层。第二部分为泥水平衡（输送）系统，它有两大功能：一是通过加压的泥水来平衡开挖面的土体；二是将刀盘切削下来的土体在泥水舱中混合后，通过泵送到泥水管路再输送到地面；第三部分是泥水处理系统或通过泥水处理设备的处理后，将泥水的比重和黏度等指标调整到比较合适的值，或通过泵将其送到顶管机中使用，同时将排泥管堆放的泥水进行分离，将可重复利用的黏土颗粒送入调整槽中处理后加以利用，其余部分作弃土处理。第四部分是主顶系统，主要功能是完成管节的顶进，有主顶油缸、主顶油压机组和操纵台等组成。第五部分是测量、纠偏系统，主要由激光经纬仪、纠偏油缸、油泵、操纵阀和油管组成。第六部分是起吊系统。第七部分是供电系统。第八部分是洞口止水圈、基坑导轨等附属系统。如果是长距离顶进，还需要中继顶装置。

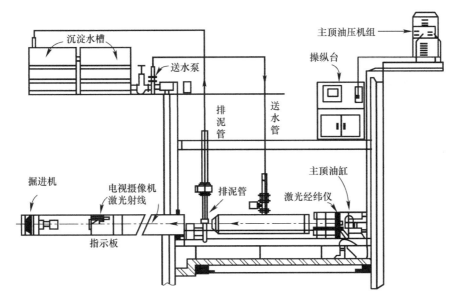

图 4.5 泥水平衡顶管系统

3. 泥水平衡式顶管的施工特点

泥水平衡式顶管施工有以下优点：

（1）对土质的适应性强，如在地下水压力很高以及变化范围较大的条件下，它也能适用。

（2）采用泥水平衡式顶管施工引起的地面沉降比较小，因此穿越地表沉降要求高的地段，可节约大量环境保护费用。泥水平衡式顶管施工可有效地保持挖掘面的稳定，对顶管周围的土体扰动比较小，从而引起较小的地面沉陷，实际施工中地表最大沉降量可小于3cm。

（3）顶进效果好，适宜于长距离顶管。与其他类型顶管比较，泥水顶管施工时所需的总推力比较小，尤其是在黏土层表现得更为突出。

（4）工作坑内的作业环境比较好，作业也比较安全。由于它采用地面遥控操作，用泥水管道输送弃土，操作人员可不必进入管子，不存在进行吊土、搬运土方等容易发生危险的作业。它可以在大气常压下作业，也不存在危及作业人员健康等问题。

（5）施工速度快，每昼夜顶进速度可达 20m 以上。由于顶进效果好，泥水输送弃土的作业也是连续不断地进行的，所以它作业的速度比较快。

（6）管道轴线和标高的测量采用激光仪连续进行，能做到及时纠偏，顶进质量容易控制。

但是，泥水式（平衡）顶管也有它的缺点：

（1）所需的作业场地大，设备成本高。

（2）弃土的运输和存放都比较困难。如果采用泥浆式运输，则运输成本高，且用水量也会增加。如果采用二次处理方法把泥水分离，或让其自然沉淀、晾晒等，则处理起来不仅麻烦，而且处理周期也比较长。采用泥水处理设备往往噪声很大，对环境会造成污染。

（3）如果遇到覆土层过薄，或者通过渗透系数特别大的砂砾、卵石层，作业就会因此受阻。因为在这样的土层中，泥水要么溢到地面上，要么很快渗透到地下水中去，致使泥水压力无法建立起来。

（4）由于泥水顶管施工的设备比较复杂，一旦有哪个部分出现了故障，就要全面停止施工作业。它的这种相互联系、相互制约的程度比较高。

4. 泥水加压平衡顶管施工工艺与过程

（1）首先拆除洞口封门。

（2）推进机头，机头进入土体时开动大刀盘和进排泥浆。

（3）机头推进至能卸管节时停止推进，拆开动力电缆、进排泥管、控制电缆和摄像仪连线，缩回推进油缸。

（4）将事先安放好密封环的管节吊下，对准插入就位。

（5）接上动力电缆、控制电缆、摄像仪连线、进排泥管，接通压浆管路。

（6）启动顶管机、进排泥泵、压浆泵、主顶油缸，推进管节并排出泥浆。

（7）随着管节的推进，不断观察机关轴线位置和各种指示仪表，纠正管道轴线方法并根据土压力大小调整顶进速度。

（8）当一节管节推进结束后，重复第（2）～（7）步继续推进。

当顶进即将到位时，放慢顶进速度，准确测量出机头位置，在机头到达接收井洞口封门时停止顶进，此时在接收井内安放好接引导轨；在拆除接收井洞口封门后，将机头送入接收井（此时刀盘的近排泥泵均不运转），拆除动力电缆、进排泥管、摄像仪及连线和压浆管路等，接着分离机头与管节，吊出机头，然后将管节顶到预定位置，按次序拆除中继环油缸并将管节靠拢；最后拆除主顶油缸、油泵、后座及导轨。

4.4.3　土压平衡式顶管施工

1. 土压平衡式顶管施工特点

同泥水平衡式顶管相似，土压平衡式顶管是利用挖下来的土压在工作面加压，以此来平衡掘进机所处土层的土压力和地下水压力，土压平衡要同时满足两个条件：第一，顶管掘进机在顶进过程中与它所处土层的地下水压力和土压力处于一种平衡状态；第二，它的排土量与掘进机推进所占的土体积也处于一种平衡状态。

土压平衡顶管就是根据土压平衡的基本原理，利用顶管机的刀盘切削和支撑机内土压舱的正面土体，抵抗开挖面的水土压力以达到土体稳定的目的。以顶管机的顶速（即切削量）为常量，螺旋输送机转速（即排放量）为变量进行控制、待到土压舱内的水土压力与切削面的水土压力保持平衡，由此减少对正面土体的扰动，减小地表沉降和隆起。

土压平衡顶管适用于饱和含水地层中的淤泥质黏土、粉砂和砂性土等地层中施工，也适用于穿越建筑物密集闹市区、公路、铁路和河流特殊地段等地层位移限制要求较高的地区，特别适用于不宜大开挖的各类地下管线下进行矩形断面的施工。运送管径常为 $\phi1650\sim$ $\phi2400$mm。顶管管节一般采用钢筋混凝土，管节的接头形式可选用"T"型、"F"型钢套环式和企口承插式等，也可以按工程的要求选用其他材质的管节和管口接头形式。

2. 土压平衡式顶管施工原理

（1）利用带面板的刀盘切削及支撑土体，对土体的扰动比较小，使用土质范围较广，并且能有效地控制地表的沉降和隆起，可在闹市区或建筑密集地区进行管道施工，大大减少了地上、地下构筑物破坏而带来的损失。

（2）与泥水式顶管施工相比，最大的特点是排出的土或泥浆都不需要再进行泥水分离等二次处理。它利用干式排土，处理废弃泥土很方便，对环境的影响和污染均较小，施工后地面沉降较小。

（3）要求覆土深度小，最小覆土深度约相当于0.8倍管外径，这是任何形式顶管施工都无法做到的。

其缺点是在砂砾层和黏粒较含量少的砂层中施工时，必须采用添加剂对土体进行改良。

3. 施工工艺与流程

（1）首先做好施工准备。清理工作井，设置与安装地面顶进辅助设施、井口龙门吊车、主顶设备后靠背等，接着安装与调整主顶设备导向机架、主顶千斤顶，布置工作井内的工作平台，辅助设备、控制操作台，并做好井点降水、地基加固等出洞的辅助技术准备。

（2）顶管顶进施工流程

1）安放管接口密封环，传力衬垫。

2）下吊管节，调整管口中心，连接就位。

3）电缆穿越管道，接通总电源，轨道注浆管及其他线管。

4）启动顶管机主机土压平衡控制器，地面注浆机头顶进、注水系统机头顶进。

5）启动螺旋输送机排土。

6）随着管节的推进，测量轴线偏差，调控顶进速度直至一节管节推进结束。

7）主顶千斤顶回缩就位后，主顶进装置停机，关闭所有顶进设备，拆除各种电缆和管线，清理现场。

8）重复以上步骤继续顶进。

（3）顶进到位。顶进到位后的施工流程与泥水加压平衡顶管相似。

4.5 顶管法施工的主要技术问题

4.5.1 方向控制

要有一套能准确控制管道顶进方向的导向机构。管道能否按设计轴线顶进，是长距离顶管成败的关键因素之一。顶管方向失去控制台导致管道弯曲，顶力急剧增加，工程无法正常进行。高精度的方向控制也是保证中继间正常工作的必要条件。

4.5.2 顶力问题

顶管的顶推力是随着顶进长度的增加而增大的，但因受到顶推力和管道强度的限制，顶推力不能无限度增大。尤其是在长距离顶管施工中，仅采用管尾推进方式，管道顶进距离必受限制。一般采用中继间接力技术加以解决。另外，顶力的偏心距控制也相当关键，能否保证顶推合力的方向与管道轴线方向一致是控制管道方向的关键。

4.5.3 承压壁的后靠结构及土体稳定

顶管工作井一般采用沉井结构或钢板桩支护结构，除需验算结构的强度和刚度外，还应确保后靠土体的稳定性。工程中可以采取注浆、增加后靠土体地面超载等方式限制后靠土体的滑动。若后靠土体产生滑动，不仅会引起地面较大的位移，严重影响周围环境，还会影响顶管的正常施工，导致顶管顶进方向失去控制。

4.5.4　穿墙管与止水

穿墙止水是顶管施工员最重要的工序之一。穿墙后工具管方向的准确程度将会给管道轴线方向的控制以及管道的拼装、顶进带来很大的影响。

打开封门，将掘进机顶出工作井外，这一过程称为穿墙。穿墙是顶管施工中的一道重要工序，因为穿墙后掘进机方向的准确与否将会给以后管道的方向控制和井内管节的拼装工作带来影响。穿墙时，首先要防止井外的泥水大量涌入井内，严防塌方和流砂。其次要使管道不偏离轴线，顶进方向要准确。由于顶管出洞是制约顶管顶进的关键工序，一旦顶管出洞技术措施采取不当，就有可能造成顶管在顶进过程中停顿。而顶管在顶进途中的停顿将会引起一系列不良后果（如顶力增大、设备损坏等），严重影响顶管顶进的速度和质量，甚至造成施工失败。

顶管出洞关键应做好以下几个方面的工作：管线放线、后座墙附加层制作、导轨铺设、洞口止水和穿墙等几个方面的工作。

穿墙管的构造要求有：满足结构的强度和刚度要求，管道穿墙施工方便快捷、止水可靠。穿墙止水主要由挡环、盘根、轧兰将盘根压紧后起止水、挡土作用（见图4.6）。

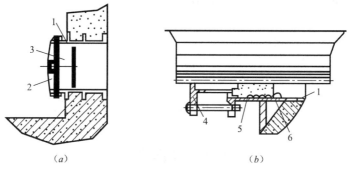

图 4.6　穿墙管

(*a*) 穿墙管构造；(*b*) 穿墙止水

1—穿墙管；2—闷板；3—黏土；4—轧兰；5—盘根；6—挡环

为避免地下水和泥土大量涌入工作井，一般应在穿墙管内事先填埋经夯实的黄黏土。打开穿墙管闷板后，应立即将工具管顶进。此时穿墙管内的黄黏土受挤压，堵住穿墙管与工具管之间的环绕，起临时止水作用。同时还必须注意将工作井周围的建筑垃圾等杂物清理干净，避免掘进机出洞时，钢筋等杂物将进入铰笼，损坏铰刀，致使顶管不能正常前进。

4.5.5　测量与纠偏

在顶管施工时，在顶进前要求按设计的高程和方向精确地安装导轨；修筑后背墙及布置顶铁，目的是使管节按规定的方向前进。因此在顶进中必须不断地观测油管节前进的轨迹。当发现前段管节前进方向或高程偏离原设计位量后，就要采取各种纠偏方法迫使管节回到原设计位置上。

1. 测量

（1）初顶测量。在顶第一节管（工具管）时，应不断地对管节的高程、方向及转角进行测量，测量间隔应不越过 30cm，当发现误差进行校正偏差时，测量间隔也不应超过 30cm，保证管道入土的位置正确；在管道进入土层后的正常顶进时，每隔 60～80mm 测量一次。

（2）中心测量。为观察首节管在顶进过程中与设计中心线的偏离度，并预计其发展趋势，应在首节管前后两端各设一固定点，以便检查首节管实际位置与设计位置的偏差。

顶进长度在 60m 范围内，可采用垂球拉线的方法进行测量，如图 4.7 所示。一次顶进超过 60m 时，应采用经纬仪或激光导向仪测量（即用激光束定位）。

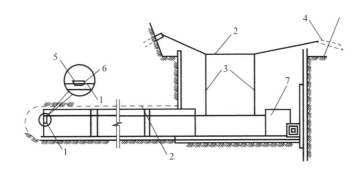

图 4.7　用小线球延长线法测量中心线

1—中心尺；2—小线；3—垂线；4—中心桩；5—水准仪；6—刻度；7—顶高

（3）激光测量。如图 4.8 所示，激光测量时，将激光经纬仪（激光发射器）安装在工作井内，并按照管线设计的坡度和方向将发射器调整好，同时在管内装上接收靶（激光接收装置），靶上刻有尺度线，当顶进的管道与设计位置一致时，激光点即可射到靶心，说明顶进无偏差，否则根据偏差量进行校正。

（4）顶后测量。全段顶完后，应在每个管节接口处测量其中心位置和高程，有错口时，应测出错口的高差。

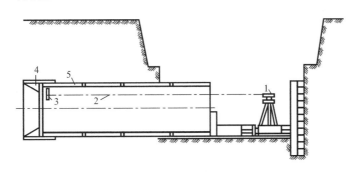

图 4.8　激光测量

1—激光经纬仪；2—激光束；3—激光接收器；4—刃脚；5—管节

2. 纠偏

当顶管偏差超过如表 4.1 所示的允许误差时，应该进行纠偏处理，防止因偏心度过大而使管节接头压损或管节中出现环向裂缝。

顶管允许偏差 表 4.1

序号	项目	允许偏差（mm）		检验频率	检验方法
		距离<100m	距离≥100m	范围点数	
1	中线位移	50	100	每段1点	经纬仪测量
2	管内底高程<1500mm	+30 −40	+60 −80	每段1点	水准仪测量管
	管内底高程≥1500mm	+40 −50	+80 −100	每段1点	水准仪测量
3	相邻管节错口	≤15，无碎裂		每段1点	钢尺量
4	管内腰箍	不渗漏		每段1点	外观检查
5	橡胶止水圈	不脱出		每段1点	外观检查

顶管误差校正是逐步进行的，形成误差后不可立即将已顶好的管子校正到位，应缓慢进行，使管子逐渐复位。常用的方法有以下三种：

（1）超挖纠偏法。这种纠偏法的效果较缓慢，当偏差为 1～2cm 时，可采用此法。即在管子偏向的反侧适当超挖，而在偏向侧不超挖甚至留坎，形成阻力，使管节在顶进中向阻力小的超挖侧偏向。例如管头误差为正值时，应在管底部位超挖土方（但不能过量），在管节继续顶进后借助管节本身重量而沉降，逐渐回到设计位置。

（2）顶木纠偏法。当偏差大于 2cm 时，在超挖纠偏不起作用的情况下可用此法。用圆木或方木的一端顶在管子偏向的内管壁上，另一端斜撑在垫有钢板或木板的管前土壤上，支顶牢固后，即可顶进。在顶进中配合超挖纠偏法，边顶边支。利用顶进时斜支撑分力产生的阻力，使顶管向阻力小的一侧校正。

（3）千斤顶纠偏法。当顶距较短时（在 15m 范围内）可用此法。该方法基本同顶木纠偏法，只是在顶木上用小于斤顶强行将管节慢慢移位校正。

4.5.6 管段接口处理

在顶管工程中，需要不断地校正管节的高程和方向。管段不同的接口处理，使接口强度和性能不同，会直接影响施工进度和工程质量。管道接口按性能可分为刚性接口和柔性接口。一般刚性接口有钢管所采用的焊接口、铸铁管采用的承插口、钢筋混凝土管采用的外套环对接（F 型）接口，柔性接口如钢筋混凝土管所采用的平口和企口接口。按管道使用要求分为密闭性接口和非密闭性接口。在地下水位下顶进或需要灌注润滑材料时，要求管道接口具有良好的密闭性，所以要根据现场施工条件，管道使用要求等选择管道接口形式，以保证施工方便和竣工后管道的质量。

钢管在顶进施工中的连接，主要采用永久性焊接，并在顶进前在工作井内进行。焊接口的优点是接口强度大、节约金属和劳动力，但应防止焊接后管材产生变形。为减少焊接残余应力、残余变形及节约工时，应对焊缝进行合理地设计和施工，合理考虑焊接顺序、焊缝位置、选用合适的焊条。

平接口是钢筋混凝土管节常用的接口形式。平接口最常用的做法是：在两管的接口处加衬垫，一般是垫 25～30mm 直径的麻辫或 3～4 层油毡，应将其在偏于管缝外侧放置，这样使顶紧后管的内缝有 1～2cm 的深度，以便顶进完成后进行填缝。

4.5.7 触变泥浆减阻

在长距离、大直径管道的顶进过程中，有效降低顶进阻力是施工中必须解决的关键问题。顶进阻力主要由迎面阻力和管壁外周摩阻力两部分组成。在超长距离顶管工程中，迎面阻力占顶进总阻力的比例较小。对于一定的土层和管径，其迎面阻力为定值，而沿程摩阻力则随着顶进长度延长而增加。为了充分发挥顶力的作用，达到尽可能长的顶进距离，除了在中间设置若干个中继间外，更为重要的是尽可能降低顶进过程中管壁外周摩阻力。顶管工程中主要采用触变泥浆改变管子与土间的界面性质。这种泥浆除起润滑作用外，静置一定时间后，泥浆便会固结、产生强度。在顶进时，通过工具管及混凝土管节上预留的注浆孔，向管道外壁压入一定量的减阻泥浆，在管道外围形成一个泥浆套，使管道在泥浆套中前进，能使管外壁和土层间摩阻力大大降低，从而顶力值降低 50%～70%。

另外，在顶管顶进过程中，为使管壁外周形成的泥浆环始终起到支撑土体和减阻的作用，在中继间和管道的适当点位还必须进行跟踪补浆，以补充在顶进过程中的触变泥浆损失量。一般压浆量为管道外周环形空隙的 1.5～2.0 倍。泥浆在输送和灌注过程中具有流动性、可泵性。在施工过程中，泥浆主要从顶管前墙进行灌注，顶进一定距离后，可从后端及中间进行补浆。

4.6 顶管施工的安全问题

（1）顶管施工前，根据地下顶管法施工技术要求，按施工现场实际情况制定出符合规范、标准、规程的专项安全技术方案（如：顶管机吊装和吊拆方案、顶管施工方案等），并组织安全技术交底会。机械人员准备、吊装前吊装环境验收，根据施工现场实际情况，编制实际可行的顶管机吊装方案。吊装之前组织安全交底。地基采取加固措施，须符合承载力要求。各类机具设备符合方案实施需求，设备性能满足要求；

（2）刚顶进时要防止反弹，很容易被洞外泥土压力挤出，因此在顶进到位收泵时，要注意观察反弹现象，如有反弹停止收泵，采取止回措施，方可收泵；

（3）顶管工作坑采用机械挖土方时，现场应有专人指挥装车，堆土应符合有关规定，不得损坏任何构筑物和预埋立撑；工作坑如果采用混凝土灌注桩连续壁，应严格执行有关的安全技术规程操作；工作坑四周或坑底必须有排水设备及措施；工作坑内应设符合规定并固定牢固的安全梯，下管作业的全过程中工作坑内严禁有人作业；

（4）吊装顶铁或管材时，严禁人员在回转半径内停留；往工作坑内下管时，应穿保险钢丝绳，并缓慢地将管子送入轨道就位，以便防止滑脱坠落或冲击轨道，同时坑下人员应站在安全角落；

（5）垂直运输设备的操作人员，在作业前对设备各部分进行安全检查，确认无异常后方可作业，作业时精力集中，服从指挥，严格执行起重设备作业有关的安全操作规程；

（6）安装后的轨道应牢固，不得在使用中产生移位，并应经常检查校核；两导轨应顺直、平行、等高，其纵坡应与管道设计坡度一致；

（7）在拼接管段前或因故障停顿时，应加强联系及时通知管头操作人员停止挖进，防止因超挖造成塌方，并应在长距离顶进过程中加强通风；

（8）顶进过程对机头进行维修和排除障碍时，必须采取防止冒顶塌方的安全措施，严禁在运行的情况下进行检查和调整，以防伤人；

（9）顶进过程中，油泵操作工应严格注意观察油泵压力是否均匀渐增，若发现压力骤然上升，应立即停止顶进，待查明原因后方能继续顶进；

（10）管子的顶进或停止，应以管头发出信号为准。遇到顶进系统发生故障或在拼管子前 20min，立即发出信号给管头操作人员，引起注意；

（11）顶进作业时，所有操作人员不得在顶铁上方、两侧站立操作，严禁穿行。对顶铁要有专人观察，以防发生崩铁伤人事故；

（12）顶进作业一般应连续进行，不得长期停顿，以防止地下水渗出，造成坍塌。顶进时应保持管头部有足够多的土塞；若遇土质差、因地下水渗流可能造成塌方时，则将管头部灌满以增大水压力；

（13）管道内的照明电信系统应采用安全电压宜采用 12V，每班顶管前电工要仔细检查各种线路是否正常，确保安全施工；

（14）纠偏千斤顶应与管节绝缘良好，操作电动高压油泵应戴绝缘手套；

（15）顶进中应有防毒、防燃、防爆、防水淹的措施，顶进长度超过 50m 时，应有通风供氧的措施，防止管内人员缺氧窒息；

（16）在土质较差、土中含水量大、容易塌方的地段施工时管前端应加一定长度的刚性管帽，管帽应先顶入土层中，再按规定的掏挖长度挖土；

（17）顶进作业中，坑内上下吊运物品时，坑下人员应站在安全位置。吊运机具作业应遵守有关的安全技术操作规程；

（18）在公路、铁路段施工时，应对路基采取一定的保护措施。确保汽车、列车运行安全。当列车通行时，应停止作业，人员应暂时撤离到离土坡（作业区）1m 以外的安全地区；

（19）管道内，未经许可不得动用明火。

4.7 事 故 案 例

1. 事件概况

2011 年 9 月 23 日，在某县城安良大通南山路口处，广东光速进行本地网大客户接入工程（某县国税局）全长 25m 左右的断点管道顶管作业。下午 15 时许，在接近末端距离的顶进过程中，顶杆遭遇较强地下推进阻力，由于无法判断地下障碍物性质，顶杆从原路拖回。与此同时，国税局基建工地供电专变停电，经国税局电工与南方电网确认，为顶管损伤地下高压电力电缆外护层绝缘，导致自动断电保护装置启动，造成国税局基建专变停电。在停工抢修断电事故尚未处理完成，监理明令禁止开工的情况下，且未开挖起钻工作坑与路由探测，于当晚 21 时许，施工单位擅自强行开机顶进，在顶杆接近起钻范围内，将电信驻地网 6 条在用光缆悉数顶断，酿成通信阻断事故，造成网络工程建设负面影响。

2. 事故成因分析

经对事故全过程的调查了解，我们主要从：设备的不安全状态；人的不安全行为；工作环境的不良因素；施工组织管理的缺陷等四方面来逐一剖析该连环事故的发生，循迹觅踪就会找到其内在的不安全因素，以及外部环境构成的事故诱因，也是该顶管事故发生的风险概率。

（1）有法不依、有章不循，是导致此次事故的重要原因。若严格遵守河源移动《传送网工程顶管作业施工细则》规定实施作业，完成事前准备工作和及时排除顶进中出现的问题，事故是可以避免发生的。

（2）盲目追求顶管进度，无视安全操作规程，进场开钻时，未按深度要求挖掘起钻工作坑；在顶管作业过程中，未进行全程跟进导向探测。当出现顶杆异常情况时，并未停止顶进作业进行故障排查，而是侥幸盲目继续作业，从而导致事故发生。

（3）作业人员的安全生产意识淡漠，缺乏责任心。在已发生顶伤高压电力电缆造成跳闸断电的情况下，明知在顶管区域内有密集的通信光缆存在，仍然置监理责令停工的指令于不顾，并未采取任何预控防范措施，擅自强行开机顶进，酿成通信阻断事故。

（4）造成本次顶管事故发生的两大成因，一则在通信光缆密集区域的顶管作业，未按安全操作要求挖掘起钻工作坑，任意选择顶管起钻位置和深度，导致钻杆顶进管道绞断通信光缆；二则在本次顶管过程中，不遵守技术规范要求，未采用导向探测仪器进行全程跟进监测，造成了顶伤高压电缆跳闸断电、顶断光缆阻断通信的严重后果。

3. 事故教训

（1）遵循"防患于未然"的原则，严格执行河源移动《传送网工程顶管作业管理办法》，抓紧抓好事前预控、事中督促的管控环节，重点落实顶管作业预控措施的到位，顶进过程的监测跟进。

（2）地下管线密集复杂区域的顶管施工作业，重点落实路由复勘与原有地下管线风险成因排查及交越点埋深的探测，遇有强电磁干扰或非金属管线及其他原因，导致无法完成探测及取得准确埋深数据时，须取得相关地下管线业主的现场确认与原始竣工资料，以保证顶管施工的安全稳妥。

（3）严格把好审查报建手续核实关、进场顶管设备探测仪器质量关、路由复勘探测与工作井坑深度及顶管全程监测关，坚持安全管理环环相扣、层层把关，发现安全隐患及时停工整顿，决不姑息迁就。

4. 相关责任人应负的责任

公司管理人员管理力度不够，未对安全员进行足够的安全教育。在发现问题的情况下，安全员仍然不停工，显示其缺乏基本的安全意识和责任心，应负主要责任。施工员未按规定全程跟进导向探测，其施工过程不规范，也应予以警告。

第5章 沉管法施工技术

5.1 基本原理

沉管法修筑隧道，就是在水底预先挖好沟槽，把在陆地上（船台上或临时于坞内）预制的沉放管段，用拖轮运到沉放现场，待管段准确定位后，向管段水箱内灌水压载下沉，然后进行水下连接。处理好管段接头与基础，经覆土回填后，再进行内部设备的安装与装修，便筑成了隧道。

5.2 沉管隧道结构

1. 按施工方式分类

沉管隧道的施工方式，视现场条件、用途、断面大小等各异。总体上分为两种：①不需要修建特殊的船坞，用浮在水上的钢壳箱体作为模板制造管段的"钢壳方式"；②在干船坞内制造箱体，而后浮运、沉放的"干船坞方式"。两种方式的利弊，如下所述。

（1）钢壳方式（船台型）

优点：

1）断面是圆形的，主要承受轴力，在水深很大时，较经济。如图 5.1 所示为圆形钢壳断面示例。

2）底面积小，基础形成容易，回填土砂也容易进行。

3）用造船厂的船台，而无需专用的船坞，质量易于保证。

4）可同时用于防水，无需另外的防水设施，同时对施工中或施工后的冲击也有一定的防护作用。

缺点：

1）浮动状态条件下几方面会受到限制。

2）需较多的现场焊接，为防止变形的发生，管段制作很麻烦，而且要求认真地检查。

3）易腐蚀，需对钢壳做防腐处理。

4）就隧道而言，断面上下有多余的空间，根据施工实际，实用的直径大约在 10m 以下为宜。隧道内只能设两个车道，建造四车道隧道时，则须制作两管并列的管段。

（2）干船坞方式

这种方式须修建专用的船坞用以制造预测管段，主要应用于宽度较大公路、铁路、地下铁道等隧道，在欧洲采用较多，其优点：

1）管段在干船坞内制造，不需钢壳，钢材使用量小；

2）断面大小不受限制。

缺点：

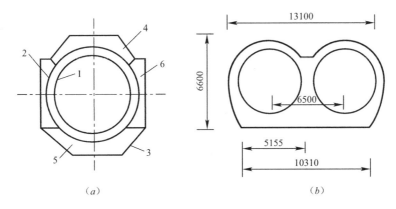

图 5.1　圆形钢壳断面示意图

(a) 双层钢壳管段经典型断面尺寸；(b) 香港地铁过海隧道

1—混凝土内环；2—钢壳；3—模板（外钢壳）；4—覆盖混凝土；5—龙骨混凝土；6—水下导管浇筑混凝土

1) 必须找到合适的地点，修建干船坞；

2) 需要设置防水层，并且对防水层要加以保护，以保证隧道的防水性；

3) 混凝土的质量要求相当重要，特别对混凝土的水密性的要求较高；

4) 因其基础底面积大，地层面和管体底面的基础处理比较烦琐。

如图 5.2 所示是矩形钢筋混凝土沉管隧道的断面图例。两种方式的比较，见表 5.1。

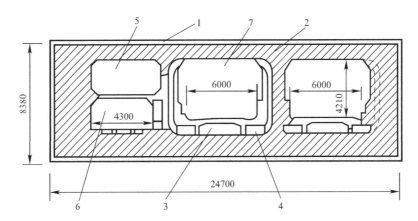

图 5.2　矩形钢筋混凝土沉管隧道的断面示意图

1—钢板；2—钢筋混凝土；3—送风道；4—排风道；5—自行车道；6—步道；7—车道

两种施工方式的比较　　　　　　　　　　　　　　　　　　　表 5.1

项目	钢壳方式	干船坞方式
用途	双车道公路、单线铁道、下水管道等管段在10m 以内的	多车道宽度达的公路（铁道、人行道并置的情况也在内）
断面形状	圆形、外廓为变形的八角形的	矩形
材料	钢壳及钢筋混凝土	钢筋混凝土
管段预制地点	船台等	临时干船坞
浮运沉放	干舷高度 30～50cm，拖航；水上向管段投入砂和混凝土，沉放	干舷高度 10cm 左右，拖航，用管段内的水平衡方法沉放

续表

项目	钢壳方式	干船坞方式
防水处理	钢壳	防水层，钢板（6～8mm）、沥青、橡胶等
基础处理	一般平整机敷设砂砾	设临时承台，填充砂或砂浆
水中连接	水中混凝土或橡胶密封垫水压连接	橡胶密封垫水压连接

2. 按沉管截面面积分类

沉管隧道结构主要分为圆形钢壳类与矩形混凝土类两种。它们的基本原理是相同的，但设计、施工及所用材料有所不同。

（1）圆形钢壳类

圆形钢壳类隧道的钢壳管段是钢壳和混凝土的组合结构，通常用内、外两层骨架制成。内壳是预制的短节，在船坞滑台上将它焊接成要求长度的短节，加上两肋的加强板，再安装外部钢壳并焊接好。外壳顶部没有浇筑混凝土用的孔，在管段底部要灌注一定量的混凝土，以便在水下时起增重和稳定作用。这种形式的隧道管段通常在船坞滑台上侧向下水，并要灌注较多的混凝土，一般是直接下沉到已充分准备好的破碎砾石垫层上。它的另外一种形式是采用单层内钢壳与外层混凝土衬砌，或两者兼有。这种船台型管段的横断面，一般内层是圆形，外层形状为圆形、八角形或花篮形等。隧道内只能设两个车道，建造多车道隧道时，则需制作几排并列的管段。

因为圆形钢壳类结构是通过钢壳施工方式建造，其优点和缺点与前面所述的钢壳施工方式相同。

（2）矩形混凝土类

在干船坞中制作的矩形钢筋混凝土管段比在船台上制作的钢壳圆形、八角形或花篮形管段经济，且矩形断面更能充分利用隧道内的空间，可作为多车道、大宽度的公路隧道，因此现已成为沉管隧道的主流结构；如图 5.3 所示为上海外环沉管隧道断面示意图。矩形混凝土类管段结构的主要材料是钢筋混凝土。管段在临时干船坞中制成后，在坞内灌水使之浮起并拖运至隧址沉没。因为每一管节是一个整体结构，所以更易控制混凝土的灌注和限制管节内的结构力。但从力学上看，对外压来说，弯矩是主要的，因此，断面要比圆形的厚些。因管段的宽度大，所以基底的处理要困难些。

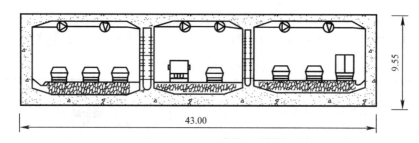

图 5.3 上海外环沉管隧道断面示意图（单位：m）

当隧道宽度较大且土、水压力又较大时，采用预应力混凝土结构可获得较经济的效果。预应力的采用，可大大提高水密性、减少管段的开裂，并减小构件厚度和管段的重量。横断面上采用的预应力，分全预应力和部分预应力两种。与普通的钢筋混凝土沉管管段相比，预应力沉管管段的特点如下：

1）耐久性明显提高。裂缝为钢筋混凝土结构不可避免的缺陷。并且，在沉管管段的长期载荷作用下，裂缝的发展也将是持续的。虽然裂缝一般不影响结构承载能力，但是可能引起结构的漏水，这会对结构及设备的使用带来一定的影响，而且对隧道的结构耐久性也有一定的影响。根据以往相关工程的运营情况，钢筋混凝土结构的裂缝问题是大型隧道结构工程建设的重要技术问题。而采用预应力混凝土结构的沉管管段，能大大提高结构的抗裂性能，满足结构耐久性的要求。

2）总体功能适用性增强。普通钢筋混凝土管段，需要设计满足双向布置的 8 个车通是较为困难的。预应力混凝土管段，能够满足双向布置 6 个或 8 个车道的要求。在车道布置及使用功能上，有很大的优越性，在结构的总体尺寸上，管段的宽度也可以缩小较多。

3）价格低。经测算，对相同交通要求的工程而言，采用预应力混凝土管段的工程造价略低于钢筋混凝土管段，也可用钢纤维或化学纤维混凝土。

5.3 沉管隧道施工工艺

5.3.1 沉管法施工前期调查工作

在沉管隧道施工之前，必须做好水利、地质、气象及地层等方面的调查，具体内容如下：

1. 水利调查

（1）流速与流向。必须调查流速的分布规律及其随季节变化的情况，或者在有潮水影响的部分调查其随时间变化的情况。如果平时在相对速度 1～1.5m/s 的地方进行沉放作业，由于沉放管段的存在使流水面积细小，故会进一步增大流速，可能会使清槽不利。因此当流速到达 1.5m/s 时，要将隧道管段长度限制为 140m。

（2）水的密度差异。水的密度可能在一段时间内随地点、深度、沉积和温度的变化而变化，也会跟季节有关。一般情况下，在水面附近的水的密度接近于 1，随着水深的增加，水的密度也有增大的趋势。

（3）潮汐及水位变化的影响。潮汐对流速和水位的变化都可能会产生影响，因此会影响管段浇筑场地的选择和设计，以及影响管段的浮运和沉放。

（4）海浪和波浪的影响。一般情况下，只需考虑在托运和沉放时越过隧道管段波浪的影响。当隧道在一些相对暴露条件下的海上浮运、沉放或停泊于一个受损的码头，海浪和波浪对隧道管段的冲击会对管段的受力有很大的影响。

（5）水质状况。特别当采用钢壳或钢板外皮作防水层时，必须对水进行化学分析，以免腐蚀材料。

2. 地质调查

（1）地基承载力。对于引道部分一般为明挖作业，在现场建造，有必要做详细的地质调查；对于沉放部分，隧道沉放后，隧道内的压舱重加顶部覆土层，连同隧道本身自重，一般比开挖沟槽时被挖去的土砂重量还小，因此地基承载力问题不大。

（2）沉管及其他水下障碍物的探测。首先寻找和测量水下沉船等，以便在允许范围内确定出最经济的路线。

（3）浚挖技术。其是按规定范围和深度挖掘航道或港口水域的水底泥、砂石并加以处理的工程。要求对土的矿构成分、生物成分以及有机成分做出调查，根据浚挖技术，推断疏浚土方量。

3. 气象调查

前期的调查工作包括对风、温度、能见度等方面的气象调查。风和温度对水性能和作业均会产生较大的影响，且会影响能见度，而较差的能见度有可能影响定位系统。

4. 地震调查

如果计划将沉管隧道修建在强烈的地震带，那么在调查有无断层的同时还要收集以往的地震记录，同时须了解堆积在基岩上土层的性质与成层状态，特别注意土的液化问题。

除以上介绍的几点前期调查内容外，还需对管段制作场地进行调查。只有充分进行前期调查，才能做出合理的沉管隧道规划。

5.3.2　临时干船坞的构造与施工

一般情况下在隧址附近的适当位置，得自己建造一个与工程规模相适应的临时干船坞，用于预制沉管管段的场地。它不同于船坞。船坞的周边有永久性的钢筋混凝土的坞墙，而临时干船坞却没有。干船坞的构造没有统一的标准，要根据工程的实际，如地理环境、航道运输、管段尺寸及生产规模等具体而定。

1. 临时干船坞的规模

临时干船坞制作场地的规模决定于管段的节数、每节宽度与长度，以及管段预制批量，同时还应考虑工期因素，因此应根据工程的具体条件比较论证。所以，当沉放区间的长度达数千米时，有时需设数个子坞船制作场地，对于大断面的公路隧道，一般要求所建造的干船坞场地应尽量能同时制作出全部沉放管段。例如，日本东京港第一航道水地道路隧道（建成于 1976 年）所用临时干船坞，其坞底面积达 81270m²（宽 126m、长 645m），可容纳 9 节宽37.4m，长 115m 的 6 车道管段同时制作。如图 5.4 所示为某隧道的干船坞布置。

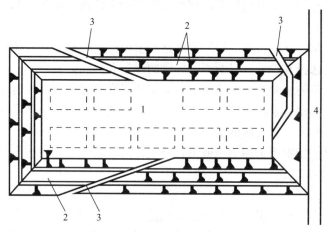

图 5.4　某隧道干船坞布置

1—坞底；2—边坡；3—运料道路；4—围堰

2. 临时干船坞的深度

临时干船坞的深度，应能保证管段制作后能顺利地进行安装工作并浮运出坞。干船坞场地底面应设在确保有充足水深的标向上，得保证在管段制作完成、向场内注水后，能使管段浮起来，并能将它拖曳出于船坞。因此，干船坞底面应位于干船坞外水位以下相当的深度。同时也要防止干船坞在坞外强大的水压力作用下浸水的可能性。

3. 坞底与边坡

临时干船坞的坞底，一种做法是铺一层 20～30cm 厚无筋混凝土或钢筋混凝土，并要在管段底下铺设一层砂砾或碎石，以防管段起浮时"吸住"。另一种做法不要混凝土层而仅铺一层 1～2.5cm 厚的黄砂，另于黄砂层上再铺 20～30cm 厚的一层砂砾或碎石，以防黄砂的横向移动，并保证坞室潜水时管段能顺利浮起。在确定坞边坡度时，要进行抗滑稳定性的详细验算。为保证边坡的稳定安全，一般多用防渗墙及井点系统。防渗墙可由钢板桩、塑料板或黑铁皮构成。在管段制造期间，干船坞由井点系统疏干。在分批浇制管段的中、小型干船坞中，更要特别注意坞室排水时的边坡稳定问题。

4. 坞首和坞门

在把全部管段一次浇筑完成的大型干船坞中，一般不采用坞门，而仅用土围堰或钢板桩围堰作坞首。管段出坞时，局部拆除坞首围堰便可将管段逐一托运出坞。在分批浇制管段的中、小型干船坞中，常用钢板桩围堰坞首，而用一段单排钢板桩作坞门。每次托运管段出坞时，特此段钢板桩临时拔除，即可把管段拖出（见图 5.5）。亦有采用浮箱式坞门的，但这种形式的实例不多。

图 5.5　临时干船坞的坞首和坞门

5.3.3　管　段　制　作

在干船坞中制作管段，其工艺与地面钢筋混凝土结构大体相同，但对防水、匀质要求较高，除了从构造方面采取措施外，必须在混凝土选材、温度控制和模板等方面采取特殊措施。

1. 管段的施工缝与变形缝

在管段制作中，为保证管段的水密性，必须注意混凝土的防裂问题，因此须慎重安排施工缝、变形缝。施工缝可分为两种：一种是横断面上的施工缝，也称横向施工缝，一种留设在管壁上，在管壁的上、下端各留一道，在施工过程中，往往因管段下地层的不均匀

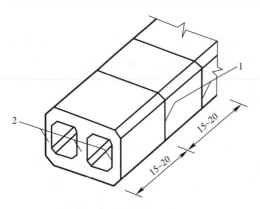

图 5.6　管段变形缝设置（单位：m）

1—横向施工缝；2—纵向施工缝

沉陷的影响和混凝土的收缩，造成纵向施工缝中产生应力集中的现象；另一种是沿管段长度方向分段施工时的留缝，也可称为纵向施工缝。在施工过程中，通常把横向施工缝做成大致以 15～20cm 为间隔的变形缝（见图 5.6）。

2. 底板

在干船坞制作场地上，如果管段下的地层发生不均匀沉陷，有可能可能会使管段产生裂缝。一般在船坞底的砂层上铺设一块 6mm 厚的钢板，往往将它和底板混凝土直接浇在一起，这样不但能起到底板防水作用，而且在浮运、沉放过程中能防止外力对底板的破坏，也可使用 9～10cm 的钢筋混凝土板来代替这种底部钢板，在它上面贴上防水膜，并将防水膜从侧墙一直延伸到底板上，这种代替方法其作用与钢板完全相同，但为了使它和混凝土底板能紧密结合、须用很多根锚杆或钢筋穿过防水膜埋到混凝土底板内。

3. 侧墙与顶板

在侧墙的外周也可使用钢板，这时可将它当作外模板（也可作为外墙的侧防水），在施工时应确保焊接的质量。在侧墙的外周也有使用柔性防水膜的例子，此时为了避免在施工时对防水膜的破坏，需对防水膜进行保护。在混凝土顶板上面，通常是铺上柔性的防水膜，在其上浇筑 15～20cm 厚的（钢筋）混凝土保护层，一直要包到侧墙的上部，并将它做成削角，以避免被船锚钩住。

4. 临时隔墙

一旦管段的混凝土结构完成，就在离管段的两端 50～100cm 处安装临时止水用的隔墙。临时隔墙应满足强度高和拆装方便的要求，因为在管段浮运与沉放时，临时隔墙端头将承受巨大的水压力，以及在管段水下连接后又要拆除隔墙。隔墙一般使用钢材和混凝土，还可用木材、钢材或混凝土制成。另外，在隔墙上还须设置排水阀、进气阀以及供人进入的孔。

5. 压载设施

由于管段大多是自浮的，因此在安装临时隔墙的同时，须有压载设施以保证管段顺利下沉。现在多数采用加载水箱。在隔离墙 10～15m 的地方，沿隧道轴线位置上至少对称地设置 4 个水箱。水箱应具有一定容量，在其充满时，不仅能够消除沉放管段的干舷，还应具有 1000～3000kN 左右的沉降荷重。水箱的另一个作用是在相邻两管段连接后，成为临时隔墙间排出水的储水槽。

管段的制作还包括以下一些辅助工程：橡胶密封垫、临时舱板、拖拉设备竖井和测量塔等。

管段在制作完毕后须做一次检调。如有渗漏，可在浮出坞之前早做处理。一般在干船坞灌水之前，先往压载水箱里注水压载，然后再向干坞坞室内灌水，24～28h 后，工作人员进入管内对管壁进行检漏。若有渗漏，及时补修。在进行检漏的同时，应进行干舷调整。可通过调整压载水的重量，使干舷达到设计要求，必须进行检漏和干舷调整，符合要求的管段才能出坞。

6. 预应力臂段的施工工况及预应力张拉

由于施工控制及外界控制因素的原因,在干船坞灌水及江海中沉放过程中,不能进行预应力工艺的施工,管段施加预应力也不能够根据载荷的逐步增加分批进行,所以管段预制完成后,应在干船坞中将全部预应力一次施加完毕。

按一次张拉要求、管段的预应力受力有如下两个工况控制:一是干船坞中弹性地基上管段自重作用工况,二是管段覆盖完成后全部载荷的作用工况。在上述两个工况中,在预应力与载荷的共同作用下,保证控制截面上下缘均能满足抗裂的应力要求。干船坞灌水、江中管段沉放等中间过程,均是荷载逐步增加的过程。

预应力拉张顺序与步骤为:干坞内管段预制并达到设计强度→张拉顶、底板横向预应力钢束→拉张隔墙竖向预应力钢束→上述张拉锚固端浇筑封锚混凝土并达到设计强度→张拉纵向预应力钢束→浇筑封锚混凝土并达到设计强度→进行下一步设计工序。

5.3.4　沟槽浚挖

在沉管隧道施工中,沟槽对沉放管段和其他基础设施有特殊的用途。因此,水底浚挖所需费用在整个隧道工程总价中所占的比例较小,通常只有5%~8%左右,但却是一个很重要的工程项目,是直接影响工程能否顺利、迅速开展的关键。沟槽底部应相对平坦,其误差一般为±15cm。沉管隧道的沟槽是用疏浚法开挖的,需要较高精度。

1. 沟槽开挖的要求

沉管沟槽的断面,主要由3个基本尺度决定,即底宽、深度和(边坡)坡度质情况、沟槽搁置时间以及河道水流情况而定。

沉管基槽的底宽,一般应比管段底宽4~10cm,以免边坡坍塌后,影响管段沉放的顺利进行。沉管基槽的深度,应以覆盖层厚度、管段高度以及基础处理所需超挖深度三者之和确定,如图5.7所示。沉管基槽边坡的稳定坡度,与土层的物理力学性能有密切关系。因此应对不同的土层,分别采用不同的坡度。表5.2列出了不同的土层的稳定坡度数值,可供初步设计时参考。

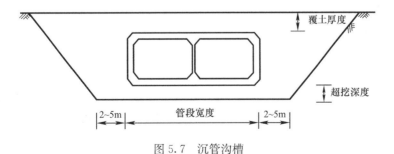

图 5.7　沉管沟槽

疏浚坡面坡度　　　　　　　　　　　　　　　　　　　　　　　　　　表 5.2

土层种类	推荐坡度	土层种类	推荐坡度
硬土层	1:0.5~1:1	紧密的细砂、软弱的夹砂黏土	1:2~1:3
砂砾、紧密的砂夹土	1:1~1:1.5	软黏土、淤泥	1:3~1:5
砂、砂夹黏土、较硬黏土	1:1.5~1:2	极稠软的淤泥、粉砂	1:8~1:10

然而，除了土的物理力学性能之外，沟槽留置时间的长短、水流情况等，均对稳定坡度有很大影响，不可忽视。

2. 沟槽浚挖

泥质沟槽开挖的挖泥工作分粗挖和精挖两个阶段。粗挖挖到离管底标向约1m处。为避免淤泥沉积，精挖层应在临近管段沉放前再挖。在挖到沟槽底的标高后，应将槽底浮土和淤泥清除。

因为航道深度大多不超过15m，所以通常港务部门疏浚航道用的挖泥船，挖深都不超过20m。可是沉管沟槽的底深常在22～23m左右，有的工程达27～30m，个别工程达40m。因此，一般不能直接利用现有挖泥船进行沉管沟槽浚挖，需要根据设计要求、地质情况，进行一些必要的改装工作。

在浚挖作业中，常用的挖泥船有以下4种：

（1）吸扬式挖泥船

它有绞吸式和耙吸式两种。前者利用绞刀绞松水底土壤，通过泥泵作用，从吸泥口、吸泥管吸进泥浆，经过排泥管卸泥于水下或输送到陆地上去；后者则利用泥耙挖取水底土壤，通过泥泵作用，将泥浆装进船上泥舱内，自航到深水抛泥区卸泥。

吸扬式挖泥船特点：

1）浚挖一般上层时，生产率很高。

2）浚挖成本低。

3）不需泥驳配合工作。

4）开挖面（槽底）平整度较高。

（2）抓扬式挖泥船

它亦称抓斗挖泥船，平整度可达0.3～0.5m，是沉管隧道中使用的一种挖泥船。挖泥时利用吊在旋转式起重把杆上的抓斗，抓取水底土壤，然后将泥土卸到泥驳上运走，一般不能自航，靠收放锚缆移动船位，施工时需配备拖轮和泥驳10～13m³。

抓斗挖泥船的特点：

1）挖泥船构造简单，造价低。

2）船体尺度小，长与宽均显著地小。

3）浚挖深度大，且易于加深。

4）遇到较硬土层时，可改用重型抓斗进行浚挖。重型斗的重量特别大，超过普通抓斗一倍左右。例如普通型1.1m³抓斗，重达4.4t。虽然浚挖硬土层时效率低，一次投斗的挖深和实际生产率均明显地降低。但是由于这种挖泥船比较简单，而且船体尺度亦较小，故常在同一隧位上，布置多艘这种抓斗挖泥船进行施工，故实际速度并不慢。

（3）侵斗式挖泥船

这种挖泥船是用装在斗桥滚筒上、能连续运转的一种泥斗挖取水底土壤，通过卸泥槽排入泥驳。施工时需要泥驳和拖轮配合，一般泥斗容量为0.1～0.8m。这种挖泥船的特点是：

1）生产率较高。

2）浚挖成本比较低。

3）能浚挖硬土层。

4）开挖后的平整度较高。

5）定位锚缆较长，作业时水面占位较大。

（4）铲扬式挖泥船

它亦称铲斗挖泥船，开挖面的平整度相对差些。这种挖掘船是用悬挂把钢缆上和连接斗柄上的铲斗，在回旋装置操纵下，推压斗柄，使铲斗切入水底土体内进行挖掘，然后提升铲斗，将泥土卸入泥驳。这种挖泥船适用于硬土层，标准贯入度达 $N=40\sim50$ 的硬土亦可直接挖掘，不需锚缆定位，水面占位小，但挖泥船的造价高，浚挖费用亦高。

一般都采用分层分段浚挖方式。在沟槽断面上，分为两层或三层，逐层浚挖。在平面上，沿隧道纵轴方向，划成若干分段，分段分批进行浚挖。

在断面上面的一（或二）层，厚度较大，土方量亦大，一般采用抓斗挖泥船，或链斗挖泥船进行粗挖。粗挖层的浚挖精度，要求比较低。最下一层为细挖层，厚度较薄，一般为 3m 左右。在进行细挖时，如有条件，最好有吸扬式挖泥船施工，其平整度较高，速度快，并可争取在管段沉放前及时吸除回淤。

在浚挖施工时，要做到一边容许船舶通行，一边进行施工作业，所以在粗挖层施工时，应分段进行。挖到主航道时，还需组织夜间作业，以减少对航行的干扰。为了避免最后挖成的管段基槽敞露过久，以致沉积过多的回淤土而妨碍沉放施工，细挖层也必须分段进行。一般是挖一段，沉一节。1969 年建成的比利时肯尼迪（J. F. Kennedy）水底道路隧道工例中，曾一口气把沉管基槽全部挖成，由于回淤量大而且快，最后不得不留一艘生产率为 100m³/h 的大型吸扬式挖泥船来回吸除回淤。这项清除工作，实际上是一个连续作业的过程，直到管段沉设完毕。在这种回淤量大的情况下，更应采用分段分层被挖方式。

对于岩石基槽的开挖，首先清除岩石上的覆盖层，然后用水下爆破方法挖槽，最后清礁。水下炸礁采用钻孔爆破法，根据岩性及产状决定炮眼直径、排距与孔距。炮眼深度一般超过开挖面以下 0.5m，用电爆网络连接起爆。水下爆破要注意冲击波对过往船只和水中人员的安全的影响，要保证其安全距离符合规定，同时加强水上交通管制，设置各种临时航标以引导船只通过。

5.3.5 管段沉放

管段沉放是整个沉管隧道施工中比较重要的环节，它不仅受天气、河流自然条件的支配，还受航道条件的制约。

当管段运抵隧道位置现场后，须将其定位于挖好的基槽上方，管段的中线应与隧道的轴线基本重合，定位完毕后，可开始灌注压载水，管段即开始缓慢下沉。管道下沉的全过程通常需要 2～4h。下沉作业一般分为初次下沉、靠拢下沉、着地下沉 3 个步骤。

（1）初次下沉。先灌注水压载使管段下沉力达到规定值的 50%，然后进行位置校正，待管段前后位置校正完毕后，再继续灌水直至下沉完全达到下沉的规定值，并使管段开始以 20～50cm/min 的速度下沉，直到管底离设计标高 4～5m 为止。

（2）靠拢下沉。先把管段向前面已沉放管段方向平移，直至已沉管段大约 2～2.5m 处，然后下沉管段至高于其最终标高的 0.5m 处。管段的水平位置要随时测定并予校正。

（3）着地下沉。再次下沉管段，至离最终位置 20～50m 处。接着把管段拉向距前面已设管段约为 10cm 处，再检查其水平位置。着地时，先将管段前段搁在已设管段的鼻式托座上，然后将其后端轻轻搁置到临时支座上。待管段位置校正后，即可卸去全部吊力。

管段沉放方法中最常用的是浮箱分吊法和方驳扛吊法。

（4）浮箱分吊法。浮箱分吊法是以大型浮箱代替起重的分吊沉放法，其设备简单，适用于宽度特大的大型沉管。沉放时管段上方用 4 只 1000～1500kN 的方形浮箱直接将管段吊起。4 只浮箱可分为前后两组，每组两只用钢桁架联系起来，并用 4 根锚索定位。起吊卷扬机和浮箱的定位卷扬机则安设在定位塔顶部，管段本身则另用 6 根锚索定位。

5.4　沉管施工中的安全问题

5.4.1　沉管施工安全隐患

（1）工程规模大、施工单位多、工地分散且距离又较大，往往形成了一个相对封闭的环境。交通联系不便，系统的安全管理困难。

（2）涉及施工对象纷繁复杂，单项管理形式多变，如有的涉及土石方爆破工程，接触炸药雷管，具有爆破安全问题；有的涉及洪水期间的季节施工，必须保证洪水侵袭情况下的施工安全；有的关于基坑开挖处理（如大型闸室基础）时基坑边坡的安全支撑；大型机械设施和运输车辆的使用，更应保证架设及使用期间的安全；有引水发电隧洞，施工导流隧洞施工时洞室施工开挖衬砌、封堵的安全问题。

（3）施工现场均为"敞开式"施工，无法进行有效的封闭隔离，对施工对象、工地设备、材料、人员的安全管理增加了很大的难度。

（4）工种多且工人的技术水平参差不齐，加之分配工种的多变，使其安全应变能力相对较差，增加了安全隐患。

（5）现代隧道施工，机械设备多，且越来越向自动化、大型化、复杂化方向发展，现场施工速度快，一个中大型的隧道枢纽工程往往只需要 4～5 年就竣工了。在有限的场地条件下，现场的快速施工，使有效控制安全的难度加大。

5.4.2　沉管施工安全预防措施

（1）建立安全管理体系，从组织上落实安全措施；
（2）抓好安全教育，在思想上绷紧安全这根弦；
（3）制订安全制度，进行制度教育；
（4）利用施工组织设计交底，进行安全施工技术教育；
（5）控制两个关键（关键施工对象、关键施工工序），保证安全生产；
（6）坚持标准化管理，实行全员、全过程、全方位安全生产控制；
（7）严格按制度管理作业现场，确保施工安全。

5.5　事　故　案　例

1. 事故经过

2016 年 3 月 17 日凌晨 2 点左右，某长江大桥 29 号主墩沉井在下沉过程中发生翻砂、井内涌水突沉，导致北侧外井壁发生脆性断裂向外倾倒，造成北侧 3 台塔吊倒塌，3 名塔吊司机和 3 名工作人员坠江（塔吊司机 3 人，沉井顶面施工人员 2 人，值班技术人员 1 人），凌晨 4 点 40 分搜救到一名落水者，已死亡。

2. 工程概况

大桥全长 11.072km，主航道桥采用双塔斜拉桥布置，主桥孔跨布置（140＋462＋1092＋462＋140）m。29 号墩为主墩，沉井高 115m（钢沉井高度 56m 混凝土沉井高度 59m），沉井底位于中砂层，沉井已沉入 110.47m，剩 4.53m 即将到达设计高度。事发前，最后一节（最顶端，沉井顶面平面尺寸 90m×60m，高度 9m，壁厚 1m，重约 7000t）沉井，在正常下沉吸泥作业过程中发生侧倾。

3. 应急响应

事发后，施工单位迅速启动应急预案，第一时间向业主和属地安监机构进行报告。公司领导就事故现场救援等工作做出了紧急部署，项目部及时联系地方海事局，共同开展水上搜救。收到施工单位故报告后，股份公司立即启动应急预案，向安监总局、国资委进行了报告。3 月 17 日 10 时，股份公司副总裁、总工程师，安全生产总监、安全生产部副部长，企业公司总经理、安全总监，集团公司安质部、工管部负责人抵达工地对事故进行调查处理。

4. 相关责任人责任分析

企业主要负责人、项目负责人管理不到位，专职安全生产管理人员未提前制定安全方案，未定期组织施工作业人员进行安全教育培训，安全措施亦不到位。

第6章 模板与脚手架工程

6.1 模板工程

6.1.1 模板工程的概念

模板工程（formwork）指新浇混凝土成型的模板以及支承模板的一整套构造体系，其中，接触混凝土并控制预定尺寸，形状、位置的构造部分称为模板，支持和固定模板的杆件、桁架、联结件、金属附件、工作便桥等构成支承体系，对于滑动模板，自升模板则增设提升动力以及提升架、平台等构成。模板工程在混凝土施工中是一种临时结构。

模板的分类有各种不同的分阶段类方法：按照形状分为平面模板和曲面模板两种；按受力条件分为承重和非承重模板（即承受混凝土的重量和混凝土的侧压力）；按照材料分为木模板、钢模板、钢木组合模板、重力式混凝土模板、钢筋混凝土镶面模板、铝合金模板、塑料模板等；按照结构和使用特点分为拆移式、固定式两种；按其特种功能有滑动模板、真空吸盘或真空软盘模板、保温模板、钢模台车等。

6.1.2 模板工程的分类与组成

模板按所用的材料分类：木模板、胶合板模板、大模钢模板、压型钢模板、组合钢模板、复合材料模板、塑料模板和铝合金模板等。

按结构构件的类型分：基础模板、柱模板、墙模板、楼板模板、梁模板、楼梯模板等。

按施工方法分：现场装拆式模板、固定式模板和移动式模板。

1. 木模板

木模板及其支架系统一般在加工厂或现场木工棚制成元件，然后再在现场拼装。木模板的木材主要采用松木和杉木。

木模板的基本元件为拼板，由板条与拼条钉成。板条厚度一般为 25～50mm，宽度不宜大于 200mm（工具式模板不超过 150mm）。拼条间距取决于所浇混凝土的侧压力和板条的厚度，一般为 400～500mm。

（1）基础模板

基础模板的特点是高度不大而体积较大，基础模板一般利用地基或基槽（坑）进行支撑。安装时，要保证上下模板不发生相对位移，如为杯形基础，则还要在其中放入杯芯模板。

（2）柱子模板

柱模板由两块相对的内拼板夹在两块外拼板之间拼成，亦可用短横板代替外拼板钉在内拼板上。为承受混凝土侧压力，拼板外设柱箍，柱箍的间距与混凝土侧压力大小及拼板厚度有关，侧压力愈向下愈大，因此柱箍是上疏下密。

（3）梁、楼板模板

1）梁模板

① 梁特点：跨度大而宽度不大，梁底一般是架空的。

② 梁模板组成：底模、侧模、夹木、支架系统。

2）楼板模板

楼板的特点：面积大而厚度比较薄，侧向压力小。楼板模板多用定型模板，它支承在格栅上，格栅支承在梁侧模板外的横档上。

2. 楼板模板

楼板的特点：面积大而厚度比较薄，侧向压力小。

楼板模板多用定型模板，它支承在格栅上，格栅支承在梁侧模板外的横档上。

3. 组合钢模板

优点：强度高、刚度大；组装灵活、装拆方便；通用性强、周转次数多；节约木材、混凝土质量好。定型组合钢模板是一种工具式定型模板，由钢模板和配件组成，配件包括连接件和支承件。

6.1.3 模板工程安装的安全事项

1. 基础模板安装

一般情况下采用木模板。

（1）安装模板前，应先复查地基垫层标高及中心线位置，弹出基础边线。

（2）模板两侧要刨光，平整。

（3）杯芯模板应直拼，如设底板，应使侧板包底板，在底板上钻几个孔以便排气。四角做成小圆角。

（4）模板要涂隔离剂。对于一般基础外模板涂内侧，对于杯芯模板涂外侧。

（5）用钢管等材料作为短桩固定模板，防止浇混凝土时模板变形。

（6）脚手板不应搁置在基础模板上。

2. 柱子模板安装

柱模板可以用木模板，也可以用钢模板安装。

（1）柱的模板在安装前在基础（楼地面）上用弹出柱的中线及边线，柱脚抄平。

（2）对通排柱模板，应先装两端柱模板，校正固定，拉通线校正中间各柱模板。

（3）依据边线安装模板。安装后的模板要保证垂直，并由地面起每隔 2m 留一道施工口，以便混凝土浇捣。柱底部留设清理孔。

（4）柱模板应加柱箍，用四根小方木相互搭接钉牢，或用工具式柱箍，柱箍间距按设计计算确定。

（5）模板四周搭设钢管架子，结合斜撑，将模板固定牢固，以防在混凝土侧压力的作用下发生移位。

（6）柱模板与梁模板连接时，梁模板宜缩短 2～3mm 并锯成小斜面。

3. 梁模板安装

（1）梁跨度大于等于 4m 时，底板应起拱，起拱高度由设计确定，如设计无规定时取全跨度的 1/1000～3/1000。

（2）支柱（琵琶掌）之间应设拉杆，离地面 500mm 一道，以上每隔 2m 左右设一道。支柱下垫设楔子和通长垫板，垫板下土应拍平夯实，楔子待支撑校正标高后钉牢。

（3）当梁底离地面过高时（一般 6m 以上），宜搭设排架支模。

（4）梁较高时，可先装一侧模板，待钢筋绑扎安装结束后，再封另一侧模板。

（5）上下层模板的支柱，一般应安装在一条竖向的中心线上。

4. 板模板安装

（1）楼板用木模板铺板时，一般只要求在两端及接头处钉牢。中间尽量少钉以便拆模。采用定型钢模板时，须按其规格、距离铺设格栅。不够铺一块定型钢模板的空隙，可以用木板镶满或用 2～3mm 厚铁皮盖住。

（2）采用桁架支模时，应根据载重量确定桁架间距。桁架上弦放置小方木，用铁丝扎紧。两端支承处要设木楔，在调整标高后钉牢。桁架之间应设拉结条，保持桁架垂直。

（3）当板跨度大于或等于 4m 时，模板应起拱，当无具体要求时，起拱高度宜为全跨长度的 1/1000～3/1000。

（4）挑檐模板必须撑牢拉紧。防止外倒，确保安全。

5. 墙模板安装

（1）先弹墙中心线和两边线，选择一边先装，立竖档、横档及斜撑，钉模板时在顶部用线锤吊直，拉线找平、撑牢钉实。

（2）待钢筋绑扎安装后，墙底清理干净，再竖另一侧墙模板。

（3）为保证混凝土墙体厚度，两侧板间要加撑头，撑头用钢管、中粗钢筋或混凝土预制块。

（4）墙体板用对拉螺栓时，应验算螺杆的布置和直径，以确保能承受新浇混凝土的侧压力和其他水平荷载。模板安装的质量要求应符合《混凝土结构工程施工质量验收规范》GB 50204—2008 的有关规定。

6.1.4　模板工程拆除的安全事项

模板的拆除日期取决于混凝土的强度、模板的用途、结构性质和混凝土硬化时的气温。及时拆模可以提高模板的周转率，也可为后期工作创造工作面。但过早拆模，混凝土会因强度不足而不能承受本身重量和部分外部荷载，会造成重大的质量和安全事故。

1. 拆模强度

现浇结构的模板及其支架拆除时的混凝土强度，应符合设计要求。当无设计要求时，按表 6.1 规定进行。

现浇构件拆模时所需的强度　　　　　　　　　　　　　　　　　　　　　表 6.1

项次	结构类型	结构跨度（m）	按设计混凝土强度标准值（%）
1	板	≤2 >2，≤8 >8	≥50 ≥75 =100
2	梁	≤8 >8	≥75 =100
3	悬臂构件		=100

（1）侧模：侧模板拆除时的混凝土强度应能保证其表面及棱角不因拆除模板而受损坏。一般情况下当混凝土强度达 2.5N/mm² 时方可拆除。

（2）底模：应在同一部位同条件养护的混凝土试块强度达到要求时方可拆除。

2. 拆除注意事项

拆模一般遵循"先支后拆，后支先拆"的原则，先拆非承重模板，后拆承重模板；先拆侧模板，后拆底模板。对于重大复杂的模板拆除，应制定拆模方案。对于梁板柱结构的模板拆除，一般是拆柱模—拆楼板底模—拆梁侧模——拆除梁底模。而多层建筑施工时梁板的模板应与施工层隔 2～3 层拆除。

多层楼板模板支架的拆除，应按下列要求进行：上层楼板正在浇筑混凝土时，下一层楼板的模板支架不得拆除，再下一层楼板模板的支架仅可拆除一部分；跨度≥4m 的梁均应保留支架，其间距不得大于 3m。

6.1.5 模板工程施工安全技术要求

1. 模板安装安全技术要求

（1）支撑应按工序进行，模板没有固定前，不得进行下道工序。

（2）支设 4m 以上的立柱模板和梁模板，应搭设工作台，不足 4m 的可使用马凳操作，不准站在柱模板上和在梁模板上行走，更不允许利用拉杆、支撑攀登上下。

（3）墙模板在未装对拉螺栓前，板面要向内倾斜一定角度并撑牢，以防倒塌。安装过程要随时拆换支撑或增加支撑，以保持墙板处于稳定状态。模板未支撑稳固前不得松动吊钩。

（4）安装墙模板时，应从内、外角开始，向互相垂直的两个方向拼装，连接模板的 U 形卡要正反交替安装，同一道墙（梁）的两侧模板应同时组合，以确保模板安装时稳定。当模板采用分层支模时，第一层模板拼装后，应立即将内、外钢楞、穿墙螺栓、斜撑等全部安设紧固稳定。当下层模板不能独立安设支承件时，必须采取可靠的临时固定措施，否则禁止进行上一层模板的安装。

（5）用钢管和扣件搭设双排立柱支架支承梁模时，扣件应拧紧，且应检查扣件螺栓的扭力矩是否符合规定，当扭力矩不能达到规定值时，可放两个扣件与原扣件挨紧。横杆步距按设计规定，严禁随意增大。

（6）平板模板安装就位时，要在支架搭设稳固，板下楞与支架连接牢固后进行。U 形卡要按设计规定安装，以增强整体性，确保模板结构安全。

（7）安装楼面模板遇有预留洞口的地方，应作临时封闭，以防误踏或坠落伤人。安装二层或以上的外围柱、梁模板，应先搭设脚手架或安全网。

2. 模板拆除安全技术要求

（1）拆除模板应按照混凝土试块的强度，确认已达到拆模强度才能拆除。

（2）拆除模板一般采用长撬杠，严禁操作人员站在正拆除的模板下。在拆除楼模板时，要注意防止整块模板掉下，尤其是用定型模板做平台模板时，更要注意，防止模板突然掉下伤人。

（3）高处、复杂结构模板的拆除，应有专业指挥和切实可靠的安全措施，并在下面标出作业区，严禁非操作人员进入作业区。操作人员应佩挂好安全带，禁止站在模板的横杆上操作，拆下的模板应集中吊运，并多点捆绑，不准向下乱扔。

（4）拆除薄腹梁、吊车梁、桁架等预制构件模板时，应随拆随加支撑支牢，顶撑要有压脚柱，防止发生构件倒塌事故。

6.1.6 模板架施工安全注意事项

1. 模板安装安全技术措施

（1）模板上架设的电线和使用的电动工具，应采用36V的低压电源或者采取其他有效的安全措施。

（2）登高作业时，各种配件应放在工具箱或者工具袋中，严禁放在模板或者脚手架上；各种工具应系挂在操作人员身上或者放在工具袋内，不得掉落。

（3）高空作业人员严禁攀登组合钢模板或者脚手架上下，也不得在高空的墙顶及其模板上面行走。

（4）模板的预留孔洞应加盖或者设置防护栏，必要时防护栏应在洞口设置安全网。

（5）装拆模板时上下应有人接应，随拆随运转，应把活动部件固定牢固，严禁堆放在脚手板上和抛掷。

（6）装拆模板时，必须采用稳固的登高工具，高度超过3.5m时，必须搭设脚手架。装拆使用时，除操作人员外，下面不得站人。高处作业时，操作人员应挂上安全带。

（7）模板拆除的顺序和方法，应按照配板设计的规定进行，遵循先支后拆，先非承重部位，后承重部位及自上而下的原则。拆模时严禁用大锤硬砸和硬撬。

（8）先拆除侧面模板，再拆除承重模板。

（9）组合大模板应大块整体拆除。

（10）支撑件和连接件应逐件拆卸，模板应逐块拆卸传递，拆除时不得损伤模板和混凝土。

（11）拆卸下的模板和配件应分类堆放整齐，附件应放在工具箱内维修与保管。

（12）拆下的模板应及时清除灰浆，难以清除时，可采用模板除垢剂清除，不得敲砸。

（13）清除好的模板必须及时涂刷脱模剂，开孔部位涂封边剂。防锈漆脱落时，清理后应及时涂刷。

（14）模板的连接件及配件，应经常进行清理检查，对损坏、断裂的部件要及时挑出，螺纹部位要整修后涂油。

（15）拆下的模板，如发现翘曲、变形、开焊，应及时进行修理。破坏的板面应及时补修。

2. 钢管脚手架搭设、拆除及上下基坑安全防护措施

（1）脚手架搭设人员必须是经过考核合格的专业架子工。上岗人员必须定期体检，合格者方可持证上岗，模板施工高度超过5m的架子要由架子工去完成，架子工作业应符合《建筑施工高处作业安全技术规范》JGJ 80和《建筑安装工人安全技术操作规程》规定要求。

（2）搭设脚手架人员必须戴安全帽、系安全带、穿防滑鞋。

（3）脚手架的构配件质量与搭设质量，必须由安检人员、现场负责人员按照《建筑施工扣件式钢管脚手架安全技术规范》JGJ 130—2011的规定进行检查验收，合格后方准使用。

（4）作业层上的施工荷载必须符合设计要求，严禁超载。严禁将横板支架、泵送混凝土和砂浆的输送管等固定在脚手架上，严禁悬挂起重设备。

（5）当遇有6级及6级以上大风和雾、雨、雪天气时必须停止脚手架搭设与拆除作业。雨、雪后上架作业时必须扫除积雪、采取有效的防滑措施。

（6）脚手架的使用期间，严禁拆除主节点处的纵、横向水平杆，纵、横向扫地杆及连墙杆。

（7）在脚手架上进行电、气焊作业时，必须采取有效的防火措施和并派专人看守。

（8）搭拆脚手架时，必须派专人看守，严禁非操作人员入内。

（9）脚手架必须配合施工进度进行搭设，一次搭设高度严禁超过相邻连墙件以上两步。脚手架搭设中步距、纵距、横距及立杆的垂直度必须满足《建筑施工扣件式钢管脚手架安全技术规范》JGJ 130—2011 的规定。

（10）严禁将外径不同的钢管混合使用。剪刀撑、横向撑搭设必须随立杆、纵向和横向水平杆等同步搭设，各底层斜杆下端均必须支承在垫块或垫板上，符合《建筑施工扣件式钢管脚手架安全技术规范》JGJ 130—2011 的规定。

（11）脚手架操作平台、桥面、基坑等周边要按规定搭设防护栏杆和踢脚板，外侧和底面要挂设安全网。人行通道要铺满走道板，并绑扎牢固。登高作业和上下基坑要走扶梯，严禁攀爬。高空作业人员要系好安全带，严禁上下抛物。施工作业搭设的扶梯、工作台、脚手架、护栏、安全网等必须牢固可靠，并经验收合格后方可使用。作业用的料具应放置稳妥，小型工具应随时放入工具袋内，上、下传递工具时，严禁抛掷。

（12）支架拆除时，应经安全员检查同意后方可拆除，并按自上而下的顺序进行，禁止将杆、扣件、模板等向下抛掷。

（13）拆除脚手架作业必须由上而下逐层进行，严禁上下同时作业；连墙件必须随脚手架逐层拆除，严禁先将连墙件整层或数层拆除后再拆除脚手架；分段拆除高差严禁大于2步，如高差大于2步，必须增设连墙件加固。卸料时各构配件严禁抛掷至地面。

6.2 脚手架工程

6.2.1 脚手架工程的概念

脚手架指施工现场为工人操作并解决垂直和水平运输而搭设的各种支架。建筑界的通用术语，指建筑工地上用在外墙、内部装修或层高较高无法直接施工的地方。主要为了施工人员上下干活或外围安全网围护及高空安装构件等，说白了就是搭架子，脚手架制作材料通常有：竹、木、钢管或合成材料等。有些工程也用脚手架当模板使用，此外在广告业、市政、交通路桥、矿山等部门也广泛被使用。

6.2.2 脚手架工程种类划分

按材质划分：分为木脚手架、竹脚手架（竹片并列脚手板，竹芭板）、钢管脚手架；

按结构形式划分：现在使用的钢管材料制作的脚手架有扣件式钢管脚手架、碗扣式钢管脚手架、承插式钢管脚手架、门式脚手架；

按搭设位置划分：分为外脚手架、内脚手架；

按设置形式划分：双排脚手架、单排脚手架、满堂脚手架、满高脚手架、特型脚手架等；

　　按支固方式划分：落地式脚手架、悬挑式脚手架、附墙悬挂脚手架、悬吊脚手架。

　　常见脚手架种类：

1. 外脚手架

　　外脚手架指在建筑物外围所搭设的脚手架。外脚手架使用广泛，各种落地式外脚手架、挂式脚手架、挑式脚手架、吊式脚手架等，一般均在建筑物外围搭设。外脚手架多用于外墙砌筑、外立面装修以及钢筋混凝土工程。

2. 里脚手架

　　里脚手架是指建筑物内部使用的脚手架。里脚手架有各种形式，常见的有凳式里脚手架、支柱式里脚手架、梯式里脚手架、组合式操作平台等。里脚手架用于内墙砌筑、外墙砌筑、内部装修工程以及安装和钢筋混凝土工程。

3. 落地式外脚手架

　　它是自地面搭设的外脚手架。落地式外脚手架中有各种多立杆式钢管脚手架、门式钢管脚手架、桥式脚手架等，它们的结构均支承于地面。

4. 挂式脚手架

　　挂式脚手架是指挂置于建筑物的柱、墙等结构上的，并随建筑物的外高而移动的脚手架。挂式脚手架在高层建筑外装修工程中较多地采用。

5. 挑式脚手架

　　挑式脚手架是指在建筑物中挑出的专设结构上搭设的脚手架。

　　挑式脚手架可以给建筑物下部空间割让出来，为其他施工活动提供方便，并使得在地面狭窄而难于搭设落地式脚手架的情况下搭设外脚手架成为可能。

6. 吊式脚手架

　　吊式脚手架是指从建筑物顶部或楼板上设置悬吊结构，利用吊索悬吊吊架或吊篮，由起重机具来提升或下降的脚手架。吊式脚手架在高层建筑装修施工中广泛使用，并用于维修。

7. 升降式脚手架

　　升降式附壁脚手架是在使用挂、挑、吊式脚手架的基础上而发展起来的新型脚手架，它是附着于建筑物外墙、柱、梁等结构上的，并可附壁上下升降的脚手架。升降附壁脚手架吸取挂、挑、吊式脚手架的某些优点，使高层建筑脚手架耗用成本降低，使用灵活方便，操作简单安全，它多用于高层建筑的外墙砌筑、外立面装修以及钢筋混凝土工程。

8. 碗扣式钢管脚手架

　　碗扣式钢管脚手架的立杆与横杆使用碗扣接头。这种脚手架是一种多功能新型脚手架，它接头构造合理，安全可靠，并具有重量轻、装拆方便等特点。其主要构件依然是立杆、横杆、斜杆、底座等。碗扣接头由上、下碗扣、横杆扣以及上碗扣限位销组成。脚手架的立杆上每间隔 600mm 安装一副带齿碗扣接头。碗扣接头分为上碗扣与下碗扣，下碗扣直接焊于立杆上，是固定的；上碗扣可以沿立杆滑动，用限位销限位。当上碗扣的缺口对准限位销时，上碗扣即能沿立杆上下滑动。碗扣接头可同时连接 4 根横杆，既可相互垂直又可偏转一定角度。

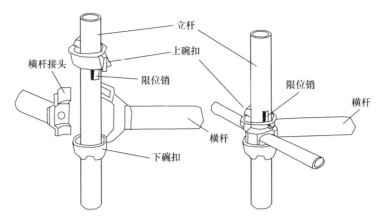

图6.1 碗扣接头

6.2.3 典型脚手架工程施工要求

1. 悬挑脚手架

（1）一次悬挑脚手架高度不宜超过20m，悬挑高度超过20m应进行专家论证。

（2）型钢悬挑梁宜采用双轴对称截面的型钢。悬挑钢梁型号及锚固件应按设计确定，钢梁截面高度不应小于160mm。悬挑梁尾端应在两处及以上固定于钢筋混凝土梁板结构上。锚固型钢悬挑梁的U形钢筋拉环或锚固螺栓直径不宜小于16mm。

（3）用于锚固的U形钢筋拉环或螺栓应采用冷弯成型。U形钢筋拉环、锚固螺栓与型钢间隙应用钢楔或硬木楔楔紧。

（4）每个型钢悬挑梁外端宜设置钢丝绳或钢拉杆与上一层建筑结构斜拉结。

（5）钢丝绳、钢拉杆不参与悬挑钢梁受力计算；钢丝绳与建筑结构拉结的吊环应使用HPB235级钢筋，其直径不宜小于20mm。

（6）悬挑钢梁悬挑长度应按设计确定，固定段长度不应小于悬挑段长度的1.25倍。型钢悬挑梁固定端应采用2个（对）及以上U形钢筋拉环或锚固螺栓与建筑结构梁板固定，U形钢筋拉环或锚固螺栓应预埋至混凝土梁、板底层钢筋位置，并应与混凝土梁、板底层钢筋焊接或绑扎牢固。

（7）型钢悬挑梁悬挑端应设置能使脚手架立杆与钢梁可靠固定的定位点，定位点离悬挑梁端部不应小于100mm。

（8）锚固位置设置在楼板上时，楼板的厚度不宜小于120mm。如果楼板的厚度小于120mm应采取加固措施。

（9）悬挑梁间距应按悬挑架架体立杆纵距设置，每一纵距设置一根。

（10）悬挑架的外立面剪刀撑应自下而上连续设置。

（11）连墙件设置要求同落地式钢管脚手架。

（12）锚固型钢的主体结构混凝土强度等级不得低于C20。

2. 升降式脚手架技术要求

（1）爬架搭设属于高空作业，操作人员必须戴好安全帽、正确佩戴安全带。

（2）爬架组装期间需确保任何时间段爬架防护都超出结构面至少1.8m。

（3）爬架配电系统采用三相五线制的接零保护系统，从控制室开始沿两边架体铺设至分片处，电缆线应穿入PVC管铺设在第三步竹跳板下，用扎带与架体固定，以免受到冲击造成意外。电缆长度要考虑增加提升一层的长度。

（4）电控柜采用可靠的接零或接地保护措施，须设漏电保护装置、交流主电源总线、五芯线进入控制台前必须加设保险丝及电源总闸。

（5）所有电动葫芦在安装前必须检查，安装时，必须检查链条是否翻转、扭曲，防止卡链。接通电源后必须保持正反转一致，在使用过程中换接电源线，亦必须保持正反转的绝对一致，以通电试机为准。同步提升误差不得大于30mm/层。

（6）电控柜、电动葫芦外壳按要求接零保护。

（7）爬架爬升应由由架子班长发布指令统一指挥。

（8）脚手架提升起50mm后，停止提升，对脚手架进行检查，确认安全无误后，由架子班长发布指令继续提升脚手架。

（9）在脚手架提升过程中，脚手架监控操作人员，要巡视脚手架的提升情况，发现异常情况，应及时吹哨子报警。

（10）脚手架提升高度为一个楼层高，提升到位后，首先将翻板放下，并且固定好。

（11）爬架拆除前，爬架最上一个附墙件以上架体与结构进行逐层拉接加固，拉接点水平间距不大于6m；对于不能采用拉接加固的部位采取钢丝绳拉结，并清理架体上的垃圾杂物，以保证人员在拆除过程中的操作安全。

（12）拆除施工过程中地面应设置安全警戒线，警戒范围为待拆区域正下方以外5～10m范围及塔吊吊运区域，设专人看守，防止非工作人员进入拆卸区范围，确保安全。

6.2.4 脚手架工程的安全要求

所谓步距是指上下水平横杆轴线间的距离。一般为1.8m。所谓跨距是指相邻立杆之间的轴线距离。一般为1.5m（间距太疏，刚度不够，太密则浪费材料）。

1. 立杆搭设

立杆间距约1.50m，因建筑物外形和用途需要，立杆间距可稍作调整，立杆排距1.50m。里排立杆与墙面之间净距0.40m，外排立杆与墙面净距1.90m，架体下段用双立杆，上段用单立杆。相邻立杆接头应错开2～3m，必须使用一字扣件连接，不得用十字扣件接在大横杆上或用转轴扣件搭接，立杆必须垂直，允许偏差1/200立杆高度。里、外排两立杆的连线要与墙面垂直。脚手架搭设到建筑物顶层时，里排立杆要低于建筑物檐口40～50cm，外排立杆高出建筑物檐口1～1.5m，搭设两道护身栏，并挂密目安全网。

2. 大横杆搭设

脚手架纵、横方向必须各设置一道扫地杆，本工程大横杆步距1.5m，可以满足楼层操作的需要，但不应超过1.5m。大横杆搭设必需水平连接，使用一字卡通长连接，不得用转轴卡连接，同步的内排接头及同排的上下步接头均需错开一个竖杆间距。大横杆与立杆的边接应使用十字卡。

3. 小横杆搭设

小横杆间距随立杆间距1.50m左右，靠墙端距结构墙30cm，外端探出竖杆外5cm，小横杆铺板时，间距不得大于1.5m，不铺板时不得大于3.0m。小横杆和竖杆的固定用十字卡，不得用转轴卡替。小横杆应压在大横杆之上，不得吊在其下使用。

4. 其他安全间距要求

（1）外脚手架挡脚板高度不小于 200m，刷涂黄黑警示色油漆，要求一步一设。

（2）脚手架外立面采用密目式安全网，网目应满足 2000 目/100cm²，做耐贯穿试验不穿透，1.6m×1.8m 的单张网重量在 3kg 以上，颜色应满足环境效果要求，选用绿色。

（3）安全网要求阻燃，使用的安全网必须有产品生产许可证和质量合格证，以及由相关建筑安全监督管理部门发放的准用证。

（4）在开始搭设脚手架的过程中，应每隔 6 跨设置一道抛撑，拐角应双向增设，待该部位脚手架与主体结构的连墙件可靠拉接后方可拆除。当脚手架施工操作层高出连墙件两步时，应采取临时稳定措施，直到上一层连墙件搭设完后方可根据情况拆除。

（5）连墙件采用刚性连接，间距不大于两步三跨。

6.2.5 脚手架工程的安全事项

1. 脚手架作用及要求

脚手架是施工作业中不可缺少的手段和设备工具，是为施工现场工作人员生产和堆放部分建筑材料所提供的操作平台，它既要满足施工的需要，又要为保证建筑工程质量和提高工作效率创造条件，其主要作用及要求有：

（1）要保证工程作业面的连续性施工；

（2）能满足施工操作所需要的运料和堆料要求操作；

（3）对高处作业人员能起到防护作用，以确保施工人员的人身安全；

（4）使操作不致影响工效和工程的质量；

（5）能满足多层作业、交叉作业、流水作业和多工种之间配合作业的要求；

（6）其宽度、高度应满足工人操作、材料堆置和运输的需要；

（7）坚固稳定；

（8）构造简单、装拆方便并能多次周转使用；

（9）因地制宜、就地取材、尽量节约材料。

2. 脚手架搭设要求

（1）脚手架搭设或拆除人员必须由《特种作业人员安全技术培训考核管理规定》经考核合格，领取《特种作业人员操作证》的专业架子工进行。

（2）操作时必须佩戴安全帽、安全带，穿防滑鞋。

（3）大雾及雨、雪天气和 6 级以上大风时，不得进行脚手架上的高处作业。

（4）脚手架搭设作业时，应按形成基本构架单元的要求逐排、逐跨和逐步地进行搭设，矩形周边脚手架宜从其中的一个角部开始向两个方向延伸外搭设。确保已搭部分稳定。

（5）搭设作业，应按以下要求作好自我保护和保护好作业现场人员的安全：

1）在架上作业人员应穿防滑鞋和佩戴好安全带。保证作业的安全，脚下应有必要数量的脚手板，并应铺设平稳且不得有探头板。当暂时无法铺设落脚板时，用于落脚或抓握、把持的杆件均应为稳定的构架部分，着力点与构架节点的水平距离应不大于 0.8m，垂直距离应不大于 1.5m。位于杆接头之上的自由立杆不得用作把持杆。

2）架上作业人员应作好分工和配合，传递杆件掌握好重心，平稳传递。不要用力过猛，以免引起人身或杆件失衡。对每完成的一道工序，要认真检查才能进行下一道工序。

3）作业人员应佩戴工具袋，工具用完后要装于袋中，不要放在架子上，以免掉落伤人。

4）架设材料要随上随用，以免放置不当时掉落。

5）每次收工以前，所有上架材料应全部清理好，不要放在架子上，要形成稳定的构架，不能形成稳定构架的部分应采取临时撑拉措施予以加固。

6）在搭设作业进行中，地面上的人员应避开可能落物的区域。

（6）架上作业时的安全注意事项

1）作业前应注意检查作业环境是否可靠，安全防护设置是否齐全有效，确认无误后方可作业。

2）作业时应注意随时清理落在架面上的材料，保持架面清洁，不要乱放材料、工具，以免造成掉物伤人。

3）在进行撬、拉、推等操作时，要注意采取正确的姿势，站稳脚跟，或一手把持在稳固的结构或支持物上，以免用力过猛身体失去平衡或把东西甩出。在脚手架上拆除模板时，采取必要的支托措施，以防抗拆下的模板材料掉落架外。

4）当架面高度不够、需要垫高时，一定要采用稳定可靠的垫高办法，且垫高不要超过50cm；超过50cm时，应按搭设规定升高铺板层。在升高作业面时，应相应加高防护设施。

5）在架面上运送材料经过正在作业中的人员时，要及时发出"请注意""请让一让"的信号。材料要轻，不许采用倾倒、猛磕或其他匆忙卸料方式。

6）严禁在架面上打闹嬉戏耍、退着行走和跨坐在外防护横杆上休息。不要在架面上抢行、跑跳，应注意身体不要失衡。

7）在脚手架上进行电气焊作业时，要拿东西接着火星或撤去易燃物，以防火星点着易燃物。并应有防火措施。一旦着火时，及时予以扑灭。

（7）其他安全注意事项

1）运送杆应尽量利用垂直运输设施或悬挂滑轮提升，并绑扎牢固。尽量避免人工传递。

2）除搭设过程中必要的1～2步架的上下外，作业人员不得攀缘脚手架上下，应走房屋楼梯或另设安全人梯。

3）在搭设脚手架时，不得使用不合格的架设材料。

4）作业人员要服从统一指挥，不得自行其是。

（8）架上作业应按规范或设计规定的荷载使用，严禁超载。并应遵守如下要求：

1）作业面上的荷载，包括脚手板、人员，当施工组织设计无规定时，应按规范的规定值控制，即结构脚手架不超过 $3kN/m^2$；装修脚手架不超过 $2kN/m^2$；维护脚手架不超过 $1kN/m^2$。

2）脚手架的板层和同时作业层的数量不得超过规定。

3）垂直运输设施与脚手架之间的转运平台的铺板层数和荷载控制应按规定执行，不得任意增加铺板层和数量和在转运平台上超载材料。

4）架面荷载应力求均匀分布，避免荷载集中于一侧。

5）过梁等墙体构件要随运随装，不得存放在脚手架上。

6）较重的施工设备不得放在脚手架上。模板支撑、缆风绳泵送混凝土及砂浆的管等固定在脚手架上及任意悬挂起重设备。

（9）架上作业时，不要随意拆除基本结构杆件和连墙件，因作业的需要必须拆除某些杆件和连墙点时，必须取得施工主管和技术人员的同意，并采取加固措施后方可拆除。

（10）架上作业时，不要随意拆除安全防护设施，没有安全设施的，必须补设，才能上架进行作业。

（11）脚手架拆除作业前：

1）一定要按照先上后下、先外后里、先架面材料后构架材料、先后结构件和先结构件后附墙件的顺序，一件一件地松开联结，取出并随即吊下。

2）拆卸脚手板、杆件、门架及其他较长、较重、有联结的部件时，必须要多人一起进行。禁止单人进行拆卸，防止把持杆件不稳、失衡而发生事故。拆除水平杆件时，松开联结后，水平托持取下。

3）多人或多组进行拆卸作业时，应加强指挥，不能不按程序进行的任意拆卸。

4）因拆除上部或一侧的附墙拉结而子不稳时，应架设临时撑拉措施，以防因架子晃动影响作业安全。

5）拆卸现场应有安全围护，并设专人看管，作业人员进入拆卸作业区内。

6）严禁将拆的杆部件和材料向地面抛掷。已吊至地面的架设材料应随时运出拆卸区域，保持现场文明。

（12）脚手架立杆的基础应平整夯实，具有足够的承载力和稳定性。设于坑边或台上时，立杆距坑、台的上边缘不得小于1m，且边坡的坡度不得大于土的自然安息角，否则，应作边坡的保护和加固处理。脚手架立杆之下必须设置垫板。

（13）搭设和拆除作业中的安全防护：

1）作业现场应设安全围和警示标志，不允许无关人员进入危险区域。

2）对尚未形成或已失去稳定脚手架部位加设临时支撑或拉结。

3）在无可靠的安全带扣挂物时，应拉设安全网。

4）设置材料提上或吊下的设施，禁止投掷。

（14）作业面的安全防护

1）脚手架的作业面的脚手板必须满铺，不得留有空隙和探头板。脚手板与墙面之间的距离一般不应大于20cm。脚手板应与脚手架或靠拴结。

2）作业面的外侧立面的防护设施采用：

① 挡脚板加二道防护栏杆。

② 二道防护栏杆度不小于1m的竹笆。

③ 二道防护横杆满挂安全立网。

④ 其他可靠的维护办法。

（15）人行和运输通道的防护

1）贴近或穿过脚手架的人行和运输通道必须设置板篷。

2）上下脚手架有高度差的入口应设坡度或踏步，并设栏杆防护。

3. 脚手架拆除安全要求

（1）拆除大面积脚手架应在拆除区设置警戒线，严禁无关人员进入。

（2）拆除脚手架应先定下拆除方法、顺序。当拆除某一部分应不使另一部分或其他结构产生倾倒。

（3）拆除脚手架严禁上下同时作业。拆除步骤是先搭后拆，后搭先拆的原则，从上到下进行拆除。

（4）拆除脚手架时，不得采用将脚手架整体推倒的方法。

（5）凡脚手架拆下材料都要用绳索绑住往下传递，绝不允许从高处往下扔。

（6）脚手架的栏杆与楼梯不应先行拆掉，而应与脚手架的拆除工作同时配合进行。

（7）在脚手架拆除区域内，禁止与该项工作无关的人员逗留。

（8）在电力线路附近拆除时，应停电进行，不能停电时，应采取防止触电和打坏线路的措施。

6.3　工程案例

案例1：某演播中心舞台工程：屋盖模板坍塌事故

1. 事故简介

某年某月 25 日，某市某演播厅舞台工程屋盖在浇筑混凝土过程中，模板支架发生倒塌事故，造成 6 人死亡、35 人受伤。

2. 事故发生经过

演播中心工程由某建筑集团分公司施工，大演播厅舞台屋盖梁底标高为＋27.7m，模板支架材料采用脚手架钢管及扣件，支架立杆最底部标高为－8.7m，支架高度为 36.4m。25 日上午在浇筑混凝土过程中模板支架发生倒塌，造成 6 人死亡，35 人受伤的重大事故。

图 6.2

3. 事故原因分析

（1）技术方面

1）影响钢管支架的整体稳定性的主要因素有：立杆间距、步距、立杆的接长、连墙件的竖向距离以及扣件的紧固程度。从现场实测情况看，以上诸因素完全失控。立杆间距。没有完全按照施工组织设计中文字要求尺寸搭设，有的梁底三排立杆，有的梁底两排立杆，造成立杆之间受力不均。

2）水平杆步距、舞台地下室处立杆步距达 2.6m，这在一般脚手架中也是不允许的，尤其位置处在最低部立杆受力最大处，过大的细长比影响了支架整体稳定性。上部个别处立杆由于漏设水平杆，使立杆计算长度达 3.9m，如此等等施工隐患，都会造成支架的局部失稳而导致整体失稳。

3）立杆接长。按照规定，钢管立杆的接长必须采用对接，且相邻各接头不应在同一水平面上。而此支架经查，在 27m 高度处，立杆接长采用了从水平杆上接长的做法，使立杆成为悬空，如此严重违章做法，表明作业人员未经培训，管理人员不懂支架搭设的基本要求。

4）连墙件的连接。支架的整体稳定性，在较大的程度上是依靠支架与建筑结构的牢固连接。而此支架高度达 36m 以上，却与周边结构联系不足，也是导致整体失稳的重要原因。

5）扣件的紧固程度。扣件是连接钢管的结点，是传递荷载的关键，从脚手架的荷载试验中看，当扣件紧固力矩为 30N·m 时，将此 40～50N·m 力矩的脚手架承载能力下降

20%，当紧固力矩再降低时，脚手架将失去起码的承载能力。而此模板支架所用扣件，不仅材质不合格（直角扣件经抗滑试验抽测，均达不到规定标准），且无扣件紧固程度的检验资料，因此支架的整体稳定性无从保障。

6）由于大梁底模下的方木采取了顺梁长度方向铺设，因而上部荷载不能沿大梁两侧较大范围内分布，造成荷载只集中在2～3排立杆上，立杆超载导致模板支架整体失稳。

（2）管理方面

1）没有安全保证体系。

2）大演播厅屋盖混凝土浇筑工程支模高度高（已达36m以上），支持重量大（主梁与次梁交点处最大荷载值6t/m² 以上），模板支架采用了脚手钢管及扣件（一般脚手架施工荷载仅为300kN/m²），如此高大模板工程竟无计算，只凭经验随意搭设，且无人过问，是造成此事的主要原因。

3）施工队伍素质差。

4）从施工管理人员到操作人员都没认识到模板工程施工技术的关键，从而放松管理。

5）安全监理失职。经现场检查，无自检、互检、交接检查的原始资料，混凝土浇筑前，只有对模板、钢筋的隐蔽工程质量验收，对模板的承力支架无任何检验。

4. 事故的结论和教训

（1）事故主要原因

本次事故主要是管理失误造成。模板施工前不按规定编制施工方案，浇筑混凝土前未对模板支撑情况进行检查，由于模板支撑稳定性不够造成坍塌事故。

（2）事故性质

本次事故属严重违章施工的责任事故。施工前，模板支架未经计算，支架搭设不符合规定立杆间距、步距不均、过大，梁下支撑不合理，导致荷载集中，使立杆承载力严重不足，再加上模板支架与周边结构联系不足，加大了顶部晃动造成整体失稳。

（3）主要责任

某建筑集团分公司项目负责人应负违章指挥管理要求，未确认模板稳定情况便浇筑混凝土导致模板坍塌。某建筑集团主要负责人对分公司缺乏严格管理要求，对高架支模等技术性强、危险性大的工程不编方案、不经设计随意施工，公司技术主管部门也不审查、不过问，以致造成严重后果，应负全面管理责任。

案例2：某实验厅工程脚手架坍塌事故

1. 事故简介

某市某实验厅发生一起满堂红脚手架坍塌事故，造成7人死亡，1人重伤。

2. 事故发生经过

该市某实验厅工程，由某中铁某公司总承包，建筑工程的结构形式为54m×45m跨矩形框架厂房，屋面为球形节点网架结构，因中铁某公司不具备网架施工能力，故建设单位将屋面网架工程分包给常州某网架厂，由中铁某公司配合搭设满堂红脚手架，以提

图6.3

供高空组装网架操作平台，脚手架高度为26m。为抢工程进度，未等脚手架交接验收确认，网架厂便在当年4月25日晚，将运至现场的网架部件（约40t），全部成捆吊上脚手架，使脚手架严重超载。4月26日上班后，在用撬棍解散时产生的振动导致堆放部件处的脚手架坍塌，脚手架上的网架部件及施工人员同时坠落，造成7人死亡、1人重伤的重大事故。

3. 事故原因分析

（1）技术方面

1）满堂红脚手架方案有误：常州某网架厂施工组织设计中要求，脚手架承载力为 $2.5kN/m^2$，立杆纵横间距为1.8m，距为1.8m。以上要求为一般施工用脚手架的杆件间距，而常州网架厂提供网架单件尺寸为宽0.95m、长4m、高0.7m，单件重量1.5t，如此计算最低为 $4kN/m^2$。因此，如何摆设网架部件便是至关重要的问题，施工组织设计本来就提供了一个带有不安全隐患的方案，给下一步工作提出了必须连带解决的部件摆放问题，然而并没有引起建设单位与监理的注意。

2）施工人员蛮干、管理人员违章指挥。

3）脚手架方案有误，又加上该中铁局安装公司未按规定随搭设脚手架随连接连墙件和设置剪刀撑，从而影响了脚手架受力后的整体稳定性。

该网架厂未等脚手架验收确认合格后再使用，而且大量集中的网架部件随意摆放。致使脚手架严重超载，再加上用撬棍解捆时产生的冲击荷载，导致脚手架坍塌。

（2）管理方面

建设单位组织不力，监理方监管不力。本工程由该中铁局安装公司总承包，但该网架厂施工项目是由建设单位分包，因此，两单位施工组织及配合问题，应由建设单位负责组织协调、监理全面监督检查。

建设单位及监理单位没有详细认真研究高空散装网架的关键在于给组装人员提供一个安全可靠的操作平台，以及组装人员如何布料使荷载不过于集中，防止脚手架超载。而是一味求工程进度，从而导致施工双方配合失误，一方集中大量的超载使用，另一方脚手架搭设又不规范，最终发生脚手架坍塌。

4. 事故的结论和教训

（1）事故主要原因

本次事故主要是由于没有按脚手架承载力要求，大量集中堆放网架部件，致使脚手架严重超载失稳坍塌，这是事故发生的直接原因。

（2）事故性质

本次事故属责任事故。某网架厂虽是网架专业厂家但是对网架的安装工作并不规范，由于片面注重安装进度而忽视了安装作业条件，如在脚手架上摆放部件没有严格规定，对施工组织设计要求的脚手架承载力，并无制定相应达到承载力的操作方法，也未考虑施工中的不利因素，使现场作业人员无所遵循，而管理人员的违章指挥又得不到及时指正。

（3）主要责任

1）该网架厂现场生产负责人违章指挥，将构件大量集中放于脚手架上，超过脚手架承载力，导致失稳倒塌应负违章指挥责任。

2）网架厂主要责任人应负全面管理不到位的责任。网架厂为专业施工单位，工作如此不规范是由于长期疏忽管理造成的，应总结教训改进工作。

第7章 拆除爆破工程

7.1 拆 除 工 程

拆除爆破是采取控制有害效应的措施，按照设计要求用爆破方法拆除建（构）筑物的作业。城镇浅孔爆破是采取控制有害效应的措施，在人口稠密区用浅孔爆破方法开挖和二次破碎大块的作业，都是复杂环境中作业。

国务院颁布的 393 号令《建设工程安全生产管理条例》中规定，建设单位、监理单位应对拆除工程施工安全负检查督促责任；施工单位应对拆除工程的安全技术管理负直接责任；明确了建设单位、监理单位、施工单位在拆除工程中的安全生产管理责任。

7.1.1 拆除工程施工准备和注意事项

1. 施工前工作

拆除作业施工企业必须先编制安全施工组织设计。《建筑法》规定："对专业性较强的工程项目，应编制施工组织设计，并采取安全技术措施。"施工组织设计必须制定组织有序的施工顺序和针对性强的安全技术措施。在施工过程中，如果必须改变施工方法，调整施工顺序，必须先修改、补充施工组织设计。

拆除工程在施工前，施工人员必须经专业安全培训，考试合格，才允许上岗作业。同时应对施工人员做好安全教育，组织工作人员学习安全操作规程，熟悉被拆除建（构）筑物的竣工图纸，弄清建筑物的结构情况、建筑情况、水电及设备管道情况。工地负责人要根据施工组织设计和安全技术规程向参加拆除的工作人员进行详细的交底。

拆除工程在施工前，先清除拆除倒塌范围内的物资、设备；将电线、燃气道、水管、供热设备等干线与该建筑物的支线切断或迁移；检查周围危旧房，必要时进行临时加固；向周围群众出安民告示，在拆除危险区周围应设禁区围栏、警戒标志，派专人监护，禁止非拆除人员进入施工现场。

对于生产、使用、储存化学危险品的建筑物的拆除，要经过消防、安全部门参与审核，制定保证安全的预案，经过批准实施拆除工程。

当准备用控制爆破拆除工程时，必须严格按《爆破安全规程》进行，并经过爆破设计，对起爆点、引爆物、用药量和爆破程序进行严格计算，以确保周围建筑和人员的绝对安全。编制爆破拆除作业的技术措施和安全措施并报上级部门和公安部门审批。爆破时对依靠自身重量倾倒的建筑物，要经过严格的计算，以保证安全。计算时除考虑自重外，还应考虑最不利方向上最大风力作用时，不爆部分的失稳程度。

2. 拆除工程安全施工管理

建筑拆除工程一般可分为人工拆除、机械拆除、爆破拆除三大类。

根据被拆除建筑高度、面积、结构形式采用不同的拆除方法。因为人工拆除、机械拆除、爆破的拆除方法不同。

3. 拆除爆破施工注意事项

（1）严格控制有害效应，如地震、飞散物、空气冲击波、噪声、粉尘等；

（2）控制破坏范围，该拆的落地，不该拆的保留完好；

（3）控制倒塌方向和废渣堆积范围、高度，要求爆后倒塌的方向符合设计的预定方向和坍塌在预定范围之内，倒塌过程不得危及周围建筑物或管线等网路的安全；

（4）按要求设计破碎程度，以利清理装运。

7.1.2　工程常见的拆除方式

1. 人工拆除

人工拆除是指人工采用非动力性工具进行的作业。采用手动工具进行人工拆除的建筑一般为砖木结构，高度不超过 6m（2 层），面积不大于 $1000m^2$。

拆除施工程序应从上至下，按板、非承重墙、梁、承重墙、柱顺序依次进行或依照先非承重结构后承重结构的原则进行拆除。分层拆除时，作业人员应在脚手架或稳固的结构操作，被拆除的构件应有安全的放置场所。人工拆除建筑墙体时，不得采用掏掘或排倒的方法。楼板上严禁多人聚集或集中堆放材料。拆除建筑的栏杆、楼梯、楼板等构件，应与建筑结构整体拆除进度相配合，不得先行拆除。建筑的承重梁、柱应在其所承载的全部构件拆除后，再进行拆除。拆除施工应分段进行，不得垂直交叉作业。拆除原用于有毒有害、可燃气体的管道及容器时，必须查清其残留物的种类、化学性质及残留物，采取相应措施后，方可进行拆除施工。达到确保拆除施工人员安全的目的。拆除的垃圾严禁向下抛掷。

2. 机械拆除

机械拆除是指以机械为主、人工为辅助相配合的拆除施工方法。机械拆除的建筑一般为砖混结构，高度不超过 20m（6 层），面积不大于 $5000m^2$。拆除施工程序应从上至下、逐层、逐段进行；应先拆除非承重结构，再拆除承重结构。对只进行部分拆除的建筑，必须先将保留部分加固，再进行分离拆除。在施工过程中，必须由专门人员负责随时监测被拆除建筑的结构状态，并应做好记录。当发现有不稳定状态的趋势时，立即停止作业，采取有效措施，消除隐患，确保施工安全。

机械拆除建筑时，严禁机械超载作业或任意扩大机械使用范围。

供机械设备（包括液压剪、液压锤等）使用的场地必须稳固并保证足够的承载力，确保机械设备有不发生塌陷、倾覆的工作面。作业中机械设备不得同时做回转、行车两个动作。机械禁止带故障运转。

当进行高处拆除作业时，对较大尺寸的构件或沉重的材料（楼板、屋架、梁柱混凝土构件等），必须使用起重机具及时吊下。拆卸下来的各种材料应及时清理，分类堆放在指定场所，严禁向下抛掷。

拆除吊装作业的起重机司机，必须严格执行操作规程和"十不吊"原则：信号指挥人员必须按照现行国家标准《起重吊运指挥信号》GB 5082 的规定作业。

作业人员使用机具（包括风镐、液压锯、水钻、冲击钻等）时，严禁超负荷使用或带故障运转。

3. 爆破拆除

爆破拆除是利用炸药爆炸瞬间产生的巨大能量进行建筑拆除的施工方法。采用爆破拆除建筑一般为混凝土结构，高度超过 20m（6 层），面积大于 5000m²。

爆破拆除工程应根据周围环境条件、拆除对象类别、爆破规模，按照现行国家标准《爆破安全规程》GB 6722，分为 A、B、C 三级。

不同级别的爆破拆除工程有其相应的设计施工难度，爆破拆除工程设计必须按级别经当地有关部门审核，做出安全评估和审查批准后方可实施。

从事爆破拆除工程的施工单位，必须持有所在地有关部门核发的《爆炸物品使用许可证》，承担相应等级及以下级别的爆破拆除工程。爆破拆除设计人员应具有承担爆破拆除作业范围和相应级别的爆破工程技术人员作业证。从事爆破拆除施工的作业人员应持证上岗。

运输爆破器材时，必须向所在地有关部门申请领取《爆破物品运输证》。应按照规定路线运输，应派专人押送。爆破器材临时保存地点，必须经当地有关部门批准、严禁同室保管与爆破器材无关的物品。爆破拆除的预拆除施工应确保建筑安全和稳定。爆破拆除的预拆除是指爆破实施前有必要进行部分拆除的施工。预拆除施工可以减少钻孔和爆破装药量，消除下层障碍物（如非承重的墙体）有利建筑物塌落破碎解体。预拆除施工可采用机械和人工方法拆除非承重的墙体或不影响结构稳定的构件。

爆破拆除建筑施工时，应对爆破部位进行覆盖和遮挡防护，覆盖材料和遮挡设施应选用不易抛散和折断、并能防止碎块穿透的材料，固定方便、牢固可靠。

爆破作业是一项特种施工方法。爆破拆除工程的设计和施工，必须按《爆破安全规程》GB 6722 有关爆破实施操作的规定执行。

7.1.3 拆除工程安全事项

1. 拆除的安全措施

拆除施工采用的脚手架、安全网，必须由专业人员搭设。由项目经理（工地负责人）组织技术、安全部门的有关人员验收合格后，方可投入使用，安全防护设施验收时，以按类别逐项查验，并应有验收记录。

拆除施工严禁立体交叉作业。水平作业时，各工位间应有一定的安全距离，作业人必须配备相应的劳动保护用品（如：安全帽、安全带、防护眼镜、防护手套、防护工作服等），并应正确使用。在爆破拆除作业施工现场周边，应按照现行国家标准《安全标志》GB 2894 的规定，设置相关的安全标志，并设专人巡查。

2. 拆除工程安全技术管理

（1）拆除工程开工前，应根据工程特点、构造情况、工程量及相关资料编制施工组织设计或方案。爆破拆除和被拆除建筑面积大于 1000m² 的拆除工程，应编制安全技术方案；

（2）拆除工程的安全施工组织设计或方案，应由专业工程技术人员编制，经施工单位技术负责人、总监理工程师审核批准后实施。施工过程中，如需变更安全施工组织设计或方案，应经原审批人批准，方可实施；

（3）拆除工程项目负责人是拆除工程施工现场的安全生产第一责任人。项目经理部应设专职安全员，检查落实各项安全技术措施；

（4）进入施工现场的人员，必须佩戴安全帽。凡在 2m 及以上高处作业无可靠防护设施时，必须正确使用安全带。在恶劣的气候条件［如：大雨、大雪、浓雾、六级（含6级以上大风等）］影响施工安全时，严禁拆除作业；

（5）拆除工程施工现场的安全管理由施工单位负责。从业人员应办理相关手续，签订劳动合同，进行安全培训，考试合格后，方可上岗作业。拆除工程施工前，必须由工程技术人员对施工作业人员进行书面安全技术交底，并履行签字手续。特种作业人员必须持有效证件上岗作业；

（6）施工现场临时用电必须按照《施工现场临时用电安全技术规范》JGJ 46 的有关规定执行。夜间施工必须有足够的照明。电动机械和电动工具必须装设漏电保护器，其保护零线的电气连接应符合要求。对产生振动的设备，其保护零线的连接点不应少于2处；

（7）拆除工程施工过程中，当发生险情或异常情况时，应立即停止施工，查明原因，及时排除险情；发生生产安全事故时，要立即组织抢救、保护事故现场，并向有关部门报告。

施工单位必须依据拆除工程安全施工组织设计或方案，划定危险区域。施工前应通报施工注意事项，拆除工程有可能影响公共安全和周围居民的正常生活的情况时，应在施工前发出告示，做好宣传工作，并采取可靠的安全防护措施。

7.2 拆除爆破工程安全防护措施

7.2.1 爆破工程防护措施

1. 爆破施工降振措施

（1）在靠近民房等建筑物施爆时，严格按照设计单孔药量，并以非电微差起爆等手段充分达到减振效果。

（2）多排多孔起爆采用孔内微差起爆相结合方式，间隔时间控制在 25～50ms 之间，严格依照从前向后V形起爆顺序，努力消除后冲现象。

（3）根据现场实际变化，及时合理调整爆破孔网参数和单耗，严格控制一次起爆的药量不超过设计限制的最大单响药量。

2. 爆破冲击波、飞石防护技术措施

（1）必须保证堵塞质量，按设计要求合理布孔和合理的起爆顺序，以避免因夹制冲孔；

（2）应避免在软弱带和空隙带布孔装药，严格按设计控制爆破方向，山体爆破以正南向作为爆破主方向，靠近东西两侧边界爆破时，应以单炮起爆为主，并监视布孔参数和装药量；

（3）要求各炮孔均应压大石盖胶网，各孔孔口和自由面上盖网最低不少于3层，道路两侧5m内各炮孔覆盖胶网不少于5层，同时在施爆前应在民房和爆区之间用脚手架搭设一排高5m的防护排架，以最大限度减小冲击波和杜绝产生飞石；

（4）当进行爆破作业时，应在爆破点周围50m处设警戒线，在此范围内人员、车辆包括屋内人员均必须撤至警戒区外，各警戒点均应悬挂明显标志，起爆时起爆人员与警戒人员用声响（或对讲机）信号明确安全无误后再发出明显信号后才能起爆，起爆后必须经爆破员检查现场无安全隐患后才能解除警戒。

7.2.2 爆破工程安全管理

1. 爆破安全技术要求

（1）严格控制爆破施工中的震动危害范围，杜绝单孔装药量过大；

（2）严格限制爆破产生的飞石距离，加强炮位安全措施，预防飞石飞入河中或超过安全警戒线；

（3）严格控制起爆后产生的松石滚下山体对原道路上的电缆管线或周边房屋造成危害；

（4）加强爆炸物品的安全管理，预防爆炸事故的发生。

2. 爆破施工安全管理措施

（1）火工材料安全管理

1）炸药采购：本工程的炸药由当地公安机关指定的供货商采购，现场临时炸药库保管，设立专人库管。炸药库设立满足《爆破安全规程》安全要求。

2）爆破设计人员做出爆破设计以后，经爆破工程师批准后，由爆破工程师开出领料单，由爆破班派领料员（专人）在现场炸药库领取火工材料。

3）爆破器材储存及运输符合《爆破安全规程》要求，炸药与雷管分开储存及运输，爆破器材运输过程中不得抛掷、撞击，严禁明火接近。

4）炸药进入现场后，不允许无关人员进入爆区，炸药由爆破班派专人负责照管，装药完毕后，多余的火工材料由退料员（专人）会同领料员（专人）退至现场炸药库。做到领料数量和使用数量、退库数量相吻合，严防流失。

（2）爆破安全现场管理

1）爆破施工作业前，施工现场成立爆破指挥部，爆破技术人员、爆破员及监炮员由现场爆破指挥部统一协调指挥。

2）爆破施工技术员、爆破员必须持公安部门颁发的安全作业证上岗，禁止操作员无证上岗。

3）现场钻孔完毕后，即进行炮孔装药，禁止钻孔与装药平行作业。爆破员装药过程，爆破作业现场禁止使用移动式无线发射装置，禁止无关人员进入爆破现场。

4）爆破器材使用前由爆破员进行检测，电雷管采用专用雷管检测电表检测；导爆管雷管检查导爆管壁涂层是否有不均匀，断药处。剔除不合格爆破器材。

5）实行爆破作业通知制度，爆破作业前，通知各施工单位，明确爆破作业时间段，撤离爆破区施工设备及防护。对于距离爆破区较近的居民住户，通过项目部协调部门进行协调，对房屋门窗增加防护措施。

6）爆破警戒区必须有明确标志，爆破警戒人员必须佩戴警戒标志（袖章、红旗、口哨），爆破警报拉响后，爆破警戒人员对施工便道进行临时车辆禁行，待警报解除后方可通行：

第一次警报：准备起爆，施工现场设备迅速撤离或加强防护，人员撤离至200m以外安全地带，爆破员进行爆破网路最后检查。

第二次警报：施工现场设备撤离或加强防护，人员撤离至200m以外安全地带，爆破员点响信号炮，起爆爆破网路。

第三次警报：解除警报，爆破员及爆破技术人员进入施工现场，检查处理盲炮和危石。处理完成后，施工人员进入施工现场恢复施工。

7）爆破起爆前，禁止无关人员进入施工作业现场，爆破员连线要仔细认真，特别是采用非电雷管起爆，导爆管连接规范，不宜太紧。检查网路避免触碰其他网路。确认警戒区无人员，设备已进行有效保护后，由爆破队长发布起爆命令后起爆。

8）起爆后 15 分钟，在烟尘消散后，由爆破员进入爆区进行爆后检查，对爆区出现的盲炮进行处理，爆破盲炮出现后须待爆破员在爆破工程技术人员指导下进行，针对具体情况作如下处理：

① 对盲炮网路连线完好，经检查最小抵抗线变化较小，经爆破工程技术人员确认，重新连线，加大警戒范围，增强安全防护重新起爆。

② 出现个别盲炮，在爆破技术人员指导下，爆破员采用竹片掏出炸药，小心取出雷管，或者采用压力水、风远距离冲出炮泥、炸药，取出雷管，雷管取出后要妥善销毁处理。

③ 无法取出雷管、炸药的孔采用距盲炮孔 30～60cm 钻平行孔，装小药量殉爆，特别注意，钻孔要垂直，避免与盲炮孔斜交。

9）爆破员对爆区盲炮处理后，由专职安全员对爆区危岩进行处理，确认无危岩后，解除爆破警戒，施工人员及设备才能进入警戒区进行作业。

10）为保证爆区内人员、设备的安全，爆破警戒区所有人员、设备必须服从警戒人员指挥。

11）实行爆破安全紧急预案，爆破施工作业前，由爆破指挥部对爆破设计方案进行论证，爆破安全措施进行桌面演练，确保爆破安全措施后方可进行爆破作业。

12）实行爆破事故责任追究制度，对出现的爆破事故采取"四不放过"原则，追究当事人责任。

3. 爆破规范要求

（1）爆破作业单位应向有关公安机关申请领取《爆破作业单位许可证》后，方可从事爆破作业活动。未经许可，任何单位或者个人不得从事爆破作业。

（2）非营业性爆破作业单位不实行分级管理，不得从事安全评估和安全监理，不得从事本单位以外爆破项目的设计施工，不得从事超越本单位爆破工程技术人员资质和作业范围的爆破项目的设计和施工。

（3）营业性爆破作业单位可承接爆破作业设计、施工、安全评估、安全监理；按照其拥有的注册资本、专业技术人员、技术装备和业绩等条件，分为 A 级、B 级、C 级、D 级资质；按单位资质等级及爆破工程技术人员从业范围承接相应等级和范围的岩石爆破、拆除爆破与特种爆破。营业性爆破作业单位应持《爆破作业单位许可证》到工商行政管理部门办理工商登记，领取营业执照后方可从事相应等级和作业范围的爆破作业。

（4）因合法的生产生活需要使用爆破器材进行爆破作业，但本身不具备本标准规定的爆破作业单位条件的，可以委托营业性爆破作业单位实施爆破作业。

（5）营业性爆破作业单位接受委托实施爆破作业，应当事先与建设单位签订爆破作业合同，并在签订爆破作业合同后 5 个工作日内将爆破作业合同向爆破作业所在地县级公安机关备案。爆破作业单位实施爆破项目前，应按规定办理审批手续，批准后方可实施爆破作业。

（6）爆破作业单位跨省、自治区、直辖市行政区域从事爆破作业的，应当事先将爆破项目的有关情况向爆破作业所在地县级公安机关报告，并办理有关证件的登记及签证手续。

（7）爆破作业单位及爆破从业人员从事爆破作业活动中，不得有下列行为：

1）伪造、买卖或者出借、租借爆破作业单位、人员许可证；

2）从事超出资质等级、从业范围爆破作业；

3）违反国家有关标准和规范实施爆破作业；

4）聘用无爆破作业资格的人员从事爆破作业；

5）将承接的爆破作业项目转包；

6）为非法的生产活动实施爆破作业；

7）为本单位或者与本单位有利害关系的单位承接的爆破作业项目进行安全评估、安全监理；

8）承接同一爆破作业项目的安全评估、安全监理；

9）扣押爆破从业人员许可证；

10）爆破从业人员同时受聘于两个以上爆破作业单位；

11）其他违反法律、行政法规的行为。

（8）爆破作业单位的安全职责

1）管理本单位的爆破从业人员，定期进行安全培训。不适合继续从事爆破作业者和因工作调动不再从事爆破作业者，均应收回其安全作业证，交回原发证部门。

2）负责爆破器材购买、运输、储存、发放和使用全过程的安全管理、监督并承担安全责任。

3）按工程要求组织设计与施工、安全评估与安全监理，结合工程特点制定预防事故的安全措施、操作规范，对从业人员进行教育并监督执行。

4）针对工程具体条件辨识及评价危险源，制定事故应急预案并在组织上、器材上予以保证。

5）接受公安机关和安全生产监督部门的检查监督。

6）处理有关的爆破事故及其他安全事故。

（9）营业性爆破作业单位在爆破作业活动中发生较大爆破作业责任事故的，省级公安机关应当根据利害关系人的请求或者依据职权，对其资质等级予以降级，并根据降级情况重新核定从业范围。依法被降低资质等级的营业性爆破作业单位，3年内不得申请晋升资质等级。

（10）爆破作业单位应当建立爆破作业业绩档案管理制度，在每次重大爆破作业活动结束后15个工作日内，如实将本单位从事爆破作业活动的有关情况录入爆破信息管理系统。

1）非营业性爆破作业单位不实行分级管理，不得从事安全评估和安全监理，不得从事本单位以外爆破项目的设计施工，不得从事超越本单位爆破工程技术人员资质和作业范围的爆破项目的设计和施工。

2）管理本单位的爆破从业人员，定期进行安全培训。不适合继续从事爆破作业者和因工作调动不再从事爆破作业者，均应收回其安全作业证，交回原发证部门。

3）负责爆破器材购买、运输、储存、发放和使用全过程的安全管理、监督并承担安全责任。

4）担任爆破作业人员培训工作的教师应通过国家爆破行业协会的任教资格审查，应具备相应的理论水平和实践经验。

5）爆破安全监理人员应在爆破器材领用、清退、爆破作业、爆后安全检查及肓炮处理的各环节上实行旁站监理，并作出监理记录。

6）靠近水域的爆破安全警戒工作，除按上述要求封锁陆岸爆区警戒范围外，还应对水域进行警戒。水域警戒应配有指挥船和巡逻船，其警戒范围由设计确定。

7）在重要水工、港口设施附近及水产养殖场或其他复杂环境中进行水下爆破，应通过测试和邀请专家对水中冲击波和涌浪的影响作出评估，确定安全允许距离。

7.3　工　程　案　例

案例 1：某房屋：拆除工程墙体坍塌事故

1. 事故简介

某市分社某房屋拆除工程最后一道墙在待拆期间发生坍塌事故，造成 13 人死亡，7 人重伤，10 人轻伤。

2. 事故发生经过

某市分社为一座四层砖混结构住房，因拓改整治要进行拆除，大部分结构拆除后，只余下一道砖墙未拆。在待拆期间，遇到暴风雨天气，墙体坍塌，该坍塌墙体又压垮了邻近的一围墙，这两道墙质监的通道，是一处自由集贸市场，造成了 13 人死亡，7 人重伤，10 人轻伤的重大伤亡事故。

3. 事故原因分析

（1）技术方面

由于该建筑原拆除方法错误，导致只剩下一道单面墙，从而形成了不稳定结构，且在停工期间又未采取任何加固措施。这道墙高 12m，长 10m，240mm，用红砖砌筑，墙体的高厚比 $\beta=50$，是国家标准《砌体结构设计规范》GB 50003 规定允许高厚比 β 的三倍，墙体过于细长，其稳定性远远不能满足规范的要求。在当时大雨和风力等偶然因素作用下，使得长细比过大且迎风面积较大的墙体丧失稳定而发生坍塌。

（2）管理方面

拆除人在拆除房屋过程中没有制定拆房的施工方案，拆除过程中未考虑剩余墙体的稳定性，对剩余墙体也未采取任何安全保护措施，给墙体坍塌创造了先决条件。

在建筑物未拆除完毕暂时停工过程中，作业区域没有设置警戒区域和明显的危险标志，放任群众在危险区域进行集市贸易，因此，造成多人伤亡事故。

此次事故首先是施工单位缺少最基本的生产管理程序，对待拆除工作极端的不负责任，未制定方案随意拆除。其次是对拆除作用现场未设警戒区，使无关人员进入，导致事故损失扩大。

4. 事故的结论和教训

这是一起违章指挥导致的伤亡事故，拆除前没有规定拆除施工方案和安全防护措施。实际拆除时，又违反基本拆除程序，不应该把所有横墙拆完，只留下一堵孤立的、细长的墙体，形成危险的隐患。停工期间，又没有及时采取固定防护措施和对作业区域进行围圈。技术上的错误、管理上的失误导致事故发生。

第8章 钢筋和焊接工程

8.1 钢筋工程

8.1.1 钢筋加工技术

钢筋加工过程一般有冷拉、冷拔、调直、剪切、除锈、弯曲成型、绑扎、焊接等。

钢筋加工目的：充分发挥材料的效用、节约钢材、提高钢筋的强度设计值，满足预应力钢筋的要求，检验焊接接头质量。

1. 钢筋的冷拉

钢筋的冷拉就是在常温下对钢筋进行强力拉伸，拉应力超过钢筋的屈服强度，使钢筋产生塑性变形，以达到调直钢筋，提高强度的目的。

（1）冷拉方法

钢筋冷拉参数包括冷拉应力和冷拉率。

冷拉应力：单位钢筋横截面面积上所受的冷拉力。

冷拉率：冷拉时包括其弹性和塑性变形的总伸长值与钢筋原长之比值。

1) 控制应力法（双控，既控制冷拉应力，又控制冷拉率）

质量高，常用于制作预应力筋。钢筋达到规定应力值，冷拉率未达到最大值——合格。冷拉率达到最大值，应力未达到规定值——不合格。

2) 控制冷拉率法（单控，只控制冷拉率）

施工效率高，设备简单。先由试验按规定的冷拉应力值测定相应的冷拉率δ（同炉批取试件≥4 个，取平均值），再根据钢筋的长度求出冷拉时的伸长值。

3) 两种方法的优缺点

① 控制应力的方法

优点：冷拉后屈服点较稳定，不合格钢筋易于发现。

缺点：冷拉后，钢筋长短不一，对要求等长或定长的预应力筋难以满足要求。

② 控制冷拉率的方法

优点：设备简单，并能做到等长或定长。

缺点：对不同炉批或材质不均匀的冷拉应力不易保证。

（2）冷拉设备

动力：液压设备、卷扬机滑轮组。

装置：拉力设备、承力装置、回程装置、测力装置、钢筋夹具等。

2. 钢筋的冷拔

（1）定义：冷拔是使直径 6～8mm 的光圆钢筋在常温下通过钨合金的拔丝模进行强力拉拔，钢筋轴向被拉伸，径向被压缩，产生较大的塑性变形，抗拉强度提高，塑性和韧性降低，硬度提高。经过多次强力拉拔的钢筋，称为冷拔低碳钢丝。

3. 冷拔工艺过程

轧头（轧头机将端头压细）→剥壳（辊除筋面硬渣壳）→通过润滑剂（生石灰、动植物油、肥皂等）→拔丝（速度 0.2～0.3m/s）。

4. 冷拉与冷拔的区别

（1）冷拉是纯拉伸线应力；冷拔则是拉伸与压缩兼有的立体应力。

（2）冷拉后，钢筋仍有明显的屈服点；冷拔后，则没有明显的屈服点。

5. 钢筋的调直与切断

（1）钢筋的调直机械

钢筋调直剪切机是用来调直细钢筋和冷拔钢丝的机械，能自动的调直和切断钢筋。

（2）钢筋的调直施工要求

采用机械方法冷拉调直时，若冷拉仅起调直作用时，最大冷拉率Ⅰ级钢为 4%，Ⅱ、Ⅲ级钢为 1%。

细钢筋及钢丝还可采用调直机调直；粗钢筋还可采用锤直和扳直的方法。

（3）钢筋切断机械

钢筋切断机械是将钢筋原材料或已调直的钢筋按施工所需要的尺寸进行切断的专用机械。

6. 钢筋的除锈

为了保证钢筋与混凝土之间的握裹力，在钢筋使用前，应将其表面的油、漆污、铁锈等清除干净。

钢筋除锈一般可以通过以下两个途径：

（1）大量钢筋除锈可通过钢筋冷拉或钢筋调直机调直过程中完成；

（2）少量的钢筋局部除锈可采用电动除锈机或人工用钢丝刷、砂盘以及喷砂和酸洗等方法进行。

7. 钢筋的弯曲成型

钢筋弯曲有人工弯曲和机械弯曲。

钢筋弯曲机主要利用工作盘的旋转对钢筋进行各种弯曲、弯钩、半箍、全箍等作业的设备。当前工程主要使用 GW—40 型钢筋弯曲机和钢筋弯箍机等。

8.1.2　钢筋工程施工链接技术

1. 焊接连接

（1）闪光对焊

① 基本原理：利用对焊机，将两根钢筋安放成对接形式，压紧于两电极之间，通过低压的强电流，待钢筋被加热到一定温度变软后，进行轴向加压顶锻，产生强烈飞溅，形成闪光，使两根钢筋焊合在一起。

② 适用范围：广泛用于钢筋纵向连接及预应力钢筋与螺丝端杆的焊接。

③ 类型：连续闪光焊、预热闪光焊、闪光—预热—闪光。

④ 机械：常用 UN1—75 型对焊机。

（2）电弧焊

① 基本原理：利用弧焊机使焊条（作为一极）与焊件（另一极）之间产生高温电弧，

使焊条和电弧燃烧范围内的焊件熔化，待其凝固便形成焊缝或接头。

② 适用范围：广泛用于钢筋接头与钢筋骨架焊接、装配式结构接头焊接、钢筋与钢板焊接及各种钢结构焊接。

③ 接头形式：有搭接焊、帮条焊、坡口焊。

④ 机械：弧焊机有直流与交流之分，常用的是交流弧焊机。

（3）电渣压力焊

① 基本原理：将钢筋安放成竖向对接形式，利用电流通过渣池产生的电阻热和电弧热将钢筋端部熔化，然后加压使两根钢筋焊合在一起。

② 适用范围：多用于现浇钢筋混凝土结构构件内竖向或斜向钢筋的焊接接长。

③ 操作方式：有分手工操作和自动控制两种。

④ 工艺流程：包括电弧引燃过程、造渣过程、挤压过程。

⑤ 特点：与电弧焊比较，工效高、成本低，应用广泛。

（4）电阻点焊

① 工作原理：当钢筋交叉点焊时，接触点只有一点，且接触电阻较大，在接触的瞬间，电流产生的全部热量都集中在一点上，因而使金属受热而熔化，同时在电极加压下使焊点金属得到焊合。

② 适用范围：主要用于钢筋的交叉连接，如用于焊接钢筋网片、钢筋骨架等。

③ 常用点焊机：单点点焊机；多头点焊机；悬挂式点焊机；手提式点焊机（现场用）。

（5）气压焊

① 工作原理：利用乙炔-氧混合气体燃烧的高温火焰对已有初始压力的两根钢筋端面接合处加热，待其达到热塑状态时对钢筋进行加压顶锻，使钢筋焊接在一起。

② 适用范围：适合于各种方向钢筋的连接，宜于焊接直径 16～40mm 的 HPB235、HRB335 级钢筋。不同直径钢筋焊接时，两者直径差不得大于 7mm。

③ 气压焊接设备：加热系统与加压系统。

2. 机械连接

（1）套筒冷压接头（也称钢筋挤压接头）

原理：将需连接的变形钢筋插入特制钢套筒内，利用挤压机使钢套筒产生塑性变形，使它紧紧咬住变形钢筋以实现连接。

适用范围：竖向、横向及其他方向的较大直径（直径 18～40mm，异径差≤5mm）变形钢筋的连接。

方法：径向挤压；轴向挤压。

特点：节省电能，无明火、安全，不受钢筋可焊性及气候影响，施工简单、速度快，接头准确强度高。

工艺流程：钢筋、套筒验收→钢筋断料、刻划套筒套入长度的定长标记→套筒套入钢筋、安装压接钳→开动液压泵、逐扣挤压套筒至接头成型→卸下压接钳→接头外形检查。

（2）锥形螺纹钢筋接头（钢筋锥螺纹套筒接头）

锥螺纹连接是用锥形纹套筒将两根端头已加工有锥形螺纹的钢筋对接在一起，按规定的力矩值将两根钢筋咬合在一起的方法。

锥形纹套筒是在工厂专用机床上加工，钢筋端部锥形螺纹在专用套丝机上套丝加工。

（3）直螺纹钢筋接头（钢筋直螺纹套筒接头）

直螺纹连接是一种新的螺纹连接方式。它先把钢筋端部镦粗，然后再切削直螺纹，最后用套筒实行钢筋对接。

钢筋套管螺纹连接（包括锥螺纹和直螺纹两种）特点：速度快、准确、安全、工艺简单、不受环境、钢筋种类限制。适用：HPB235～HRB400 级直径 16～40mm 的竖向、水平、斜向钢筋，异径差≤9mm。

3. 钢筋连接技术要求

纵向受力钢筋的连接方式应符合设计要求。

施工现场，应按有关标准的规定抽取钢筋机械连接接头、焊接接头试件做力学性能检验，质量应符合规定。

当受力钢筋采用机械连接接头或焊接接头时，设置在同一构件内的接头宜相互错开。

纵向受力钢筋机械连接接头及焊接接头连接区段的长度为 $35d$（d 为纵向受力钢筋的较大直径）且不小于 500mm，凡接头中点位于该连接区段长度内的接头均属于同一连接区段，同一连接区段内，纵向受力钢筋机械连接及焊接的接头面积百分率为该区段内有接头的纵向受力钢筋截面面积与全部纵向受力钢筋截面面积的比值。

同一连接区段内，纵向受力钢筋的接头面积百分率应符合设计要求；当设计无具体要求时，应符合下列规定：

（1）在受拉区不宜大于 50%；

（2）接头不宜设置在有抗震设防要求的框架梁端、柱端的箍筋加密区；当无法避开时，对等强度高质量机械连接接头，不应大于 50%；

（3）直接承受动力荷载的结构构件中，不宜采用焊接接头；当采用机械连接接头时，不应大于 50%。

4. 钢筋的配料与代换

（1）钢筋配料

钢筋配料是根据构件配筋图，先绘出各种形状和规格的单根钢筋图，并加以编号，然后分别计算各钢筋的直线下料长度、根数及重量，然后编制配料单，作为钢筋备料加工的依据。

由于结构受力上的要求，许多钢筋需在中间弯曲和两端弯成弯钩。钢筋弯曲时，其外壁伸长，内壁缩短，而中心线长度并不改变。但是简图尺寸或设计图中注明的尺寸是根据外包尺寸计算，且不包括端头弯钩长度。显然外包尺寸大于中心线长度，它们之间存在一个差值，称为"量度差值"。

钢筋的下料长度＝各段外包尺寸（设计尺寸）之和＋端部弯钩增长值－弯曲处的量度差值箍筋下料长度＝箍筋周长＋箍筋调整值

钢筋弯曲量度差值：

1）钢筋配料

钢筋中部弯曲处的量度差值表　　　　　　　　　　　　　　表 8.1

钢筋弯曲角度	30°	45°	60°	90°	135°
量度差值	$0.35d$	$0.5d$	$0.85d$	$2d$	$2.5d$
调整值	$0.3d$	$0.5d$	$1.0d$	$2d$	$3d$

2）钢筋末端弯钩时下料长度的增长值

钢筋的弯钩形式有三种：半圆（180°）弯钩、直（90°）弯钩、斜（135°）弯钩。

一个弯钩增加长度为：

半圆弯钩：$6.25d$

直弯钩：$1d +$ 平直段长

斜弯钩：$3d +$ 平直段长

3）箍筋调整值

为了箍筋计算方便，一般将箍筋弯钩增长值和量度差值两项合并成一项为箍筋调整值，见表 8.2。计算时，将箍筋外包尺寸或内皮尺寸加上箍筋调整值即为箍筋下料长度。

箍筋下料长度 表 8.2

箍筋量度方法	箍筋直径（mm）			
	4~5	6	8	10~12
量外包尺寸	40	50	60	70
量内包尺寸	80	100	120	150~170

4）混凝土保护层厚度

混凝土保护层是指受力钢筋外缘至混凝土构件表面的距离，其作用是保护钢筋在混凝土结构中不受锈蚀。混凝土的保护层厚度，一般用水泥砂浆（或混凝土）垫块或塑料卡垫在钢筋与模板之间来控制。塑料卡的形状有塑料垫块和塑料环圈两种。塑料垫块用于水平构件，塑料环圈用于垂直构件。

（2）钢筋代换

1）代换原则及方法

当施工中遇到钢筋级别、钢号和直径与设计要求不符而需要代换时，应征得设计单位的同意并按设计变更文件施工，不得随意更换设计要求的钢筋品种、级别和规格。

① 等强度代换（用于计算配筋或不同级别钢筋的代换）

当构件配筋受强度控制时，按代换前后强度相等的原则代换，称为"等强度代换"。

② 等面积代换方法（用于构造配筋或同级别钢筋的代换）

当构件按最小配筋率配筋时，可按代换前后面积相等的原则进行代换，称为"等面积代换"。

③ 当构件配筋受裂缝宽度或挠度控制时，代换后应进行裂缝宽度或挠度验算。

2）代换注意事项

钢筋代换时，应办理设计变更文件，并应符合下列规定：

① 代换后应满足配筋构造要求（直径、间距、根数、锚固长度…）；

② 对抗裂性要求高的构件（如吊车梁、薄腹梁、桁架下弦等），不宜用 HPB235 钢筋代换变形钢筋，以免裂缝开展过大；

③ 梁的纵向受力钢筋与弯起钢筋应分别代换，以保证正截面与斜截面强度；

④ 偏心构件中的拉压钢筋应分别代换；

⑤ 钢筋代换后，其强度（或截面）不大于原设计的 5%，也不低于原设计的 2%；

⑥ 钢筋代换要经设计部门同意。

5. 钢筋绑扎与安装

（1）钢筋绑扎

绑扎目前仍为钢筋连接的主要手段之一。钢筋绑扎时应用 20～22 号铁丝或镀锌铁丝扎牢；其中 22 号铁丝只用于绑扎直径 12mm 以下的钢筋。

钢筋的搭接长度及接头位置应符合施工及验收规范的规定。钢筋绑扎的施工要点：

1）钢筋的交叉点应用铁丝扎牢；

2）对箍筋的要求：梁和柱的箍筋，除设计有特殊要求外，应与受力钢筋垂直设置；箍筋弯钩叠合处，应与受力钢筋方向错开设置。在梁、柱类构件的纵向受力钢筋搭接长度范围内，应按设计要求配置箍筋。当设计无具体要求时，应符合下列规定：

① 箍筋直径不应小于搭接钢筋较大直径的 0.25 倍；

② 受拉搭接区段的箍筋间距不应大于搭接钢筋较小直径的 5 倍，且不应大于 100mm；受压搭接区段的箍筋间距不应大于搭接钢筋较小直径的 10 倍，且不应大于 200mm；

③ 当柱中纵向受力钢筋直径大于 25mm 时，应在搭接接头两个端面外 100mm 范围内各设置两个箍筋，其间距宜为 50mm。

3）板和墙的钢筋网，除靠近外围两行钢筋的相交点全部绑牢外，其他部分的交叉点可间隔交错绑牢。但必须保证受力钢筋不产生位置偏移，双向受力钢筋必须全部绑牢。

4）绑扎搭接接头的要求：

① 钢筋绑扎搭接头的末端与弯起点的距离，不得小于钢筋直径的 10 倍，接头宜设在构件受力较小处，搭接处应在中部和两端用铁丝扎牢。

② 受力钢筋的绑扎接头应相互错开，搭接接头连接区段的长度为 1.3，同一连接区段内，有绑扎接头的受力钢筋截面面积占受力钢筋总截面面积百分率，应符合设计要求。当设计无具体要求时，应符合下列规定：

a. 对梁类。板类及墙类构件，不宜大于 25%；

b. 对柱类构件，不宜大于 50%；

c. 当工程中确有必要增大接头面积百分率时，对梁类构件不应大于 50%；对其他构件，可根据实际情况放宽。

③ 钢筋绑扎时，受拉区内Ⅰ级钢筋的末端应做弯钩，Ⅱ、Ⅲ级钢筋可不做弯钩；直径大于 12mm 的受压Ⅰ级钢筋的末端以及轴心受压构件的末端，可不做弯钩，但搭接长度不应小于钢筋直径的 35 倍。

④ 钢筋搭接长度应符合规范的规定，受压钢筋的搭接长度，应取受拉钢筋搭接长度的 0.7 倍。

5）钢筋保护层的厚度应符合规范的要求。

6）在梁板结构中，板、次梁与主梁交叉处，板的钢筋在上，次梁的钢筋居中，主梁的钢筋在下。当有圈梁或垫梁时，主梁的钢筋在上。板上部的负筋，要防止被踩下，特别是雨篷、挑梁、阳台等悬臂梁，要严格控制负筋的位置，以保证梁的抗弯能力。

7）绑扎网和绑扎骨架外形尺寸、受力钢筋间距、排距、保护层厚度、箍筋间距、弯起钢筋弯起点位置等允许偏差应符合规范的规定。

（2）钢筋安装

安装钢筋时配置的钢筋级别、直径、根数和间距均应符合设计要求。绑扎或焊接的钢筋网和钢筋骨架不得有变形、松脱和开焊，安装位置允许偏差符合规范规定；应采取分段加固措施进行运输和安装；宽度大于 1m 的水平钢筋网宜采用四点起吊，跨度小于 6m 的钢筋骨架采用两点起吊；跨度大、刚度差的钢筋骨架应采用横吊梁四点起吊。

钢筋安装完毕后应进行检查验收，检查验收的内容为：

1）钢筋的级别号、直径、根数、位置、间距是否与设计图纸相符合；特别是要注意检查负筋的位置；

2）钢筋接头的位置及搭接长度是否符合规定；

3）检查混凝土保护层是否符合要求；

4）检查钢筋绑扎是否牢固，有无松动变形现象；

5）钢筋表面不允许有油渍、漆污和颗粒状（片状）铁锈。

钢筋工程属于隐蔽工程，在浇筑混凝土之前应对钢筋及预埋件进行验收，并作好隐蔽工程记录。

6. 钢筋工程施工安全技术

（1）钢筋加工

1）使用调直机前，要检查所有的工具、工作台牢固。拉直钢筋，卡头要卡牢，地锚要结实牢固，拉筋沿线 2m 区域内禁止行人。

2）弯曲钢筋时，操作台必须牢固可靠，操作者要紧握扳手，脚要站稳，用力均匀，以防扳手滑移或钢筋突断伤人。

3）张拉钢筋，两端应设置防护挡板，钢筋张拉后要加以保护，禁止压重物或在上面行走。

（2）钢筋焊接

操作前检查电器设备及操作机构是否正常、漏电，定期检查修理接触点和电极，用点焊机、对焊机焊接时，要注意防火。

（3）钢筋绑扎与安装

1）绑扎立柱、墙体钢筋和安装骨架，不得站在骨架上和墙体上安装或攀登骨架上下，柱墙钢筋骨架应临时支撑拉牢，以防倾倒。

2）高处标准和安装钢筋，注意不要将钢筋集中堆放在模板或脚手架上，特别是悬臂构件，应检查支撑是否牢固。

3）绑扎高层建筑的圈梁、挑檐、外墙、边柱钢筋，搭设外挂架及安全网，绑扎时挂好安全带。

4）安装钢筋，周边不得有电气设备及线路。需要弯曲和调头时，应巡视周边环境情况，严禁钢筋碰撞电气设备。在深基础或夜间施工需要使用移动式行灯照明时，行灯电压不应超过 36V。

8.1.3 钢筋工程施工要点及质量控制

1. 原材料的控制

钢筋工程本身又具有隐蔽性。在建筑施工过程中必须严格控制，认真检查。杜绝钢筋工程在进场、加工及安装时留下安全隐患。因此，在工程建设的始终都必须给予特殊的重视。

严把钢筋进场质量关：

（1）钢筋进场时，检查钢筋是否有出厂合格证，质量证明书等质保资料，并与钢筋炉批号铭牌相对照，看是否相符，注意每一捆钢筋均应有铭牌。还要注意出厂质保资料上的数量是否大于进场数量，不符合要求者不予进场，从而杜绝假冒钢筋进场用于工程。

（2）检查钢筋的外观质量，钢筋外观应平直、无损伤，不得有裂纹、颗粒状或片状老锈等。

（3）钢筋加工前要进行见证取样复试，取样员应及时在监理工程师和质检员的监督下按取样要求进行取样送检。钢筋按同一牌号、同一规格、同一炉号、每批重量不大于 60t 取一组，复试合格后，才能开始钢筋加工的施工。

2. 钢筋制作过程控制

实际施工过程中，现场施工人员往往不重视对钢筋加工过程的控制，而是等到钢筋现场加工且安装完成后，才进行对钢筋的成品进行质量检查验收，这样往往出现由于钢筋加工不符合要求，造成返工，不但造成浪费而且影响进度，对工期及成本非常不利。因此现场施工人员应经常深入钢筋加工现场了解钢筋加工质量，发现问题及时整改以保证工程的顺利施工，避免造成返工和窝工现象。在钢筋加工制作过程中应注意以下几点：

（1）钢筋加工制作时，先根据钢筋加工料单结合设计图纸进行复核，检查下料单是否有错误和遗漏，核对钢筋的规格、根数及形状是否符合要求。对于特殊构件必须进行放样，对于大批量的构件加工前必须进行试制，合格后方可大批制作，加工好的钢筋要挂牌堆放整齐有序。

（2）钢筋的弯钩和弯折应符合下列规定：

钢筋弯钩形式有三种，分别为半圆弯钩、直弯钩及斜弯钩。钢筋弯曲后，弯曲处内皮收缩、外皮延伸、轴线长度不变，弯曲处形成圆弧，弯起后尺寸不大于下料尺寸，应考虑弯曲调整值。

1）Ⅰ级钢筋末端应做 180°弯钩，其弯弧内直径不应小于钢筋直径的 2.5 倍，弯钩的弯后平直部分长度不应小于钢筋直径的 3 倍。

2）当设计要求末端作 135°弯钩时，Ⅱ级和Ⅲ级钢筋的弯弧内直径不应小于钢筋直径的 4 倍，弯钩的弯后平直部分长度应符合设计要求。

3）钢筋作不大于 90°的弯折时，弯折处的弯弧内直径不应小于钢筋直径的 5 倍。

4）箍筋的末端应作弯钩，除了注意检查弯钩的弯弧内直径外，尚用注意弯钩的弯后平直部分长度应符合设计要求，如设计无具体要求，一般结构不宜小于 5d；对有抗震设防要求的，不应小于 10d（d 为箍筋直径）。对有抗震设防要求的结构，箍筋弯钩的弯折角度应为 135°。

3. 钢筋安装过程中的质量控制

工程的结构安全是保障人民生命财产的根本，而钢筋分项工程是工程结构中的重中之重，钢筋安装是钢筋分项工程质量控制的重点。钢筋安装时，受力钢筋的品种、级别、规格和数量必须符合设计要求。因此作为工程现场的质量员及施工人员等，要做到脚勤、眼勤和嘴勤，这样才能在施工安装过程中及早发现问题及时整改。巡视应特别注意钢筋品种、规格、数量、箍筋加密范围、钢筋锚固长度、接头部位及钢筋除锈等内容，对钢筋的焊接接头、机械连接接头进行外观检验。钢筋分项工程的质量控制是质检员工作的重点之一。

（1）准备工作

1）由专业技术工长对进场工人进行操作前期技术交底，现场弹线，核对需要绑钢筋的规格、直径、形状、尺寸和数量等是否与料单、料牌和图纸相符；

2）准备绑扎用的铁丝、工具盒绑扎架等。

（2）钢筋安装绑扎

1）梁的绑扎

应严格控制梁端支座处的标高，绑扎时还应注意主、次梁的先后顺序，当梁的高度较小时，梁的钢筋架空在梁模板顶上绑扎，然后再落位；当梁的高度较大≥1.0m时，梁的钢筋宜在梁底模上绑扎，其两侧模或一侧模后装。板的钢筋在模板安装后绑扎；梁纵向受力钢筋采取双层排列时，两排钢筋之间应垫以直径≥25mm的短钢筋，以保持其设计距离。箍筋的接头（弯钩叠合处）应交错布置在两根架立钢筋上按要求放置垫块。

2）板的绑扎

在板钢筋绑扎前应按下部钢筋间距要求划线且用墨斗弹成方格网，板筋应左右支座放匀，四周两行钢筋交叉点应每点扎牢，中间部分交叉点可相隔交错扎牢，但必须保证受力钢筋不位移。双层钢筋网应在上层钢筋网下面应设置钢筋撑脚，以保证钢筋位置正确。板上部的负筋，要防止被踩下；特别是雨篷、挑檐、阳台等悬臂板，要严格控制负筋位置，并按要求放置垫块及马凳，以免拆模后断裂。

3）柱的绑扎

柱钢筋的绑扎应在柱模板安装前进行，绑扎前在柱四角沿纵向按间距要求划线，箍筋始终按大中小顺序套制，箍筋的接头（弯钩叠合处）应交错布置在四角纵向钢筋上；箍筋转角与纵向钢筋交叉点均应扎牢（箍筋平直部分与纵向钢筋交叉点可间隔扎牢），绑扎箍筋时绑扣相互间应成八字形，按要求放置垫块。在梁板混凝土浇筑前，在梁面与梁面筋绑扎一套箍筋使柱主筋充分固定以便保证主筋钢筋位置的准确。

4）墙的绑扎

墙钢筋的绑扎也应在模板安装前进行，墙的垂直钢筋每段长度不宜过长应以4～6m为宜，水平钢筋每段长度不宜超过8m，以利绑扎（按钢筋规格的大小确定）。钢筋的弯钩应朝向混凝土内，暗柱应按柱的要求绑扎，墙拉钩在绑扎时用F扳子扳住平直段再用套筒弯弯勾，防止将墙断面拉小。在梁板混凝土浇筑前，在梁面绑扎一道水平筋使墙纵筋充分固定主筋的位置。

（5）钢筋隐蔽验收检查

严格执行"三检"制度，做好混凝土施工前的成品保护工作。现场在加强施工管理的同时，定期对作业班组进行质量技术交底，验收时对照施工图纸核对所有构件的钢筋，对于特殊构件要检查特别细心。注意钢筋的锚固长度、钢筋的间距、箍筋间距及箍筋的加密等。

4. 重要部位及细部的质量控制

钢筋的结构构造，重要的一点就是节点钢筋锚固问题，作为施工人员要对（03G101-1，11G101-1）图集关于钢筋锚固、主筋连接位置、钢筋的排布及构造要求等给予认真理解，理解这些节点的做法，对我们在施工中有很大帮助。

（1）纵向钢筋的锚固

纵向受拉钢筋端头锚固长度是保证钢筋充分发挥其抗拉强度而采用的一种措施，而其长度是与钢筋直径钢筋级别，混凝土强度等级，钢筋外形以及抗震等级有关，应根据设计图上标明的数字或设计规范要求确定。施工人们还常认为梁端的纵筋总锚固只要满足 L_{aE} 即可，而未注意还要保证水平段锚固要≥$0.4L_{aE}$ 的要求，所以对此点也要注意检查。施工中如果直锚不能保证 $0.4L_{aE}$，则需通过设计院变更，将较大直径的钢筋以"等强或等面积"代换为直径较小的钢筋予以满足。而不应用加长直钩度使总锚固长度达到 L_{aE} 的做法。

（2）钢筋的保护层

钢筋保护层的主要作用主要是保护钢筋了，保护层过薄会导致构件受力钢筋处保护层纵向开裂、脱落、主筋外露锈蚀，缩短构件使用年限；保护层过厚会影响主筋与混凝土之间的共同作用，降低构件承载能力。合理控制钢筋的保护层以防止钢筋的锈蚀（保护层过薄）或影响构件的承载能力（保护层过厚），以保证达到设计值的要求，使钢筋与混凝土共同发挥作用。在施工过程中加强对钢筋保护层厚度的合理控制同时有效控制了钢筋的位移，是确保主体工程施工质量的重要环节。

（3）钢筋的位移

保证钢筋在构件中的有效位置，防止钢筋因各种因素发生位移，在施工现场管理过程中，钢筋位移的情况时常发生。钢筋位移对钢筋混凝土结构的受力性能、耐久性和耐火能力都具有很大的影响，直接关系到建筑物的安全和使用寿命。施工中必须高度重视和加强质量控制。钢筋位移主要是因振捣混凝土时碰动钢筋、绑扎不到位及保护层垫块安装不合理等诸多因素造成，实际施工中钢筋位移主要集中表现在：板底筋垫块放置不均匀、垫块间距过大，垫块强度不够，马凳高度不准、马凳数量不够，交叉施工过程施工人员随意踩踏等。墙、柱钢筋根部主筋位移过大、箍筋、水平筋绑扎不牢固，墙面垫块太少、拉钩没有有效控制墙的截面，梁钢筋绑扎不到位，梁、柱、墙及主次梁相交处因钢筋排数多，混凝土浇筑梁顶标高控制不准。梁底垫块不够、梁侧面垫块太少保护层控制不好等。检查要特别注意采用固定卡或临时箍筋加以固定，混凝土浇筑后立即修整钢筋的位置，如有明显位移必须进行处理。

（4）梁、墙及楼板洞口处钢筋补强措施

在一般情况下，对于洞口的加强补筋设计都会针对洞口的大小给予加强处理措施，但在实际施工过程中很容易被遗漏，构件相对薄弱处会引起应力不均匀，易出现混凝土开裂等结构问题，施工检查过程中应注意此项内容。

（5）箍筋加密构造设置

梁柱交接处的钢筋构造包括节点区箍筋的设置和梁柱钢筋在节点处的锚固。箍筋对关键部分的混凝土具有约束作用，对提高节点的抗剪强度有重要作用。一般情况下，箍筋的间距越小，其对混凝土的约束能力就越强，抗剪的能力也就越强。梁柱的交接处包括横梁、纵梁和柱的钢筋三方面的交叉，钢筋密度大，在施工上配置箍筋存在一定的难度。但是往往存在某些设计和施工人员忽视加密节点的钢箍的重要性，对节点所要承受的内力研究不充分，有时甚至忽略了按最小体积配箍率做构造配筋。

8.1.4 钢筋工程施工安全规定

1. 施工现场的安全规定

（1）进入施工现场的作业人员必须佩戴好安全帽，临边和高度在≥2m 时必须佩戴合格的安全带。

（2）钢筋工班组长必须每天进行班前安全活动教育，教育内容必须有针对性，不得以施工内容代替班前安全活动内容。

（3）钢筋加工场地应设置警戒区，装设防护栏杆以及警示标志，严禁无关人员在此停留。按照施工的要求，现场搭设的加工场地地面应平整。

（4）钢筋料头应及时清理，成品堆放要整齐，钢筋工作棚照明灯必须加网罩。

（5）进场后的钢筋卸放在预先指定场所，设置支座并分规格堆放，并做明显标识。

（6）钢筋或骨架堆放时，应设置混凝土或砖砌支垫。堆放带有弯钩的半成品，最上一层钢筋的弯钩，应朝上。

（7）临时堆放钢筋，不得过分集中，应考虑模板，平台或脚手架的承载能力。在新浇混凝土强度未达到 1.2MPa 前，不得堆放钢筋。

（8）新工人进场后应先经过三级安全交底，并经考试合格后方可让其正式上岗。

2. 作业前一般安全规定

（1）作业前必须检查机械设备、作业环境、照明设施，并试运行符合安全要求。作业人员必须经安全培训考试合格，上岗作业。

（2）脚手架上不得集中码放钢筋，应随使用随运送。

（3）操作人员必须熟悉钢筋机械的构造性能和用途。并应按照清洁、调整、紧固、防腐、润滑的要求，维修保养机械。

（4）机械运行中停电时，应立即切断电源。收工时应按顺序停机，拉闸，关好闸箱门，清理作业场所。电路故障必须由专业电工排除，严禁非电工接、拆、修电气设备。

（5）操作人员作业时必须扎紧袖口，理好衣角，扣好衣扣，严禁戴手套。

（6）机械明齿轮、皮带轮等高速运转部分，必须安装防护罩或防护板。

（7）电动机械的电闸箱必须按规定安装漏电保护器，并应灵敏有效。

（8）工作完毕后，应用工具将铁屑、钢筋头清除，严禁用手擦抹或嘴吹。切好的钢材、半成品必须按规格码放整齐。

（9）施工所用的加工机械和连接机械经专业人员检校合格后，按使用功能分别安装就位。现场制订详尽的机械操作规程，机械设专人操作和维护。所有人员均要严格遵守钢筋加工场地和钢筋施工现场的管理制度，按各机械的操作规程施工，并在机械旁边立标志牌。

8.1.5 钢筋机械使用安全措施

1. 使用钢筋除锈机安全措施

（1）检查钢丝刷的固定螺栓有无松动，传动部分润滑和封闭式防护罩及排尘设备等完好情况。

（2）操作人员必须束紧袖口、戴防尘口罩、手套和防护眼镜。

（3）严禁将弯钩成型的钢筋上机除锈。弯度过大的钢筋宜在基本调直后除锈。

（4）操作时应将钢筋放平，手握紧，侧身送料，严禁在除锈机正面站人。整根长钢筋除锈应由二人配合操作，互相呼应。

2. 使用钢筋调直机安全措施

（1）调直机安装必须平稳，料架、料槽应平直，对准导向筒、调直筒和下刀切孔的中心线。电机必须设可靠接零保护。

（2）按调直钢筋直径，选用调直块及速度。调直短于 2m 或直径大于 9mm 的钢筋应低速进行。

（3）在调直块未固定，防护罩未盖好前不得穿入钢筋。作业中严禁打开防护罩及调整间隙。严禁戴手套操作。

（4）喂料前应将不直的料头切去，导向筒前应装一根 1m 长的钢管，钢筋必须先通过钢管再送入调直机前端的导孔内。当钢筋穿入后，手与压辊必须保持一定距离。

（5）机械上不准搁置工具、物件，避免振动落入机体。

（6）圆盘钢筋放入圈梁架上要平稳，乱丝或钢筋脱架时，必须停机处理。

（7）已调直的钢筋，必须按规格、根数分成小捆，散乱钢筋应随时清理堆放整齐。

3. 使用钢筋切断机安全措施

（1）操作前必须检查切断机刀口，确定安装正确，刀片无裂纹，刀架螺栓紧固，防护罩牢靠，然后手搬动皮带轮检查齿轮齿合间隙，调整刀刃间隙，空运转正常后再进行操作。

（2）钢筋切断应在调直后进行，断料时要握紧钢筋。多根钢筋一次切断时，总截面应在规定范围内。

（3）切断钢筋，手与刀口的距离不得少于 15cm。断短料手握端小于 40cm 时，应用套管或夹具将钢筋短头压住或夹住，严禁用手直接送料。

（4）机械运转中严禁用手直接清除刀口附近的断头和杂物。在钢筋摆动范围内和刀口附近，非操作人员不得停留。

（5）发现机械运转异常、刀片歪斜等，应立即停机检修。

4. 使用钢筋弯曲机安全措施

（1）工作台和弯曲工作盘台应保持水平，操作前应检查芯轴、成型轴、挡铁轴、可变挡架有无裂纹或损坏，防护罩牢固可靠，经空运转确认正常后，方可作业。

（2）操作时要熟悉倒顺开关控制工作盘旋转的方向，钢筋放置要和挡架、工作盘旋转方向相配合，不得放反。

（3）改变工作盘旋转方向时必须在停机后进行，即从正转—停—反转，不得直接从正转—反转或反转—正转。

（4）弯曲机运转中严禁更换芯轴、成型轴和变换角度及调速，严禁在运转时加油或清扫。

（5）弯曲钢筋时，严禁超过该机对钢筋直径、根数及机械转速的规定。

（6）严禁在弯曲钢筋的作业半径内和机身不设固定销的一侧站人。弯曲好的钢筋应堆放整齐，弯钩不得朝上。

5. 钢筋冷拉安全措施

（1）根据冷拉钢筋的直径选择卷扬机。卷扬机出绳应经封闭式式导向滑轮和被拉钢筋方向成直角。卷扬机的位置必须使操作人员能见到全部冷拉场地，距冷拉中线不得少于 5m。

（2）冷拉场地两端地锚以外应设置警戒区，装设防护挡板及警告标志，严禁非生产人员在冷拉线两端停留，跨越或触动冷拉钢筋。操作人员作业时必须离开冷拉钢筋2m以外。

（3）用配重控制的设备必须与滑轮匹配，并有指示起落的记号或设专人指挥。配重架提起的高度应限制在离地面300mm以内。配重架四周应设栏杆及警告标志。

（4）作业前应检查冷拉夹具夹齿是否完好，滑轮、拖拉小炮车应润滑灵活，拉钩、地锚及防护装置应齐全牢靠。确认后方可操作。

（5）每班冷拉完毕，必须将钢筋整理平直，不得相互乱压和单头挑出，未拉盘筋的引头应盘住，机具拉力部分均应放松。

（6）导向滑轮不得使用开口滑轮。维修或停机，必须切断电源、锁好箱门。

6. 使用对焊机安全措施

（1）对焊机应有可靠的接零保护。多台对焊机并列安装时，间距不得小于3m，并应接在不同的相线上，有各自的控制开关。

（2）作业前应进行检查，对焊机的压力机构应灵活，夹具必须牢固，气、液压系统应无泄漏，正常后方可施焊。

（3）焊接前应根据所焊钢筋截面，调整二次电压，不得焊接超过对焊机规定直径的钢筋。

（4）应定期磨光短路器上的接触点、电极，定期紧固二次电路全部连接螺栓。冷却水温度不得超过40℃。

（5）焊接较长钢筋时应设置托架，焊接时必须防止火花烫伤其他人员。在现场焊接竖向柱钢筋时，焊接后应确保焊接牢固后再松开夹具，进行下道工序。

8.1.6 施工过程安全控制措施

1. 钢筋制作安全措施

（1）每个工人都应自觉遵守规章制度，严格按规范操作施工机械。

（2）钢材、半成品等应按规格、品种分别堆放整齐。制作场地要平整，操作台要稳固，照明灯具必须加网罩。

（3）拉直钢筋，卡头要卡牢，地锚要结实牢固，拉筋沿线2m区域内禁止行人。人工绞磨拉直，禁止用胸、肚接触推杆；并缓慢松解，不得一次松开。

（4）展开圆盘钢筋要一头卡牢，防止回弹，切断时要先用脚踩牢。

（5）绑扎墙体钢筋，不得站在钢筋骨架上和攀登骨架上下。主筋在4m以上应搭设工作台；竖向钢筋骨架应用临时支撑拉牢，以防倾倒。

（6）绑扎基础钢筋时，应按施工操作规程摆放钢筋支架（马凳）架起上部钢筋，不得任意减少支架或马凳。

（7）钢筋切断机应机械运转正常，方准断料。手与刀口距离不得少于15cm。电源通过漏电保护器，导线绝缘良好。

（8）切断钢筋禁止超过机械负载能力；切长钢筋应有专人扶住，操作动作要一致，不得任意拖拉。切断钢筋要用套管或钳子夹料，不得用手直接送料。

（9）使用卷扬机拉直钢筋，地锚应牢固坚实，地面平整。钢丝绳最少需保留三圈，操作时，不准有人跨越。作业突然停电，应立即拉开闸刀。

（10）严禁操作人员在酒后进入施工现场作业。

2. 钢筋安装安全措施

（1）现场人工断料，所用工具必须牢固。切断小于30cm的短钢筋，应用钳子夹牢，禁止用手把扶，并在外侧设置防护箱笼罩或朝向无人区。

（2）多人合运钢筋，起、落、转、停动作要一致，人工上下传送不得在同一直线上。钢筋堆放要分散、稳当、防止倾倒和塌落。

（3）在高空、深坑绑扎钢筋和安装骨架，须搭设脚手架和马道。

（4）起吊钢筋骨架，下方禁止站人，必须待骨架降落到离地1m以下始准靠近，就位支撑好方可摘钩。

（5）吊运短钢筋应使用吊笼，吊运超长钢筋应加横担，捆绑钢筋应使用钢丝绳千斤头，双条绑扎，禁止用单条千斤头或绳索绑吊。

（6）夜间施工灯光要充足，不准把灯具挂在竖起的钢筋上或其他金属构件上，导线应架空。

3. 钢筋焊接安全措施

（1）焊接作业人员，必须经专业安全技术培训，考试合格，持《北京市特种作业操作证》方准上岗独立操作。非电焊工严禁进行电焊作业。

（2）操作时应穿电焊工作服、绝缘鞋和戴电焊手套、防护面罩等安全防护用品，高处作业时系安全带。

（3）电焊作业现场周围10m范围内不得堆放易燃易爆物品。

（4）雨、雪、风力6级以上（含6级）天气不得露天作业。雨雪后应清除积水、积雪后方可作业。

（5）操作前应首先检查焊机和工具，如焊钳和焊接电缆的绝缘、焊机外壳保护接地和焊机的各接线点等，确认安全合格方可作业。

（6）焊接时临时接地线头严禁浮搭，必须固定、压紧，用胶布包严。

（7）操作时遇下列情况必须切断电源：

① 改变电焊机接头时；

② 更换焊件需要改变二次回路时；

③ 转移工作地点搬动焊机时；

④ 焊机发生故障需进行检修时；

⑤ 更换保险装置时；

⑥ 工作完毕或临时离开操作现场时。

（8）高处作业时必须遵守下列规定：

① 必须使用标准的防火安全带，并系在可靠的构架上。

② 必须在作业点正下方5m外设置护栏，并设专人监护。必须清除作业点下方区域易燃易爆物品。

③ 必须戴盔式面罩。焊接电缆应绑紧在固定处，严禁绕在身上或搭在背上作业。

④ 焊工必须站在稳固的操作平台上作业，焊机必须放置平稳、牢固，设有良好的接地保护装置。

（9）操作时严禁将焊钳夹在腋下去搬被焊工件或焊接电缆挂在脖颈上。

（10）焊接时二次线必须双线到位，严禁借用金属管道、金属脚手架及结构钢筋作回路地线。焊把线无破损，绝缘良好。焊把线必须加装电焊机触电保护器。

（11）焊接电缆通过道路时，必须架高或采取其他保护措施。

（12）焊把线不得放在电弧附近，不得碾压焊把线。

（13）清除焊渣时应佩戴防护眼镜或面罩。

（14）下班后必须拉闸断电，必须将地线和把线分开，并确认火已熄灭方可离开现场。

4. 钢筋机械（直螺纹）连接安全措施

（1）参加施工的作业人员必须经过培训考核合格，并经"三级"安全教育后方能上岗。

（2）清除钢筋连接端头的浮锈、泥浆等，钢筋端部的弯折要预矫直，断料宜用砂轮切割机。

（3）操作前应对压圆设备及滚丝设备进行检查及试运转，符合要求方能作业。

（4）操作人员不能硬拉压圆机的油管或用重物砸压油管，尽可能避开高压胶管的反弹方向，以防伤人。

5. 施工现场安全用电措施

（1）现场照明

照明电线绝缘良好，导线不得随地拖拉。照明灯具的金属外壳必须接零。室外照明灯具距地面不低于 3m，室内距地面不低于 2.4m。

（2）配电箱、开关箱

使用标准电箱，设置漏电保护器并确保完整无损，接线正确。配电箱设总熔丝、分开关，动力和照明分别设置。金属外壳电箱作接地或接零保护。开关箱与用电设备实行一机一闸一保险。同一移动开关箱严禁有 380V 和 220V 两种电压等级。

（3）架空线

架空线必须设在专用电杆上，严禁架设在树或机架上，架空线装设横担和绝缘子。架空线离地 4m 以上，离机动车道 6m 以上。

（4）接地接零

接地采用角钢、圆钢或钢管，其截面不小于 48mm²，一组二根接地间距不小于 2.5m，接地符合规定，转角杆、终端杆及总箱、分配电箱必须有重复接地。

（5）用电管理

安装、维修或拆除临时用电工程，必须由电工完成，电工必须持证上岗，实行定期检查制度，并做好检查记录。

6. 安全文明施工

（1）为确保安全生产，不因安全问题影响到施工作业，在施工前除做好安全交底外，由安全员负责全面检查安全防护、安全设施的到位情况，对发现的问题及时处理，施工过程中专职安全员跟班作业，严格按有关规定要求执行，在树立"安全第一"的认识上，确保施工安全，使现场施工顺利。

（2）钢筋焊接人员必须持证上岗，班前必须进行安全交底。

（3）钢筋在吊运就位过程中，必须由信号工和机械操作人员相互配合，严禁无任何安全防护措施的情况下，私自吊运。

（4）钢筋在绑扎过程中，应加强防护措施。

（5）加工场所产生的垃圾废料及时收集，存放在固定地点，统一清运出去。

（6）加工场所必须按工完场清和一日一清的规定执行。

8.2 焊 接 工 程

8.2.1 焊接的基本原理与分类

金属焊接是指通过适当的手段，如通过加热或加压，或两者并用，并且用或不用填充材料，使两个分离的金属物体（同种金属或异种金属）产生原子（分子）间结合而连接成一体的连接方法。焊接不仅可以解决各种钢材的连接，而且还可以解决铝、铜等有色金属及钛、锆等特种金属材料的连接，因而广泛应用于国民生产与人民生活的各个方面。

按照焊接的特点可以将焊接分为熔化焊、压力焊和钎焊三大类：

1. 熔化焊

（1）气焊：利用气体火焰作为热源，加热并融化焊件和填充金属的焊接方法。气体火焰保护熔池金属，隔绝空气。特点是不需电源，适合薄板。管子及铸铁焊接，效率低。焊件受热大。

（2）电弧焊：焊条电弧焊、埋弧焊、气电焊（气电焊包括 CO_2 气体保护焊、惰性气体保护焊）。

其中惰性气体保护焊包括钨极氩弧焊和熔化极氩弧焊。惰性气体保护焊焊缝质量好，适应性广，可以焊接铝及铝合金，镁、钛、不锈钢、低碳钢。成本较高。效率低。

（3）等离子弧焊。等离子焊接是利用等离子枪将阴极和阳极的自由电弧，压缩成弧柱截面小、高温、高能量密度以及高速度的电弧进行焊接的方法。气体有氮、氩、氦气及氢气。特点是电弧穿透力强。微束等离子弧焊可以焊接 0.02～1.5mm 的薄板。

（4）电渣焊：利用电流通过液态熔渣所产生的电阻热作为热源来融化电极和工件的一种焊接方法。适合厚板、大型铸件、锻件焊接。晶粒粗大、需热处理。

（5）铝热焊。铝热焊是用化学反应热作为热源的焊接方法。把铝热剂放在坩埚内加热，使之发生放热反应，然后注入铸型形成焊缝。

（6）电子束焊。利用加速和聚焦的电子束轰击焊件所产生的热能进行焊接。是动能到热能的转换。加热一个电极，使电子跃出现成电子云、电子被加速、向阳极运动。用于焊接高速钢、钜带。

（7）激光焊。采用高能激光束来使材料熔化并连接，形成优良的接头的工艺。可以焊接宽 0.5mm 的焊缝，最薄可以焊接 0.02mm 的材料。

2. 压力焊

（1）锻焊：是将待焊工件加热到塑性状态，然后给予锻打力以实现连接的方法。

（2）摩擦焊：是将待焊工件表面接触摩擦，产生摩擦热而融化，然后加压的焊接方法。如刀头与柄之间的焊接，要求焊焊件圆界面。

（3）电阻焊（点焊、缝焊、对焊）：将被焊工件压紧与两电极间，并通过电流，利用电流流经工件接触面产生的电阻热将其融化使工件连接的方法。缺点是没有可靠的无损检测方法。优点是热量集中、冶金过程简单、与空气隔绝、操作简单、效率高、设备功率大。广泛适用于汽车生产。

（4）气压焊：用氧气乙炔加热待焊区并加压实现连接的方法。

（5）冷压焊：在室温下对接合处加压使之产生显著变形而焊接的方法。

（6）爆炸焊：利用炸药爆炸产生的冲击力造成焊件迅速碰撞来连接焊接的压焊方法。

（7）高频焊：利用高频电流在工件内产生的电阻热，使焊件熔化然后加压的焊接方法，50～400Hz，焊接速度快，20m/s，适应直缝。

（8）超声波焊：通过把超声能量传送到待焊区，产生局部高温外加一定压力实现焊接。

（9）扩散焊：在一定的温度、压力、保护介质作用下，使工件界面处的原子相互扩散而形成接头的焊接方法。

3. 钎焊

采用熔点比母材低的钎料加热融化，利用液态钎料润湿母材、填充接头间隙并于母材溶解和扩散，从而实现连接的方法。其接头形式多为搭接、套接方式，强度较低，适用冰箱、仪表行业。钎剂、钎料（焊丝）。根据使用钎料的熔点不同分为：

（1）软钎焊：烙铁钎焊、火焰钎焊、感应钎焊，<450℃。

（2）硬钎焊：炉中钎焊、超声波钎焊，>450℃。

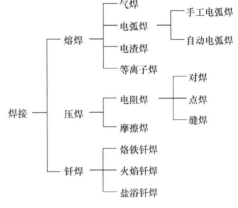

图8.1　焊接的工艺分类

8.2.2　焊接作业安全事项及预防方法

电焊又称电弧焊，这是通过焊接设备产生的电弧热效应，促使被焊金属的截面局部加热熔化达到液态，使原来分离的金属结合成牢固的、不可拆卸的接头工艺方法。根据焊接工艺的不同，电弧焊可分为自动焊、半自动焊和手工焊。自动焊和半自动焊主要用于大型机械设备制造，其设备多安装在厂房里，作业场所比较固定；而手工焊由于不受作业地点条件的限制，具有良好灵活性特点，目前用于野外露天施工作业比较多。由于工作场所差别很大，工作中伴随着电、光、热及明火的产生，因而电焊作业中存在着各种各样的危害。

1. 易引起触电事故

（1）焊接过程中，因焊工要经常更换焊条和调节焊接电流，操作需要直接接触电极和极板，而焊接电源通常是220V/380V，当电气安全保护装置存在故障、劳动保护用品不合格、操作者违章作业时，就可能引起触电事故。如果在金属容器内、管道上或潮湿的场所焊接，触电的危险性更大。

（2）焊机空载时，二次绕组电压一般都在60～90V，由于电压不高，易被电焊工所忽视，但其电压超过规定安全电压36V，仍有一定危险性。假定焊机空载电压为70V，人在高温、潮湿环境中作业，此时人体电阻R约1600Ω，若焊工手接触钳口，通过人体电流I为：$I=V/R=70/1600=44mA$，在该电流作用下，焊工手会发生痉挛，易造成触电事故。

（3）因焊接作业大多在露天，焊机、焊把线及电源线多处在高温、潮湿（建筑工地）

和粉尘环境中，且焊机常常超负荷运行，易使电源线、电器线路绝缘老化，绝缘性能降低，易导致漏电事故。

2. 易引起火灾爆炸事故

由于焊接过程中会产生电弧或明火，在有易燃物品的场所作业时，极易引发火灾。特别是在易燃易爆装置区（包括坑、沟、槽等），贮存过易燃易爆介质的容器、塔、罐和管道上施焊时危险性更大。

3. 易致人灼伤

因焊接过程中会产生电弧、金属熔渣，如果焊工焊接时没有穿戴好电焊专用的防护工作服、手套和皮鞋，尤其是在高处进行焊接时，因电焊火花飞溅，若没有采取防护隔离措施，易造成焊工自身或作业面下方施工人员皮肤灼伤。

4. 易引起电光性眼炎

由于焊接时产生强烈火的可见光和大量不可见的紫外线，对人的眼睛有很强的刺激伤害作用，长时间直接照射会引起眼睛疼痛、畏光、流泪、怕风等，易导致眼睛结膜和角膜发炎（俗称电光性眼炎）。

5. 具有光辐射作用

焊接中产生的电弧光含有红外线、紫外线和可见光，对人体具有辐射作用。红外线具有热辐射作用，在高温环境中焊接时易导致作业人员中暑；紫外线具有光化学作用，对人的皮肤都有伤害，同时长时间照射外露的皮肤还会使皮肤脱皮，可见光长时间照射会引起眼睛视力下降。

6. 易产生有害的气体和烟尘

焊接过程中产生的电弧温度达到 4200℃以上，焊条芯、药皮和金属焊件融熔后要发生气化、蒸发和凝结现象，会产生大量的锰铬氧化物及有害烟尘；同时，电弧光的高温和强烈的辐射作用，还会使周围空气产生臭氧、氮氧化物等有毒气体。长时间在通风条件不良的情况下从事电焊作业，这些有毒的气体和烟尘被人体吸入，对人的身体健康有一定的影响。

7. 易引起高空坠落

因施工需要，电焊工要经常登高焊接作业，如果防高空坠落措施没有做好，脚手架搭设不规范，没有经过验收就使用；上下交叉作业采取防物体打击隔离措施；焊工个人安全防护意识不强，登高作业时不戴安全帽、不系安全带，一旦遇到行走不慎、意外物体打击作用等原因，有可能造成高坠事故的发生。

8. 易引起中毒、窒息

电焊工经常要进入金属容器、设备、管道、塔、储罐等封闭或半封闭场所施焊，如果储运或生产过有毒有害介质及惰性气体等，一旦工作管理不善，防护措施不到位，极易造成作业人员中毒或缺氧窒息，这种现象多发生在炼油、化工等企业。

8.2.3 焊接工程各类危险的防治措施

1. 防触电措施

焊条电弧焊时，电网电压和焊机输出电压以及手提照明灯的电压等都会有触电危险。因此，要采取防止触电措施。或接零。焊接电缆和焊钳绝缘要良好，如有损坏，要及时修理。焊条电弧焊时，要穿绝缘鞋，戴电焊手套。在锅炉、压力容器、管道、狭小潮湿的地沟内焊接时，要有绝缘垫，并有人在外监护。使用手提照明灯时，电压不超过安全电压36V，高空作业时不超过12V。高空作业时，在接近高压线5m或离低压线2.5m以内作业，必须停电，并在电闸上挂警告牌，设人监护。万一有人触电，要迅速切断电源，并及时抢救。

2. 防火灾爆炸措施

（1）易燃易爆场所焊接，焊接前必须按规定事先办理用火作业许可证，经有关部门审批同意后方可作业，严格做到"三不动火"；

（2）正式焊接前检查作业下方及周围是否有易燃易爆物，作业面是否有诸如油漆类防腐物质，如果有应事先做好妥善处理；对在临近运行的生产装置区、油罐区内焊接作业，必须砌筑防火墙；如有高空焊接作业，还应使用石棉板或铁板予以隔离，防止火星飞溅；

（3）如在生产、储运过易燃易爆介质的容器、设备或管道上施焊，焊接前必须检查与其连通的设备、管道是否关闭或用盲板封堵隔断；并按规定对其进行吹扫、清洗、置换、取样化验，经分析合格后方可施焊。

3. 防灼伤措施

（1）焊工焊接时必须正确戴好焊工专用防护工作服、绝缘手套和绝缘鞋；使用大电流焊接时，焊钳应配有防护罩；

（2）对刚焊接的部位应及时用石棉板等进行覆盖，防止脚、身体直接触及造成烫伤；

（3）高空焊接时更换的焊条头应集中堆放，不要乱扔，以免烫伤下方作业人员；

（4）在清理焊渣时应戴防护镜，高空进行仰焊或横焊时，由于火星飞溅严重，应采取隔离防护措施。

4. 预防电光性眼炎措施

焊接电弧强烈的弧光和紫外线对眼睛和皮肤有损害。焊条电弧焊时，必须使用带弧焊护目镜片的面罩，并穿工作服，戴电焊手套。多人焊接操作时，要注意避免相互影响，宜设置弧光防护屏或采取其他措施，避免弧光辐射的交叉影响。

5. 预防辐射措施

焊接时焊工及周围作业人员应穿戴好劳保用品。禁止不戴电焊面罩、不戴有色晴镜直接观察电弧光；尽可能减少皮肤外露，夏天禁止穿短裤和短裙从事电焊作业；有条件的可对外露的皮肤涂抹紫外线防护膏。

6. 防有害气体及烟尘措施

（1）合理设计焊接工艺，尽量采用单面焊双面成型工艺，减少在金属容器里焊接的作业量；

（2）如在空间狭小或密闭的容器里焊接作业，必须采取强制通风措施，降低作业空间有害气体及烟尘的浓度；

（3）尽可能采用自动焊、半自动焊代替手工焊，减少焊接人员接触有害气体及烟尘的机会；

（4）采用低尘、低毒焊条，减少作业空间中有害烟尘含量；

（5）焊接时焊工及周围其他人员应佩戴防尘毒口罩，减少烟尘吸入体内。

此外，6级以上大风时，没有采取有效的安全措施不能进行露天焊接作业和高空作业，焊接作业现场附近应有消防设施。电焊作业完毕应拉闸，并及时清理现场，彻底消除火种。

7. 防高坠措施

（1）登高焊割作业人员必须戴好符合规定的安全帽，使用标准的防火安全带（安全带应符合《安全带》GB 6095 的要求），长度不超过 2m，穿防护胶鞋。安全带上的安全绳的挂钩应挂牢；

（2）登高焊割作业人员应使用符合安全要求的梯子。梯脚需有防滑措施，与地面夹角应小于 60°，上、下端均应放置牢靠。使用人字梯时，要有限跨钩，不准两人在同一梯子上作业。登高作业的平台应带有栏杆，事先应检查，不得使用有腐蚀或机械损伤的木板或铁木混合板制作平台。平台要有一定宽度，以利焊接操作，平台不得大于 1：3 坡度，板面要钉防滑条。使用的安全网要张挺、结实，不准有破损；

（3）登高焊割作业所使用的工具、焊条等物品应装在工具袋内，应防止操作时落下伤人。不得在高处向下抛掷材料、物件或焊条头，以免砸伤、烫伤地面工作人员；

（4）登高焊接作业不得使用带有高频振荡器的焊接设备。登高作业时，禁止把焊接电缆、气体胶管及钢丝绳等混绞在一起，或缠在焊工身上操作。在高处接近 10kV 高压线或裸导线排时，水平、垂直距离不得小于 3m；在 10kV 以下的水平，垂直距离不得小于 1.5m，否则必须搭设防护架或停电，并经检查确无触电危险后，方可操作；

（5）登高焊接作业应设专人监护，如有异常，应立即采取措施；

（6）登高焊割作业结束后，应整理好工具及物件，防止坠落伤人。此外，还必须仔细检查工作地及下方地面是否留有火种，确认无隐患后，方可离开现场；

（7）患有高血压、心脏病、精神病、癫痫病者以及医生认为不宜立登高作业的人员，应禁止进行登高焊割作业；

（8）6 级以上大风、雨、雪及雾等气候条件下，禁止登高焊割作业；

（9）酒后或安全条件不符合要求时，不能登高焊割作业。

8. 防中毒、窒息措施

为防止中毒事故，应加强焊割工作场地（尤其是狭小的密闭空间）的通风措施。在封闭容器、罐、桶、舱室中焊接、切割时，应先打开施焊工作物的孔、洞，使内部空气流通，以防焊工中毒，必要时应由专人监护。

（1）凡在储运或生产过有毒有害介质、惰性气体的容器、设备、管道、塔、罐等封闭或半封闭场所施焊，作业前必须切断与其连通的所有工艺设备，同时要对其进行清洗、吹扫、置换，并按规定办理进设备作业许可证，经取样分析，合格后方可进入作业；

（2）正常情况下应做到每 4 小时分析一次，如条件发生变化应随时取样分析；同时，现场还应配备适量的空（氧）气呼吸器，以备紧急情况下使用；

（3）作业过程应用专人安全监护，焊工应定时轮换作业。对密闭性较强而易缺氧的作业设备，采用强制通风的办法予以补氧（禁止直接通氧气），防止缺氧窒息。

8.3　工程案例

案例 1

1. 事故经过

某市某学校教学楼工程为六层框架结构，建筑面积约 9000m²，抗震等级三级。基础采用静压预应力管桩，基础及主体均采用强度等级为 C30 商品混凝土，由本地一家商品混凝土厂提供，运距约为 5km。外墙采用 MU10 多孔砖，内墙采用 MU2.5 空心砖，合同约定基础以上总工期为 140d。

结构封顶之后，施工单位对第四层竖向构件混凝土强度等级用回弹法检测，发现回弹值不符合设计要求。根据混凝土试块抗压强度检测报告，该层柱 28d 龄期的立方体抗压强度代表值为 $24\sim27N/mm^2$，不满足混凝土强度验收要求。经计算，截面为 500mm×500mm 的中柱存在一定安全隐患，部分边柱承载力也不够。

2. 事故原因调查分析

（1）出现质量问题的混凝土于 7 月某日浇铸，当日气温 $24\sim30℃$，排除气候因素的影响。

（2）混凝土运输过程与施工操作规范，无异常情况。

（3）事故混凝土颜色与正常混凝土无差别，可排除粉煤灰完全替代水泥的可能性；据现场检测和厂家对该批混凝土配合比记录，该批混凝土配合比满足要求。

（4）据施工人员回忆，该批混凝土的流动性特强，混凝土凝结缓慢，混凝土强度发展慢，养护过程中出现异常颜色的液体。

（5）厂家反映其采用了缓凝减水外加剂，具有缓凝和减水两种效应。

根据各方专家勘察和讨论，认定由于第四层柱混凝土外加剂超量引起了强度严重降低，柱承载能力无法满足设计要求，属于施工质量事故，需要进行加固处理。

3. 加固处理原则

本工程采用的外加剂为缓凝型减水剂，在混凝土中只是暂时阻碍了水泥水化反应的进行，延长了混凝土拌合物的凝结时间，并未从本质上改变水泥水化反应及其产物，对混凝土构件强度的损害并不严重，无须拆毁重建。且四层结构柱的外观完好，混凝土具有一定承载力，宜进行加固处理。由于本工程工期限制较严，故在制定处理方案时充分考虑工期因素，并按照结构安全、施工可行、费用经济的原则，决定对事故混凝土采用外包加强的处理方。

案例 2

1. 事故经过

××年 7 月 5 日，某车间水压机在检修时发现，地沟内通往操作阀门的一段管路上有裂纹。经机修工乙与电焊工甲商量，采用焊条电弧焊进行焊补。电焊工甲从地沟口进入地沟，沟内铺了一块草垫，甲卧在草垫上用焊条焊接。操作过程中，焊钳曾在地沟的铁框上接触短路，产生火花，但未引起甲的重视。焊工甲出来取焊条，第二次进入地沟工作。甲的双腿跪在地沟内，其臀部紧靠在地沟口的铁框上，左手在前扶着地面，右手持焊钳举在右侧肩后，低着头正往前钻时，带电的焊钳上夹持的焊条端部不慎触及甲的右侧后颈部，甲当即呼叫一声，便失去知觉。此时，站在地沟口上的乙同声立即跑到 8m 远的电焊机旁断开刀开关，当把甲拖出地沟后，经人工呼吸等多方抢救死亡。

2. 原因分析

（1）电焊工甲使用的焊机空载电压较高，为 100V，大大超过安全电压。（2）由于是夏天在狭窄场所作业，首次焊补时身体已出汗，人体电阻会降低，当甲第二次进入地沟时，其臀部紧靠铁框上，而铁框早已意外带电，当焊条触及颈部时，电流正好通过甲的身体，发生触电。由于环境潮湿、人体出汗、电压较高（达 100V），此时人体电阻可能降至 7700Ω，通过人体的电流可达 130mA，使心脏瘫痪而死亡。

3. 经验教训

在潮湿狭窄的环境下进行电焊作业，必须采取可靠的绝缘措施，并且应由两名焊工轮换作业，互相监护，否则不宜作业；作业中发现异常情况要及时查找原因，消除隐患，如焊钳与铁框接触产生火花能及时排除，也可避免这次事故。电焊机应由专人看管，与焊工及时联系，施焊时合上刀开关，焊后及时切断电源。

第9章 垂直运输工程

垂直运输设施是指担负垂直输送材料和施工人员上下的机械设备和设施。在砌筑施工过程中，各种材料（砖、砂浆）、工具（脚手架、脚手板）及各层楼板安装时，垂直运输量较大，都需要用垂直运输机具来完成。目前，砌筑工程中常用的垂直运输设施有塔式起重机、井字架、龙门架、独杆提升机、建筑施工电梯等。

9.1 物料提升机

9.1.1 分 类

1. 按结构形式的不同，物料提升机可分为龙门架式物料提升机和井架式物料提升机。

（1）龙门架式物料提升机：以地面卷扬机为动力，由两根立柱和天梁构成门架式架体、吊篮（吊笼）在两立柱间沿轨道作垂直运动的提升机；

（2）井架式物料提升机：以地面卷扬机为动力，由型钢组成井字形架体、吊笼（吊篮）在井孔内或架体外侧沿轨道作垂直运动的提升机。

2. 按架设高度的不同，物料提升机可分为高架物料提升机和低架物料提升机。

（1）架设高度在30m（含30m）以下的物料提升机可分为高架物料提升机和低架物料提升机；

（2）架设高度在30m（不含30m）至150m的物料提升机为高架物料提升机。

9.1.2 龙门架式物料提升机

门架式物料提升机（俗称龙门架）主要由底架、立柱、自升平台、吊篮、卷扬机、附墙装置等安全装置等部分组成，如图9.1所示。

1. 底架

底架由槽钢、角钢焊接组成，上面可固定标准节、定滑轮，用于承受所有负荷；下面通过预埋地脚螺栓与基础连成一体。

2. 立柱

立柱由若干个标准节用螺栓连接组成，可根据建筑施工需要增减高度。其种类分为两种：标准型和加强型。标准节的断面常见的有 450mm×600mm、500mm×500mm、600mm×600mm。

3. 自升平台

自升平台由套架及其栏杆、天梁、滑轮、摇头把杆等零部件组成，是拆装人员加高或降低作业时的操作平台。自升平台一般用槽钢、角钢焊接而成，套架内侧装有导轮。

4. 吊笼

吊笼是由型钢焊接而成的一个框架结构，是运送货物的一个篮子，又称吊篮或吊笼。

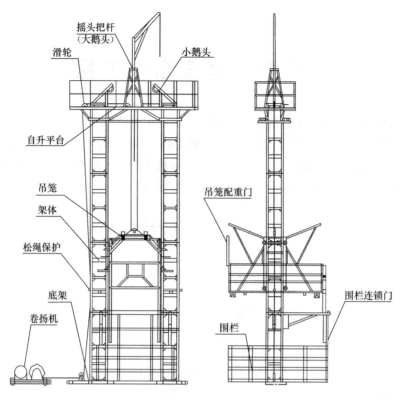

图 9.1 门架式物料提升机

吊笼需四面封闭，防止砖、石子从吊笼中滑落伤人，两侧有防护网，前、后有进出料安全门，高架提升机还须在顶部设置防护顶棚。吊笼上装有停靠装置和防坠保险装置。吊笼进料门一般为机械自落式，吊笼下降到底层时自动打开；吊笼上升时自动关闭，无须人工操作，安全实用。吊笼出料门一般为对重式，需人工开启和关闭。

5. 卷扬机

提升机的卷扬机一般用可逆式电动卷扬机。卷扬机由电动机、变速箱、卷筒、刹车制动器等组成。卷扬机应有防钢丝绳脱槽装置，卷筒直径不小于钢丝绳直径的 30 倍。当吊笼在底部时，卷筒上至少有 3 圈钢丝绳。卷筒两端的凸缘至最外层钢丝绳的距离，不应小于钢丝绳直径的 2 倍。

6. 附墙架

附墙架的主要作用是增强提升机架体的稳定性。因此，附墙架必须将架体与建筑结构进行连接并形成稳定结构，否则会失去主要作用。

7. 安全装置

提升机安全装置主要有：断绳保护装置、安全停靠装置、楼层口停靠栏杆（门）、吊篮安全门、进料口防护棚、落地缓冲装置、高度限位器、重量限制器以及通信联络装置等。

9.1.3 井架式物料提升机

井架式物料提升机主要由底架、立柱角钢、天梁、吊篮、卷扬机、附墙装置及安全装置等部分组成。

1. 架体

架体由底架、立杆、横杆、斜杆、导轨、顶架等部分组成。底架是由底梁、夹板组成的一个矩形框体,并与底节立角钢固定,四角用压板固定于基础上。在立柱角钢上通过翼板连接斜撑杆和横撑杆即可组成一个框架结构体,然后逐层往上加高至需要的高度,再装上顶架即成架体。顶架由天梁及其托架组成,采用槽钢制作,天梁上有两只滑轮。架体内侧有四根导轨,它们一方面作为吊笼运行的导向装置,另一方面又对顶架起到支撑作用。

2. 吊笼

吊笼是由型钢焊接而成,两侧有防护网,前后有防护门,顶部有活动顶盖,便于人员上到顶部进行维修和架设工作。前防护门一般做成自落式,吊笼下降到底层时自动打开。吊笼上装有停靠装置和防坠安全装置,安全装置有楔块式和偏心轮式两种。

3. 卷扬机

卷扬机是井架的动力来源,井架式提升机的卷扬机应符合如下要求:

(1)卷扬机的安装应按产品说明书要求安装在地脚螺栓上,并有金属制作的防护罩,周围要有围护措施;

(2)卷扬机应装有钢丝绳防滑脱装置;

(3)卷扬机操作距离应离卷扬机 5m 以上;

(4)卷扬机机械性能应良好,制动器应灵敏、可靠。

4. 摇臂扒杆

为吊装较长的杆状物料,井字架一般附设摇臂扒杆,摇臂扒杆起重量不大于 600kg。

(1)摇臂扒杆不得装在架体的自由端处;

(2)摇臂扒杆底座要高出工作面,其顶部不得高出架体;

(3)摇臂扒杆应安装保险钢丝绳,起重吊钩应装限位装置;

(4)摇臂扒杆与水平面夹角应在 $45°\sim70°$,转向时不得触及缆风绳。

5. 基础

升降机的基础应有足够的强度以能承受机体和载物的全部荷载。当无设计要求时,低架提升机的基础,应符合下列要求:

(1)土层压实后的承载力,应不小于 80kPa;

(2)浇筑 C20 混凝土,厚度 300mm;

(3)基础表面应平整,水平度偏差不大于 10mm。

6. 附墙装置

当施工提升机安装高度超过最大独立高度后,为保证架体的垂直、稳定和安全,必须安装附墙架。

9.1.4 物料提升机安全事项

1. 安装调试注意事项

(1)安装

1)首先检查地基是否符合规范要求,龙门架的基础,应符合下列要求:

① 土层压实后的承载力应不小于 80kPa。

② 浇筑 C30 号混凝土厚度 500mm。

③ 基础表面应平整，水平偏差不大于 10mm。

④ 基础四周应有排水设施，不得有积水浸泡基础。

2）安装前，首先检查龙门架体的直线度，导轨的平行度，导轨对接点的错位差。

3）安放 5t 电动葫芦在门架横梁上。

4）架设好门架体。

5）进行门架的支撑加固。

（2）调试

1）空载提升装置在全行程范围内作升降、平移、运行三次，验证架体的稳定性，不允许有振颤冲击现象。

2）进行静载试验，将额定静载物悬挂离地面 100～200mm，检查制动夹持的可靠性，起吊物不下滑。

3）升降额定载荷物，使其试运行三次，进行模拟断绳试验，其滑落行程不能超过 100mm。

4）取额定起重量的 125％（按 5％逐级加重）作提升、下降、平移试验（此时不做断绳试验），要求动作准确可靠，无异常现象，金属结构不变形，无裂痕及油漆脱落和连接松动损坏等现象。

（3）安装中技术要求

1）各固定连接件连接必须紧固；

2）门架下和门架周围 5m 内禁止站人，以防物体跌落伤人；

3）5 级风以上禁止安装作业。

（4）安装后整机性能检验

安装完毕应有专门检验人员按标准要求进行下列检验：

1）紧固连接件检验；

2）空载运行试验；

3）额定载荷试验；

4）模拟断绳试验；

5）超载 25％试验，经试验合格后方可投入使用。

（5）操作使用及安全注意事项

1）操作者必须持主管部门颁发的操作证上岗，应熟悉本设备技术性能，能熟练掌握电动葫芦操作，当有危险情况发生时，注意及时停机，拉断总闸，严禁冲顶和冲底事故。

2）安全装置——停层控制必须由专人管理，并按规定进行调试检查，保持灵敏可靠，不能带病运行。一般情况下，每月及暴雨后，需对架体基础，钢丝绳的磨损程度，所有销轴、滚动轮、紧固件、各种弹簧、抱闸等易损件和关键部件等进行一次性全面检查，发现问题及时维修，不能带病运行。

3）导轨表面严禁涂抹任何油脂，以防抱闸失灵。

4）每班首次运行时，应作空载及满载试运行，检查制动灵敏可靠后方可投入运行。

5）安装时，专职的操作机手参加安装调试，以便进行使用和调整维护的技术交底。

6）禁止在 5 级风以上作业，禁止非操作人员启动电动葫芦。

2. 提升机使用中应注意的问题

（1）在雷雨季节使用高度超过 30m 的钢井架设避雷装置，没有装置的井架在雷雨天气暂停使用。

（2）井架自地面 5m 的四周应使用安全网或其他遮挡材料进行封闭，避免吊盘上材料坠落伤人。

（3）吊盘必须有停车安全装置，防止起升钢丝绳破断发生吊盘坠落安全装置和防止发生吊盘冒顶事故的起升限位装置。

（4）应设置卷物机作业棚。

（5）吊盘内的材料应居中放置，同时不要长杆材料和零乱堆放的材料，以免材料坠落或长杆材料卡住井架造成事故。

（6）吊盘不得长时间悬于井架中，应及时落至地面。

（7）卷扬机设置，轨道，钢丝绳和安全装置等应经常检查保养，发现问题及时加以解决，不得在有问题的情况下继续使用。

（8）应经常检查井架的杆件是不是发生变形和连接松动情况。经常观察有没发生地基的不均匀沉降情况，并及时加以解决。

3. 物料提升机管理岗位责任制

（1）项目负责人员责任

1）组织制定物料提升机管理制度、负责检查执行情况，加强对物料提升机管理工作的领导；

2）制订物料提升机管理的计划、目标、措施等，并领导组织实施；

3）负责对物料提升机的维修和管理，合理配备有关人员；

4）负责组织对物料提升机安装和使用人员的技术、业务培训；

5）组织对物料提升机的定期综合检查，定期向企业安全管理部门汇报工作情况，提出改进方案和建议；

6）协助租赁单位对租赁机械的进场、安装、使用、维修的管理，对租赁机械设备做使用前初验与自检。

（2）物料提升机管理责任人岗位责任

1）认真贯彻执行各项机械设备管理规章制度、操作规程，负责检查本项目施工中的执行情况；发现问题及时采取措施，落实整改；

2）协助编制物料提升机安装、拆除、使用及有关管理制度；

3）配合有关部门做好物料提升机安装、使用等特种作业人员的技术培训和考核、复审工作，对违反机械操作规程的作业人员提出处理意见；

4）严格执行公司的机械设备修理、保养、检查制度，掌握现场机械设备的使用、维护及保养计划的执行情况，并积极解决存在的问题；

5）定期对物料提升机进行安全运行检查，切实做好隐患整改工作；

6）监督检查作业人员的持证上岗工作，落实安全技术交底、安全检查交接班等系列管理制度，认真做好各项原始记录；

7）积极协助处理现场机械事故，认真执行"四不放过"原则。

（3）物料提升机操作人员岗位责任

1）操作人员必须身体健康，并经过专业培训合格，取得建设行政主管部门颁发的特种作业人员操作资格证书后，方可上岗作业；

2）必须严格遵守现场机械管理的各项管理制度，执行安全技术交底，对本人所操作的机械安全运行负责；

3）操作前，必须熟悉作业环境和施工条件，按规定穿戴好劳动保护用品。检查机械的安全、防护装置及技术性能等，并进行试运转；

4）操作中需集中思想，不得做与工作无关的事情。作业人员不得擅自离开岗位，严禁无关人员进入提升机作业区、特别是传动系统区域，不准对处在运行中的提升机进行维修、保养或调整等作业；工作完毕后，应将吊笼放至地面，拉闸断电，锁好电闸箱；

5）操作人员有权拒绝来自任何方面的违章、违规命令。当物料提升机的运行与安全发生矛盾时，必须服从安全的要求；

6）当发生故障时，必须由专业人员检测维修，严禁机械带病作业。发生事故或未遂恶性事故时，必须及时抢救，保护现场并立即向上级报告；

7）进行轮流作业时，操作人员应实行交接班制，认真填写机械运转、交接班记录；夜间作业，现场必须有充足的照明；

8）发生提升机设备事故，应严格按《生产安全事故报告和调查处理条例》规定，及时上报和处理，严格按"四不放过"的原则处理提升机事故。

4. 物料提升机安全管理制度

（1）物料提升机安全使用制度

1）物料提升机安装使用方案中应制订使用过程中的定期检测方案，并如实填写安装、使用、检测、自检记录；

2）在进场前，应结合现场的情况，做好安装、调试等部署规划，并绘制出平面布置图；

3）安装前要进行一次全面的维修、保养，达到安全要求后再进行安装；使用期间应按计划实施日常维修和保养；

4）操作人员的配备应保持相对稳定，严格执行定人、定机、定岗位，不得随意调动或顶班；

5）操作人员应严格执行操作规程，凡不按规定执行者均按违章处理；

6）在移动、清理、保养、维修时，必须切断电源，并设专人监护。在设备使用间隙或停电后，必须及时切断电源，挂停用标志牌；

7）凡因违章而发生机械人身伤亡事故者，都要查明事故原因及责任，按照"四不放过"的原则，严肃处理。

（2）安全教育制度

1）物料提升机安全操作知识应纳入"三级安全教育"内容；

2）操作人员必须经过专门的安全技术教育和培训，并经考核合格后，方可持证上岗，上岗人员必须定期接受继续教育；

3）对安装和使用人员的教育内容包括：安全法规、本岗位职责、安全技术、安全知安全制度、操作规程、事故案例、注意事项和有关标准规范等，并有教育记录，归档备查；

4）认真开展班前活动，并结合施工季节、施工环境、施工进度、施工部位及易发生事故的地点等，做好有针对性的分部、分项安全技术交底工作；

5）各项培训记录、考核试卷、标准答案、考核人员成绩汇报表等均应归档备查。

（3）安全检查制度

1）项目部对物料提升机安全检查每月不少于三次。工长、班组长应每天检查一次；

2）按照《建筑施工安全检查标准》JGJ 59—2011 对现场实施定期和不定期检查，重点检查制动和安全装置是否齐全有效；是否带病作业；是否有异常现象；钢结构部分是否开焊、开裂、变形；连接部位是否牢固可靠；是否定期保养、清洁；操作人员是否持证上岗；有无违章指挥、违章作业行为等；

3）对物料提升机的基础、架体垂直度、传动系统等，应定期检查和检测。并认真做好记录，备案待查；

4）对检查中发现的问题要采取相应措施，定人、定时间、定措施地进行整改，并及时进行复查，填写检查和整改记录表；

5）对违章指挥和违章操作行为进行严肃处理，并做好记录。

（4）安装、验收制度

1）凡进场的物料提升机应由有资质的安装队伍进行安装，并且安装人员必须持有效证件上岗；

2）严格按物料提升机验收表要求进行逐项验收；

3）进料口防护棚、立网防护、卸料平台和卸料口防护门等的搭设和安装，要符合安全防护要求；

4）验收完毕，应由有关人员签字确认后，方可投入使用。

9.2 常用索具和吊具

9.2.1 麻 绳

麻绳是起重作业中常用的一种绳索，具有轻便、柔软、易捆绑的特点。但由于其强度不高，磨损较快，受潮后易腐烂，所以只能作为较小重量物件的捆绑绳、起重绳，通常起重量小于 0.5t。

9.2.2 钢 丝 绳

钢丝绳是起重机作业时所使用的绳索，其特点是自重轻、挠性好、强度高、韧性好，在高速运行时无噪声，破坏前有断丝征兆。因此，广泛用于各种起重机上的起重绳、牵引绳以及起重作业中的索绳（吊挂索绳、捆绑索绳）。

根据钢丝捻成股，股再捻成绳的相互方向的不同，可将钢丝绳分为以下三种：

（1）同向捻：钢丝捻成股的方向与股捻成绳的方向相同，又称为顺绕绳。这种绳的挠性好，但使用中容易发生旋转和松散，故只适用于做牵引绳；

（2）交互捻绳：钢丝捻成股的方向与股捻成绳的方向相反，又称为交绕绳。这种绳的挠性不如同向捻绳好，但在使用中不易发生旋转和松散，所以起重机上应用的钢丝绳都是交互捻绳；

（3）混合捻绳：一半同向捻，一半交互捻所形成的钢丝绳即为混合捻绳，又称为混绕绳。这种钢丝绳的生产工艺复杂，钢丝绳的强度高，一般只用作重要的缆绳，起重机上极少使用。

9.2.3　吊　　索

吊索是一种用钢丝绳（6×37 或 6×61 等）制成的吊装索具。吊索主要用于绑扎构件以便起吊。

吊索主要有两种类型：环状吊索（万能吊索/闭式吊索）和轻便吊索（8 股头吊索/开式吊索）。

吊索是用钢丝绳制作而成的，钢丝绳吊索的接头方式包括编接和卡接两种。吊索的接头方式最好采用编接，即将钢丝绳分股拆股，并按一定的方法编插在钢丝绳股内形成一个牢固的接头。当吊索采用钢丝绳夹头（钢丝绳卡）制作时常采用钢丝绳夹头来固定钢丝绳端，钢丝绳夹头主要有骑马式夹头、压板式夹头和拳握式夹头三种，其中，骑马式是最常采用的。

9.2.4　卡　　环

卡环（卸甲）用于吊索之间或吊索构件之间的连接，固定和扣紧吊索。卡环由弯环和销子两部分组成。卡环可以分为螺栓式和活络式两种类型。

9.2.5　横 吊 梁

横吊梁又称铁扁担，主要用于柱和屋架等的吊装，如图 9.2 所示。常用的横吊梁包括以下几种：

① 滑轮横吊；

② 钢板横吊梁；

③ 桁架横吊梁；

④ 钢管横吊梁。

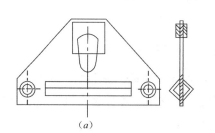
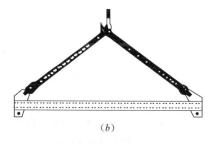

图 9.2　横吊梁

（a）钢板横吊梁；（b）钢管横吊梁

9.3 桅杆式起重机械

9.3.1 桅杆式起重机

桅杆式起重机又称为拔杆或把杆，是最简单的起重设备。一般用木材或钢材制作。这类起重机具有制作简单、装拆方便，起重量大，受施工场地限制小的特点。特别是吊装大型构件而又缺少大型起重机械时，这类起重设备更显它的优越性。但这类起重机需设较多的缆风绳，移动困难。另外，其起重半径小，灵活性差。因此，桅杆式起重机一般多用于构件较重、吊装工程比较集中、施工场地狭窄，而又缺乏其他合适的大型起重机械时。

桅杆式起重机可分为：独脚把杆、人字把杆、悬臂把杆和牵缆式桅杆起重机。

（1）作业前安全技术操作

1）必须查看交接班记录，检查作业条件及环境，检查供配电线路、照明、通信、防护设施等情况，清除障碍物，做好作业区域警示警戒；

2）必须检查卷扬机与地面固定以及地锚、拉索等牢固情况，并检查各卷扬卷筒、钢丝绳、滑轮及吊具等磨损情况；

3）应检查主要金属构件焊缝、螺栓连接等有无裂纹、变形或松动等隐患，检查制动器间隙、闸瓦磨损情况，制动器及减速箱等油量情况；

4）应进行空载试车，试运行各机构动作，并应检查安全装置、电气系统、视频监控系统等运行情况，确认运行正常后方可开始吊载作业；

5）应进行负载试车，检查吊索具选型及性能情况，正确挂钩后，将重物吊起，高度不得超过 0.3m，确认制动装置、安全装置等可靠后，方才能开始正常作业。

（2）作业中安全技术操作

1）起重作业必须满足 WGD370 桅杆式起重机主要技术参数，严禁超重或超范围作业，严格执行"十不吊"的有关规定；

2）在控制电源启动时，司机室应电笛 5 秒的警告声，提醒地面作业人员注意，严禁带货从人员及拖车驾驶室上空越过。在一定时间内无作业，控制电源应自动切断关闭；

3）操作司机应严格按照吊装相关工艺要求，集中精力，听从指挥，应始终把手放在控制操作运动的开关或控制的手柄上，以便在紧急情况下做出快速操作反应；

4）特殊情况外，不准吊载荷在空中长时间停留，如必须停留时，应将载荷高度尽量放低，且司机严禁离开座位，以便随时控制开关和按钮；

5）作业中如发现异响、制动不灵、钢丝绳跳槽、制动器或轴承等温度剧烈上升等异常情况时，应立即停机检查，排除故障后方可使用；

6）作业中遇停电时，必须将控制手柄放回零位，如接到长时间停电通知，应在停电之前将货物落地；

7）多台起重设备同时作业时，互相间应保持一定的安全距离，严禁交叉起吊作业，防止相互碰撞导致机损事故。

（3）作业后安全技术操作

1）作业后，将吊臂收到最小幅度，吊钩升到顶端，吊索具放在专用保管间；

2）起重机故障检修时应切断主电源并挂上警示标志或电源箱加锁，以防止误操作发生触电事故；

3）离开操作室前，应切断电源，电气保护中应设"零位"保护，防止自启动，做好卫生，门窗上锁；

4）认真填写《设备运转日志》，做好交接班工作，接班人要按照标准化操作规定，进行检查试车，清点工具，确定一切正常后，方可接车。交接双方交接完毕签字确认。

9.4 自行式起重机

自行式起重机可分为履带式起重机、汽车式起重机与轮胎式起重机。

9.4.1 履带式起重机

履带式起重机是一种具有履带行走装置的全回转起重机，它利用两条面积较大的履带着地行走，由行走装置、回转机构、机身及起重臂等部分组成，如图 9.3 所示。

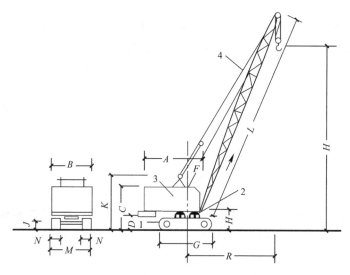

图 9.3 履带式起重机

1—行走装置；2—回旋结构；3—机身；4—起重臂

这种起重机具有操作灵活、使用方便，在一般平整坚实的场地上可以载荷行驶和作业的特点。履带式起重机是结构吊装工程中常用的起重机械。

1. 优缺点

履带式起重机是用履带底盘，靠履带装置行走的起重机履带与地面接触面积大、比重小，可在松软、泥泞地面上作业；牵引系数高、爬坡度大，可在崎岖不平的场地上行驶；履带支承面宽大，稳定性好，一般不需要设置支腿装置。弱点是笨重，行驶速度慢，对路面有损坏作用，制造成本较高。

2. 履带式起重机的安全操作

（1）起重机应在平坦坚实的地面上作业、行走和停放。在正常作业时，坡度不得大于3°，并应与沟渠、基坑保持安全距离；

（2）起重机启动前重点检查项目应符合下列要求：

1）各安全防护装置及各指示仪表齐全完好；

2）钢丝绳及连接部位符合规定；

3）燃油、润滑油、液压油、冷却水等添加充足；

4）各连接件无松动。

（3）起重机启动前应将主离合器分离，各操纵杆放在空挡位置，并应按照规定启动内燃机；

（4）内燃机启动后，应检查各仪表指示值，待运转正常再接合主离合器，进行空载运转，顺序检查各工作机构及其制动器，确认正常后，方可作业；

（5）作业时，起重臂的最大仰角不得超过出厂规定。当无资料可查时，不得超过78°；

（6）起重机变幅应缓慢平稳，严禁在起重臂未停稳前变换挡位；

（7）在起吊载荷达到额定起重量的90%及以上时，升降动作应慢速进行，并严禁同时进行两种及两种以上的动作；

（8）起吊重物时应先稍离地面试吊，当确认重物已挂牢，起重机的稳定性和制动器的可靠性均良好时，再继续起吊。在重物升起过程中，操作人员应把脚放在制动踏板上，密切注意起升重物，防止吊钩冒顶。当起重机停止运转而重物仍悬在空中时，即使制动踏板被固定，仍应脚踩在制动踏板上；

（9）采用双机抬吊作业时，应选用起重性能相似的起重机进行。抬吊时应统一指挥，动作应配合协调。载荷应分配合理，单机的起吊载荷不得超过允许载荷的80%。在吊装过程中，两台起重机的吊钩滑轮组应保持垂直状态；

（10）当起重机如需带载行走时，载荷不得超过允许起重量的70%，行走道路应坚实平整，重物应在起重机正前方向，重物离地面不得大于500mm，并应拴好拉绳，缓慢行驶。严禁长距离带载行驶；

（11）起重机行走时，转弯不应过急；当转弯半径过小时，应分次转弯；当路面凹凸不平时，不得转弯；

（12）起重机上下坡道时应无载行走，上坡时应将起重臂仰角适当放小，下坡时应将起重臂仰角适当放大。严禁下坡空挡滑行；

（13）作业后，起重臂应转至顺风方向，并降至40°～60°之间，吊钩应提升到接近顶端的位置，应关停内燃机，将各操纵杆放在空挡位置，各制动器加保险固定，操纵室和机棚应关门加锁；

（14）起重机转移工地，应采用平板拖车运送。特殊情况需自行转移时，应卸去配重，拆短起重臂，主动轮应在后面，机身、起重臂、吊钩等必须处于制动位置，并应加保险固定。每行驶500～1000m时，应对行走机构进行检查和润滑；

（15）起重机通过桥梁、水坝、排水沟等构筑物时，必须先查明允许载荷后再通过。必要时应对构筑物采取加固措施。通过铁路、地下水管、电缆等设施时，应铺设木板保护，并不得在上面转弯；

（16）用火车或平板拖车运输起重机时，所用跳板的坡度不得大于15°；起重机装上车后，应将回转、行走、变幅等机构制动，并采用三角木楔紧履带两端，再牢固绑扎；后部配重用枕木垫实，不得使吊钩悬空摆动。

9.4.2　汽车式起重机

汽车式起重机是自行式全回转起重机，起重机构安装在汽车的通用或专用底盘上，如图9.4所示。

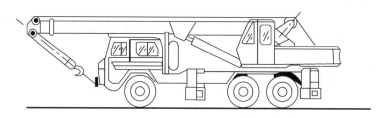

图9.4　汽车式起重机

1. 特点

汽车式起重机最大的特点是机动性好，转移方便，支腿及起重臂都采用液压式，可大大减轻工人的劳动强度。但是超载性能差，越野性能也不如履带式，对道路的要求比履带式起重机更严格。所以在使用时应特别注意安全。

2. 起置作业前的安全检查

（1）检查散热能中的水、汽油箱内的汽油、引擎曲轴箱内的润滑油是否充足，并对各润滑点加油；

（2）检查轮胎气压是否充足；

（3）检查各部件紧固有无松动，各零部件是否完好；

（4）检查钢丝绳的磨损情况，如有无断裂、断股，应按报废标准判定是否应当报废，不准凑合使用。绳卡必须牢固；

（5）检查发动机工作是否正常，启动前所有操作手柄必须放到零位；

（6）检查油、电、气和液压系统是否正常、有无泄漏现象；

（7）将支腿撑好，检查其灵活性、稳定性；

（8）空载试运，检查各运行机构。全部正常后方可投入作业。

9.4.3　轮胎式起重机

轮胎式起重机是把起重机构安装在加重轮胎和轮轴组成的特制底盘上的全回转起重机，如图9.5所示。

1. 主要构造

轮胎式起重机的动力装置是采用柴油发动机带动直流发电机，再由直流发电机发出直流电传输到各个工作装置的电动机。行驶和起重操作在一室，行走装置为轮胎。起重臂为格构式，近年来逐步改为箱形伸缩式起重臂和液压支腿。

2. 特性

轮胎式起重机的机动性仅次于汽车式起重机，行驶时速在28km/h左右。由于行驶与

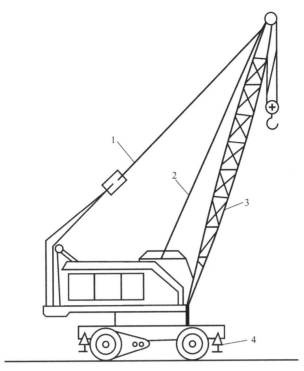

图 9.5　轮胎式起重机

1—起重杆；2—起重索；3—变幅索；4—支腿

起重操作同在一室，结构简化，使用方便。因采用直流电为动力，可以做到无级变速，动作平稳，无冲击感，对道路没有破坏性。但越野性能差，超载能力也差，使用时应加强注意安全。轮胎式起重机广泛应用于车站、码头装卸货物及厂房结构吊装。

3. 轮胎式起重机常见的事故及其原因

自行式动臂起重机，还有履带式起重机等，常见的重大事故就是翻车、坠臂等。这类事故不仅损坏了设备，还会损坏建筑和输电线路，引起火灾，造成人员伤亡等恶性事故。

动臂起重机的起重量是随着起重臂伸出的长短和倾角的大小而变化的。因而，起重量和起重臂倾角必须符合设计规定，否则会造成翻车事故。翻车事故的原因如下：

（1）在起吊重物时落臂，因为起吊的同时落臂，会使起重力矩大大增加；

（2）超载吊运；

（3）地面不平或大风影响，在这种情况下，起吊到一定高度再转臂时可能翻车；

（4）斜吊，因为斜吊会造成超载，并将产生水平拉力使起重机失去稳定而翻车；

（5）基础松软，使支撑器下沉；

（6）起重机的运行速度过高，转弯快，这几种情况都容易失去稳定。

9.5　塔式起重机

塔式起重机的类型较多，按结构与性能特点分为两大类：一般式塔式起重机与自升式塔式起重机。

9.5.1　塔式起重机的种类介绍

1. 一般式塔式起重机

QT1-6 型为上回转动臂变幅式塔式起重机，适用于结构吊装及材料装卸工作，如图 9.6 所示。

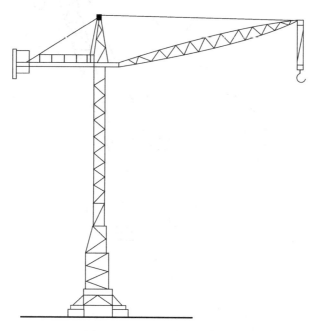

图 9.6　QT1-6 型塔式起重机

2. 自升式塔式起重机

自升式塔式起重机的型号较多，如 QTZ50、QTZ60、QTZ100、QTZ120 等。QT4-10 型多功能（可附着、可固定、可行走、可爬升）自升塔式起重机，是一种上旋转、小车变幅自升式塔式起重机，随着建筑物的增高，利用液压顶升系统而逐步自行接高塔身，如图 9.7 所示。

自升塔式起重机的液压顶升系统主要有：顶升套架、长行程液压千斤顶、支承座、顶升横梁、引渡小车、引渡轨道及定位销等。

液压千斤顶的缸体装在塔吊上部结构的底端支承座上，活塞杆通过顶升横梁支承在塔身顶部，其顶升过程如图 9.8 所示。

3. 爬升式起重机

特点：塔身短，起升高度大而且不占建筑物的外围空间；但司机作业时看不到起吊过程，全靠信号指挥，施工完成后拆塔工作处于高空作业等。图 9.10 为爬升式起重机的爬升示意图。主要型号有 QT5-4/40 型、QT5-4/60 型、QT3-4 型等。

4. 吊臂

由型钢焊接成空间桁架结构，制造时分为数段，这是为了便于运输，使用时相互用销轴纵向连接在一起。吊臂截面呈三角形，两根下弦兼作起重小车的轨道。

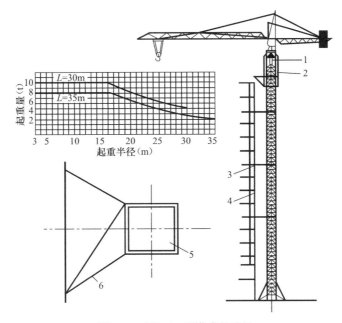

图 9.7　QT4-10 型塔式起重机

1—液压千斤顶；2—顶升套架；3—锚固装置；4—建筑物；5—塔身；6—附着杆

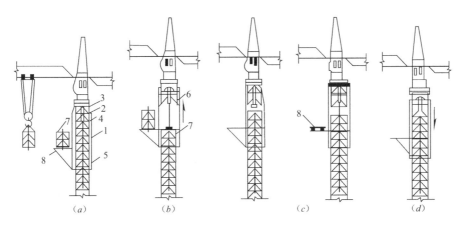

图 9.8　顶升过程

（a）准备状态；（b）顶升塔顶；（c）推入塔身标准节；（d）塔顶和塔身联成整体；

1—顶升套架；2—液压千斤顶；3—支撑座；4—顶升横梁；

5—定位销；6—过渡节；7—标准节；8—摆渡小车

5. 塔身

为提高起重机在工地间转移的性能，塔身设计成可套在一起的内外两部分（上塔身和下塔身），另外还有几个截面尺寸与上塔身相同的标准节（拖运时可卸下），既保证了具有较高的起升高度，又使拖运长度较短，适应狭窄道路转弯半径小的环境。立塔身、加标准节、顶升内塔身靠架设卷筒驱动钢丝绳实现。

6. 转台

转台上布置有塔身、配重、起升结构、回转机构等，绕过塔顶的大拉索也固定在转台上，转台的下部与回转支承装置相连，故转台是一个刚度要求较高的结构件。

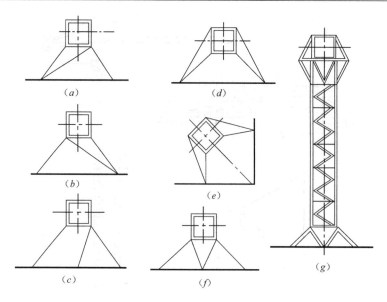

图 9.9 附着杆的布置形式

(a)，(b)，(c)—三杆式附着杆系；(d)，(e)，(f)—四杆式附着杆系；(g) 空间桁架式附着杆系

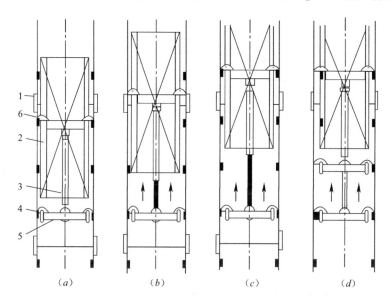

图 9.10 液压爬升机构的爬升过程

(a)，(b)—下支腿支撑在踏步上，顶升塔身；

(c)，(d)—上支腿支撑在踏步上，缩回活塞杆，将活动横梁提起；

1—爬梯；2—塔身；3—液压缸；4—支腿；5—活动横梁

7. 底架

选用水母式底架，使塔式起重机可以弯道上行驶。

电气传动与控制部分主要包括电动机、控制屏及控制器、电气安全装置等。

司机室是司机工作的主要场所。动力取自外部供给的三相电源，经由电缆卷筒、中心滑环送到电气柜，由司机操纵各控制器，可以分别使各机构处于工作或制动状态。当到达运动极限状态或危险状态时，各安全保护机构会做出反应，报警以至自动切断电源，达到保证安全的目的。

9.5.2 塔式起重机的安全保护装置

塔式起重机是高空作业设备，本身又高，覆盖面又大，臂架活动区域往往伸到非施工面范围，加上操作人员和安装人员常常在高空作业，所以安全要求很高。除了施工现场要有严格的安全施工规程以外，在塔机本体上，也设置了一些安全保护装置。在塔机使用中，用户应该要保证这些安全保护装置正常发挥作用。任何忽视安全装置的做法都有可能引起重大事故和损失。现在让我们分别介绍这些安全装置的机理和作用。

1. 起重力矩限制器

塔机的力矩限制器的构造有多种多样，但现在用得最多的是机械式力矩限制器。机械式力矩限制器反应也很直接，不必经过中间量的换算，所以灵敏度可以满足应用要求，这也是它能得以推广应用的主要原因。

上回转塔机的力矩限制器一般安装在塔帽或回转塔身的主弦杆上，下回转塔机的力矩限制器装在平衡拉杆上。其起重力矩是靠平衡拉杆受拉和塔身受压构成力偶来平衡的，所以平衡拉杆的拉力值就可以测量了。这就类似起重量限制器。

2. 起重量限制器

起重量限制器是限制起重量的。其作用一是保护电机，不至于让电机过多超载；再一方面是给出信号，及时切换电机的级数，不至于发生高速档吊重载，防止起升机构出现反转溜车事故。起重量限制器同样也是一个很重要的安全保护装置。

起重量限制多种多样，但其工作原理，归根结底仍然是控制起升钢丝绳的张力，其实本质还是一个张力限制器。

有不少人总以为力矩值反正是幅度乘以重量，所以认为反正塔机有起重量限制，又有幅度限制，力矩自然也限制了，所以不重视力矩限制，这是一个错误的认识。实际上，起重量限制器只限制最大起重量，或者更确切地说是限制钢丝绳张力，所以与起升倍率有关。起重量限制不了力矩。在小幅度下超起重量不一定超力矩，而在大幅度下超力矩时远远不会达到最大起重量，这两者是替代不了的。

3. 高度限位器

起升高度限位器用以限制吊钩的起升高度，以防止吊钩上的滑轮碰吊臂。也就是防止冲顶。冲顶往往会绞断钢丝绳，导致吊钩连同起重物坠落，这是非常危险的事。

高度限位器也有多种多样，较老式的高度限位器常见的有顶杆凸轮式与螺杆螺母碰块式等类型。老式限位装置简便、准确，缺点是体积与自重太大。新一代的高度限位器是一种多功能限位器。所谓多功能限位器，是一个特制的精密的蜗轮蜗杆装置，具体可参见图9.11。

其蜗杆伸出轴为输入轴，可以通过一对开式齿轮与卷筒轴相连，也可以直接连卷筒轴，这要看传动比的需要。蜗轮轴上可装两个或四个凸轮片，当蜗轮转动时，带动凸轮片，控制微动开关的开闭。这种限位装置可以用在起升、变幅、回转等各种场合。

4. 变幅限位器

老式塔机的变幅限位器，采用碰块直接触动限位开关。小车变幅式塔机的小车上装有碰块，臂架头部与根部都装有限位开关，对小车向外或向内行走都有限位，也可把限位器直接安装在牵引卷筒上通过卷筒带动凸轮轴旋转，从中动作设定不同位置时断电触头。

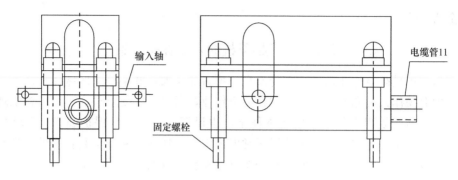

图 9.11　多功能限位器

动臂式塔机变幅时，臂架本身就会改变仰角，这样也可以用限位开关来限制角度的变化。这种直接触动比较准确，但通往限位开关的线缆须敷设较长，限位调整时要在不同位置进行，很不方便。现在较新型的塔机一般使用多功能限位器。

5. 回转限位器

回转限位的目的是防止单方向回转圈数过多，使电缆扭结变形甚至绞断。老式塔机的电缆有带集电环的回转接头，就像电机转子滑环一样。这样不仅成本过高，而且安装也不方便。有了回转限位，就可以防止单方向扭转，电缆回转接头就不必要了。现在的回转限位几乎都使用多功能限位器。其回转运动的输入是在上回转支座上装一个支架，在支架上安装一个带钢板齿轮的多功能限位器，该钢板齿轮与回转支承的大齿圈开式啮合，钢板齿轮的轴与多功能限位器的伸出轴相连，当塔机回转时，大齿圈带动钢板齿轮转动，从而带动限位凸轮，通过微动开关对回转机构的电路加以控制。

6. 大车行走限位和夹轨器

轨道行走式塔机在靠近轨道的终点要设缓冲器与端部止挡，以防止大车超越范围。但是由于塔机大车惯性较大，不能硬性阻车，故在离止挡前面一段距离要设置限位开关，切断行走电路电源，以让大车提早停车。

塔机大车除了设置行走限位以外，还必须防止大风将塔机吹走，以免造成倒塔事故。所以行走式塔机还要设夹轨器，夹轨器分手动式和电动式。

7. 其他安全装置

除了前面介绍过的专用安全装置以外，塔机还有一些别的安全装置。这些另外的安全装置，不是每台塔机都有，但都是实际使用的经验总结，装上它自然有好处。先简单介绍如下：

（1）防牵引断绳溜车装置

臂架小车是靠牵引绳拉动的，牵引绳一般较细，使用久了有可能突然断裂。如果断绳时小车往外走，行走有惯性，就有可能向外溜车。重载情况下向外溜车是很危险的，因为它会增加起重力矩，而且是起重力矩越大，往外溜车趋势也越大，会形成恶性循环。这种事故也发生过。为此就设置了防牵引断绳溜车装置。该装置很简单，就在小车两端设置两块可以绕销轴转动的活动卡板。平时由于牵引绳的支持，活动卡板基本是水平方向，一旦牵引绳断了，卡板失去支持力，重的一头向下，轻的一头向上，插入到臂架水平腹杆区，受腹杆阻卡，使小车溜不动。

（2）防小车断轴下坠装置

塔机工作年份太久，有可能因磨损或其他原因使车轮脱轨，或因小车轴原材料缺陷而断裂，这种状况可能会引发小车下坠。尽管靠用户加强日常检查可以避免一些事故，但发生事故的可能性仍然存在，于是有一些厂家就增加了防小车断轴下坠装置。防断轴下坠装置很简单，实际上只要在小车支架边梁上加四块槽形卡板（每个角用一块）。让臂架主弦杆导轨嵌入其中，但每边留 5mm 的间隙，卡板不接触导轨。平时使用没有任何影响，一旦有一边下落或抬起，槽形卡板就与导轨接触，阻止下落或抬起，确保小车运行脱不开臂架导轨。

（3）夜间防撞警示灯

高塔应该设防撞警示灯，以免发生航空灾难。

（4）风速仪

高塔风力特大，标准规定 6 级风以上不许作业，4 级风以上不许顶升加节，所以风速仪也是塔机重要的安全装置。

（5）避雷针

50m 以上高塔，应该设置避雷针，以防止雷击和塔机产生过大的静电感应。

（6）强迫换速

对最大变幅速度超过 40m/min 的起重机，在小车向外运行时，当起重力矩达到额定值的 80% 时，应自动转换为低速运行。小车行程限位器开关动作后，应保证小车停车时其缓冲距离大于 200mm。

8. 群塔作业要求

（1）同向作业原则：合理安排作业流水段，在两塔及多吊臂交叉区域内尽量避免两塔机臂相交作业。通过对塔机起重臂长的调节控制，相对减少塔机的起吊幅度，对各塔机的高度加以控制，使各个塔机高位塔机起重臂下弦与低位塔机起重臂上弦交叉时落差控制在 2.5m 以上，顶升时按序保持间距顶升，从而避免起重臂直接碰撞。

（2）低塔机让高塔机的原则：在交叉区域，低塔机回转前，应观察高塔机运行情况，确保不会发生臂架与该塔机钢丝绳碰撞后再运行操作。

（3）后塔机让先塔机原则：在两塔机起重臂交叉区域运行时，后进入该区域的塔要避让先进入该区域的先塔。

（4）动塔机让静塔机原则：在两塔机臂交叉区域内作业时，在静塔机起重臂无回转、小车无运行、吊钩无起升，而另一动塔机起重臂有回转或小车运行时，动塔机应避让静塔机。

（5）轻塔机让重塔机原则：在两塔机同时运行时，无载荷塔机应避让有载荷重塔机；

（6）客塔机让主塔机原则：以各单体以及加工堆场的实际工作划分主塔机的工作区域，若客塔机起重臂进入非单体工作区域时，客区域的塔机要避让主区域的塔机。

（7）非运行让运行原则：多塔机区域暂未运行和暂停运行塔机，应将该塔机起重臂转至相交操作区域外进行适当避让。

（8）吊运控距原则：在两塔机起重臂临近交叉区域内作业时，吊物和另塔机任何部位安全距离应＞10m。

（9）暂停和停运原则：暂停和停运时应将塔机起重臂转出相交操作区域外，应将小车运行至臂架里端，避免无人操作时主钩钢丝绳或臂架与相临塔臂架结构互相发生碰撞。

（10）大风停运原则：因大风暂停运行时不得将塔机起重臂回转设置为制动状态和应将小车运行至起重臂里端，避免大风造成主钩钢丝绳与相临塔机起重臂互相碰撞和主钩钢丝绳缠绕，并卸去吊钩上悬挂的钢丝绳。

（11）严格服从指挥的操作指令。各作业人员必须严格执行"十不吊"原则。

9.6　索具设备及锚碇

9.6.1　卷　扬　机

卷扬机又称绞车。按驱动方式可分为手动卷扬机和电动卷扬机。卷扬机在结构吊装中是最常用的工具。

用于结构吊装的卷扬机多为电动卷扬机。电动卷扬机主要由调动机、卷筒、电磁制动器和减速机构等组成。卷扬机分快速和慢速两种。快速电动卷扬机主要用于垂直运输和打桩等作业；慢速电动卷扬机主要用于结构吊装、钢筋冷拉、预应力筋张拉等作业。

选用卷扬机的主要技术参数是卷筒牵引力、钢丝绳的速度和卷筒容绳量。使用卷扬机应当注意：

（1）钢丝绳引入卷筒时应接近水平，并应从卷筒的下面引入，以减少卷扬机的倾覆力矩；

（2）卷扬机在使用时必须做可靠的固定，如做基础固定、压重物固定、设锚碇固定或利用树木、构筑物等作固定。

9.6.2　锚　　碇

锚碇又叫地锚，是用来固定缆风绳和卷扬机的，它是保证把杆稳定的重要组成部分，一般有桩式锚碇和水平锚碇两种，如图9.12所示。

桩式锚碇系用木桩或型钢打入土中而成。水平锚碇可承受较大荷载，分无板栅水平锚碇和有板栅水平锚碇两种。

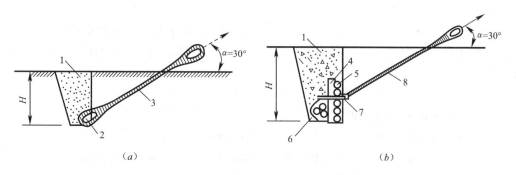

图9.12　水平锚碇构造示意图

（a）拉力在30kN以下；（b）拉力为100～400kN

1—回填土逐层夯实；2—地龙木1根；3—钢丝绳或钢筋；4—柱木；

5—挡木；6—地龙木3根；7—压板；8—钢丝绳圈或钢筋

9.6.3 千 斤 顶

千斤顶又叫举重器、顶重机、顶升机等，是一种用较小的力就能把重物顶升、下降或移位的简单起重机具，也可用来校正设备安装的偏差和构件的变形等。它结构简单，使用方便，在起重作业和设备安装中被广泛应用。千斤顶的顶升高度一般为 400mm，顶升速度一般为 10～35mm/min，起重能力最大可达 500t。

1. 千斤顶的种类

千斤顶按其构造及工作原理的不同，通常分为螺旋式千斤顶、液压式千斤顶和齿条式千斤顶 3 种，其中螺旋式千斤顶和液压式千斤顶较为常用。

2. 千斤顶的构造和技术规格

（1）螺旋式千斤顶

1）固定式螺旋千斤顶。这种千斤顶有普通式和棘轮式两种，在作业时，未卸载前不能作平面移动；

2）LQ 型固定式螺旋千斤顶。这种千斤顶结构紧凑、轻巧，使用方便。它由棘轮组、大小锥齿轮、升降套筒、锯齿形螺杆、主架等组成。当往复扳动手柄时，撑牙推动棘轮组间歇回转，小锥齿轮带动大锥齿轮，使锯齿形螺杆旋转，从而使升降套筒上升或下降。由于推力轴承转动灵活，摩擦力小，因而操作灵敏，工作效率高。螺旋千斤顶既可在竖直方向使用，又可在水平方向使用。但相对液压千斤顶其机械磨损大；

3）移动式螺旋千斤顶。它是一种在顶升过程中可以移动的千斤顶，作业时，它的移动主要是靠其底部的水平螺杆转动，从而使顶起或下降的重物连同千斤顶一同作水平移动。因此，移动式螺旋千斤顶在设备安装施工中用来就方便很适用。

（2）液压千斤顶

液压千斤顶主要由油室、油泵、储油腔、活塞和摇把等组成。工作时，用千斤顶的手动摇把驱动油压泵，将工作油压入油室，推动活塞上升或下降，进而顶起或下落重物。

（3）齿条千斤顶齿条

千斤顶主要由齿条和棘轮等组成。工作时，由 1～2 人转动千斤顶上的手柄，利用齿条的顶端顶起高处的重物。同时，也可用齿条的下脚，顶起低处的重物，比如铁路的起道等，所以齿条千斤顶也叫起道器。另外，在千斤顶的手柄上备有制动时需要的齿轮。

3. 千斤顶安全使用注意事项

（1）千斤顶使用前应擦洗干净，并检查升降螺杆、活塞和其他动作部件是否灵活，有无损伤，液压千斤顶的阀门、皮碗是否良好，油液是否干净；

（2）使用时，千斤顶应放在平整坚实的地面上，如地面松软，应铺设垫板或枕木以扩大承受面积。物件或构件的被顶点应选择坚实的平面部位，并应清洁无油污，以防打滑，同时还需加垫木板以免顶坏物件；

（3）操作时，先将物件稍微顶起一点后即停下来，检查千斤顶底部的垫板是否平整、牢固，千斤顶是否垂直、稳定，如发现有不牢固、不稳定等情况，就必须将千斤顶放下，经处理符合要求后再继续工作。顶升时，应随物件的上升，在其下面及时放入保险垫，脱空距离应保持在 50mm 以内，以防千斤顶倾斜或突然回油而造成事故；

（4）液压千斤顶在降落时，应微开油门使活塞缓慢下降，如油门过大突然下降，容易

造成内部皮碗损坏,使千斤顶不能使用;

(5)千斤顶不得超载使用,每次顶升高度不得超过套筒或活塞上的标志线。无标志线的千斤顶,其顶升高度不得超过螺杆的螺纹或活塞总高的 3/4,以避免将套筒或活塞顶脱,损坏千斤顶而造成事故;

(6)多台千斤顶同时顶升同一物件时,要有专人统一指挥,要动作一致,同起同落,保证重物平稳安全,防止因不协调、不同步造成物件倾倒事故;

(7)千斤顶使用后应存放在干燥、无尘土的地方,不可放在湿潮处,更不能日晒雨淋。

9.7　工程案例

案例 1：工程塔机倾覆事故

1. 事故简介

在某市某花园 7 号工地,该市某建筑公司机运站私招 5 名工人,拆除一台 QTG40 塔机。导致起重臂、平衡臂、顶升套架、回转机构、塔顶等部件从 30m 高处坠落,造成 3 人死亡,一人受伤,塔机报废的重大机械事故(图 9.13)。

图 9.13

2. 事故发生经过

在某市某花园 7 号工地,需拆除一台 QTG40 塔机。此台塔机产权拥有者李某,将塔机的拆除工程承包给该市建筑公司机运站维修安装电工石某,石某私招 5 名工人进行拆卸。当拆卸到第 11 个标准节降到地面后。在塔机未进行调整平衡力矩的情况下,司机徐某违章做出回转动作和变幅小车想内运行的动作并调整顶升套架滚轮与塔机之间的间隙。此时另一个安装工人开动了液压顶升系统进行顶升,液压油管突然爆裂,平衡臂折断后砸向塔身后部,造成塔身剧烈晃动,致使顶升踏步严重变形,失去支撑能力,继而塔机起重臂、平衡臂、顶升套架、回转机构、塔顶等部件整体坠落,塔身折断。在顶升套架作业的人员,除 1 人幸免外,其余 4 人 3 死 1 伤,酿成悲剧。

3. 事故原因分析

在塔机未进行调配平衡力矩的情况下,司机违章做出回转动作和变幅小车向内运行的动作,造成起重臂与配重臂的前后力矩不平衡。此时另一个安装工人开动了液压顶升系统进行顶升,在塔机力矩不平衡的情况下顶升作业,加大了塔身的不稳定性,导致液压油管突然爆裂，平衡臂折断后砸向塔身后部，造成塔身剧烈晃动，致使顶升踏步严重变形，失去支撑能力，继而塔机起重臂、平衡臂、顶升套架、回转机构、塔顶等部件整体坠落，塔身折断。这是此次事故的技术原因。

案例2：某建筑工程井架倒塌事故

1. 事故简介

某市某区某路某建筑工程发生一起垂直运输井架提升机倒塌倾覆事故，造成3人死亡，一人受伤（图9.14）。

（a）   （b）

图9.14

2. 事故发生经过

某市某区某路某项建设的C块3标，工程为8号、12号、13号、17号、20号共5栋7层砖混多层建筑，面积约18000m²，由上海某建设公司承建，监理单位是上海宝山某监理公司。发生事故期间工程主体在2～3层，垂直运输采用井架提升机，已搭设完2台。

该工程项目经理安排架工搭设20号楼井架，在既没有施工方案，也未向作业人员进行详细交底、架工又无特种作业资格证的情况下便开始作业。至12月7日井架搭设高度为22.5m，仅在18m处对角栓了一道缆风绳（直径为6.5mm钢丝绳）。12月8日工作时因天气变化，风力达7级，温度下降，操作人员提出风太大不好干，但项目经理坚持一定要搭完。当井架组装到第18节（高度为27m时），井架整体倾倒在20号楼二层楼面上，缆风绳被拉断，除造成井架上作业的3名人员死亡外，还造成楼面作业的1名工人死亡。本次事故共造成4人死亡。

3. 事故原因分析

（1）技术方面

井架缆风绳不符合规定。《龙门架及井架物料提升机安全技术规范》JGJ 88（以下简称《规范》）规定井架缆风绳应采用直径不小于9.3mm的钢丝绳及每组缆风绳均匀设置不小于4根。而该井架缆风绳应采用直径不小于6.5mm的钢丝绳，因此，其抗破断拉力尚达不到规定的二分之一，不能承受较大的风力；同时，规定每组4根，而该井架只在一对角设置2根，当风向从另一对角刮来时，井架便失稳倒塌。井架安装不符合规定。井架安装过程中组装架体没有采取临时固定措施，而仅仅依靠缆风绳，不能确保安装过程中的稳定性。该井架原只在18m高度处拴了缆风绳，当井架安装到第18节时高度已达27m，过大的悬臂且18m处并非采用了附墙架刚性固定，而是缆风绳弹性连接，因此造成悬臂处

145

弯矩加大，并向下部延伸，破坏了井架的整体稳定性。而且井架安装未与基础预埋钢筋连接，当井架上部倾斜出现水平力时，底部不能抵抗倾覆力矩。

（2）管理方面

井架设计制作后并未按规定进行验收，致使井架设计出现缆风绳过细等不符合《规范》规定的隐患。

在井架搭设前，没按规定编制专项施工方案，作业前又没向作业人员讲明安装程序和应采取的稳定措施，即没作交底，致使安装过程违反规定造成架体失稳。

该项目经理无相应资质，作业人员无上岗证，施工无方案，作业无交底，风力已达 7 级，仍违章指挥强令进行高处作业，一味追求进度而忽视安全技术措施，这样管理混乱、冒险蛮干必然引发事故。

建设单位、监理单位对现场监督管理失控，违章作业及井架存有多处隐患等错误做法未得到制止、改正，使违章任意发展，导致事故发生。

4. 事故的结论和教训

本次事故是一起施工现场管理混乱造成的责任事故，主要原因是由于现场施工负责人违章指挥造成。施工前，不编制方案，不进行交底；施工中，不进行检查，对错误不制止和改正以致形成隐患；遇大风恶劣气候违章指挥，不停止高处作业，又未采取可靠措施，无视法规，无视工人生命安全。本次事故主要责任人是项目经理，但企业的技术负责人和企业法人代表对施工现场管理不过问、不检查应负管理不到位的责任。项目监理无相应资质却独自指挥生产，以致造成事故。

第10章 季 节 施 工

10.1 冬 期 施 工

10.1.1 冬期施工的特点及要求

1. 土方工程冬期施工

（1）冻土的定义与分类

定义：含水的松散岩石和土体，当温度处于0℃或负温时，其水分转变为结晶状态且胶结了松散的固体颗粒，称为"冻土"；温度已达0℃或0℃以下，但不含冰和未被冰所胶结的土体则称为"寒土"。

冻胀：土在冻结后，体积比冻前增大的现象。用冻胀量和冻胀率来表示。

冻结深度：冬期土层冻结的厚度。

冻土的分类：

多年冻土——冻结状态持续3年以上；

季节冻土——每年冬期冻结，夏季全部融化；

瞬时冻土——（冬期）冻结状态仅持续几小时或数日。

（2）地基土的冻胀分类与影响因素

冻胀量：土冻结后平均体积的增量（冻后体积—冻前体积）；

冻胀率：（冻后体积—冻前体积）/冻前体积。

1）地基土的冻胀分类

Ⅰ类不冻胀——冻胀率$K_d \leqslant 1\%$，对基础无任何危害；

Ⅱ类弱冻胀——冻胀率$K_d \leqslant 1 \sim 3.5\%$，不影响建筑物的安全；

Ⅲ类冻胀——冻胀率$K_d \leqslant 3.5 \sim 6\%$，地面松散或隆起，道路翻浆，浅埋基础的建筑物将产生裂缝；

Ⅳ类强冻胀——冻胀率$K_d > 6\%$，道路翻浆严重，浅埋基础的建筑物将可产生严重破坏，即使基础埋深超过冻深，也会因切向冻胀力而使建筑物破坏。

2. 冻胀的主要影响因素

（1）土的类别影响：碎石类土、砂类土一般不冻胀或冻胀较小；粉土和粉质黏土冻胀性大；黏土次之。

（2）含水量的影响：土中含水量是影响土体冻胀程度的重要因素，在没有地下水补

图10.1 强冻胀土

给的情况下，只有超过塑限的那部分含水量会产生冻胀。

（3）土的密度影响：小密度土体冻结时，密度对土体冻胀强度影响甚微；只有当密度达到一定值后冻胀才能减小。

（4）温度对冻胀的影响：负气温持续时间性长，冻胀绝对量大；土温在起始冻温到一3℃之间为冻胀剧烈增长阶段，土温在一3～一7℃时为冻胀缓慢增长阶段，负温再增长，冻胀几乎不再增长。

（5）荷载的影响：在土体上附加荷载能减小土体的冻胀。

3. 地基土的保温防冻

（1）翻松表土耙平法：在预先确定冬期挖土的地面上，将表土翻松并耙平，翻松的土层中充满空气的孔隙可降低土层的导热性。翻松耙平的深度根据当地土层冻结深度确定，一般在入冬之前的秋季进行施工。

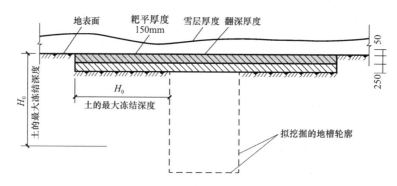

图 10.2　翻松表土耙平法

图 10.3　翻松耙平进行地基土的保温防冻

（2）覆盖保温材料法：对已开挖的基槽（坑），保温材料铺设在基槽（坑）底表土上面，靠近基槽（坑）壁处，保温材料需加厚；对未开挖的基槽（坑），保温材料铺设宽度为土层冻结深度的两倍与基槽（坑）宽度之和。适用于面积较小的地面防冻或较小的基槽（坑）防冻。

（3）覆雪保温法：大面积的土方工程可在地面上设篱笆或雪堤，高度一般为 0.5～1m；基坑（槽）土方工程可在基坑（槽）位置的地面上挖积雪沟，将雪填满，防止未挖掘的土层冻结。适用于降雪量较大的地区。

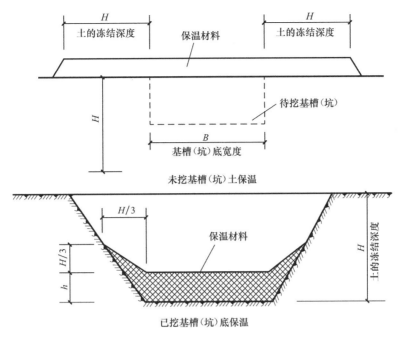

图 10.4 覆盖保温材料法

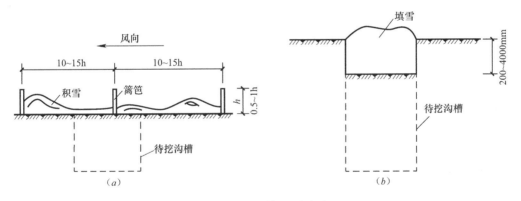

图 10.5 覆雪保温防冻法

(*a*) 设篱笆或雪堤挡雪防冻；(*b*) 挖积雪沟防冻

(4) 暖棚保温法：适用于防止已开挖基坑（槽）基土受冻的方法。一种是在基坑（槽）上面铺设木楞、木板和 15～20mm 的保温材料；另一种是在基坑（槽）底面铺设稻草、炉渣等保温材料，然后搭设塑料大棚。

4. 冻土的开挖

冻期施工可采取先将冻土破碎或利用热源融化，然后挖除掘。

冻土的融化：方法有焖火烘烤法、循环针法、电热法。

(1) 焖火烘烤法是采用锯末、谷壳和刨花等作燃料，适用面积较小，冻土不深，且燃料便宜的地区。

(2) 循环针法有蒸汽和热水两种。

(3) 电热法是用钢筋做电极按照梅花布置打入冻土，通电加热。效果最佳，但能源消耗大，费用高。

冻土的开挖方法有人工、机械、爆破三种：

（1）人工开挖：适用于面积较小的沟槽（坑）和不适宜大型机械的地方，一般是一个人用尖镐刨或 3～4 人一组用铁楔子劈冻土。

（2）机械开挖：当冻土层厚度为 0.4m 以内时，可用挖掘机、松土机等土方机械开掘冻土层；如冻土层厚度超过 0.4～1.2m 时，可用打桩机破碎或重锤击碎冻土，然后用装载机或正、反铲装车运出。

（3）爆破法开挖：冻土层厚度小于 2m 时，应采用爆破法开挖冻土方。

5. 冬期回填土施工

（1）房屋内部不允许用冻土回填。

（2）回填地下管道的沟槽时，管顶上 50cm 厚范围内不得用冻土回填，50cm 以下部分冻土体积不得超过 15%。

（3）构筑物及有路面的道路，路基范围内管沟不得用冻土回填。

（4）为确保冬期回填的质量，必要时可用干砂土进行回填。

（5）所有回填地方，均须排除积水，清除冰块等杂物。其每层填铺厚度一般不超过 20cm，用夯锤实或碾压机压实。

（6）回填土工作应连续进行，防止基土或已填土层受冻。

10.1.2　冬期施工技术要点

1. 准备工作

（1）合理安排好施工项目，对今年竣工的项目在入冬前应集中力量抢装饰、抢收尾，特别是外装修，必须在入冬前完成。在保证年度竣工面积完成的情况下，对施工项目进行适当的调整；对不适于冬期施工的分项工程，如内外装饰、油漆、屋面防水等尽量安排在入冬前或来年开春后进行；

（2）冬期施工前，明确各分部、分项工程技术负责人员和岗位职责，组织有关人员学习《建筑工程冬期施工规程》JGJ 104，根据各自的实际情况编制冬期施工方案（审批后报工程部一份），对其施工程序、防冻、测温及质量安全等方面作周密部署，同时做好冬期施工技术交底，确保每个工序按规范和技术措施组织施工；认真执行质量检验制度，做好质量、安全检查工作，消除质量、安全隐患；应指定专人做好各项冬期施工记录，并妥善归档整理；

（3）入冬前，要对现场的技术员、施工员、材料员、试验员及重要工种的班组长、测温人员、司炉工、电焊工、外加剂掺配和高空作业人员进行培训，掌握有关各施工方案、施工方法和质量标准；

（4）冬期施工期间，对外加剂添加、原材料加热、混凝土养护和测温、试块制作养护、加热设施管理等各项冬施措施都要设专人负责，及时做好各项记录，并由项目技术负责人和质检员抽查，随时掌握实施状况，发现问题及时纠正，切实保证工程质量；

（5）冬期施工期间，应指定专人收听收看天气预报信息，做好记录，并及时向有关人员传达。

（6）冬施中，应用防冻剂或早强剂或它们的复合型。外加剂应严格执行质量认证制度，须具有产品的质量合格证件，并具有省、自治区、直辖市以上级别的技术鉴定证书，实行许可证制度的地区，还应有产品准入许可证。凡不具备上述条件的产品，不得在工程中使用。

2. 现场准备

（1）组织好保温材料、燃料、外加剂和加热设备等的采购供应；

（2）搅拌机棚要封闭，水泥库要加强维护，禁止露天堆放水泥；

（3）现场加热设备、机械、水电设施要加强维修与保养，临时水管、阀门要采取保温措施；

（4）做好冬期施工混凝土、砂浆及掺加外加剂的试配试验工作，提供冬期施工配合比；

（5）做好现场排水工作，防止大面积积水或结冰。已施工完的外露基础及上下管道应及时回填覆盖，防止冻坏；

（6）施工过程中要认真保存好完整的冬期施工资料。

10.1.3 分项工程冬期施工安全措施

1. 土方及基础工程

（1）土方工程应尽量避开冬期施工，如必须在冬期施工，施工方法应作技术经济比较后确定。按确定的施工方法做好充分准备，保证连续施工；

（2）冬期施工时，运输道路和施工现场应采取防滑和防火措施；

（3）冬期开挖的土方工程，为防止土壤冻结，可根据本地条件分别采用翻松表土法、雪覆盖法、覆盖保温材料法和暖棚法等，对土壤进行防冻保温；

（4）已冻结的土壤如需在冬期开挖，可根据土壤冻结深度和实际条件采用烟火烘烤、蒸汽融化、电气加热等方法解冻，待土壤融化后开挖。如无开冻条件可采用人工、机械和爆破等方法开挖；

（5）冬期施工不宜进行地基换土（如用砂石垫层、灰土垫层换人工回填杂土、淤泥质黏土等）。如必须换土，应选用不冻结的砂、石和土壤，在环境温度不低于-5℃的条件下施工；

（6）对于冻胀性土壤，如地基已遭受冻结，应将冻土层全部清除，或将冻土层融化，认真夯实处理。对于非冻胀性土壤亦应将冻土层融化后，方能进行下道工序施工；

（7）冬期土方回填时，每层铺土厚度应比常温施工时减少20%～25%。预留沉陷量应比常规施工时增加；

（8）土方开挖后如不能立即进行下道工序施工，可在基底预留10cm厚的土层并覆盖草袋保温，以防地基土受冻，施工下道工序时再挖出余土至设计标高；

（9）冬期施工挖出的好土要堆好，并加以覆盖，防止受冻结块，影响回填。各种回填应尽量安排在入冬之前回填完；

（10）进行室外基坑（槽）或管沟回填时，冻块含量不得超过回填总量的15%，粒径不得大于15cm，且应均匀分布，管沟底以上50cm范围内不得用含有冻土块的土回填；室内的基坑（槽）、管沟或大面积回填不得用有冻土块的土回填，回填土施工应连续进行并夯实，每层铺土厚度不得超过20cm，夯实厚度宜为10～15cm；

（11）泥浆护壁成孔灌注桩宜在初冬或春融期施工，泥浆温度不得低于5℃，并不得掺氯盐防冻剂；

（12）桩基工程在冬期施工应尽量采用预制桩，打桩前应用钻机钻透冻土或采用融化法融解桩位处的冻土。如设计要求必须采用灌注桩时，应采用蓄热法、综合蓄热法施工。

2. 砌筑工程

（1）冬期施工所用材料应符合下列规定：

1）石灰膏、电石膏等应防止受冻，如遭冻结，应经融化后使用；

2）拌制砂浆用砂，不得含有冰块和大于 10mm 的冻结块；

3）砌体用砖或其他块材不得遭水浸冻；

4）冬期施工砂浆试块的留置，除应按常温规定要求外，尚应增留不少于 3 组与砌体同条件养护的试块，分别用于检验各龄期强度和转入常温 28d 的砂浆强度；

5）基土无冻胀性时，基础可在冻结的地基上砌筑；基土有冻胀性时，应在未冻的地基上砌筑。在施工期间和回填土前，均应防止地基遭受冻结；

6）普通砖、多孔砖和空心砖在气温高于 0℃ 条件下砌筑时，应浇水湿润。在气温低于、等于 0℃ 条件下砌筑时，可不浇水，但必须增大砂浆稠度。抗震设防烈度为 9 度的建筑物，普通砖、多孔砖和空心砖无法浇水湿润时，如无特殊措施，不得砌筑；

7）拌和砂浆宜采用两步投料法。水的温度不得超过 80℃；砂的温度不得超过 40℃。

（2）砂浆使用温度应符合下列规定：

1）采用掺外加剂法时，外加剂的种类要符合国家和地方的有关规定，宜避免使用氯盐，且不应低于 +5℃；当设计无要求，且最低气温等于或低于 -15℃ 时，砌筑承重砌体砂浆强度等级应按常温施工提高 1 级；

2）采用暖棚法时，不应低于 +5℃；

3）采用冻结法时，当室外空气温度分别为 0～-10℃、-11～-25℃、-25℃ 以下时，砂浆最低使用温度分别为 10℃、15℃、20℃；

4）采用暖棚法施工，块材在砌筑时的温度不应低于 +5℃，距离所砌的结构底面 0.5m 处的棚内温度也不应低于 +5℃；

5）在暖棚内的砌体养护时间，应根据暖棚内的温度；

6）在冻结法施工的解冻期间，应经常对砌体进行观测和检查，如发现裂缝、不均匀下沉等情况，应立即采取加固措施；此外无特殊施工要求和无可靠的保障措施时尽量不采用冻结法施工；

7）当采用掺氯盐砂浆法施工时，宜将砂浆强度等级按常温施工的强度等级提高一级，且应遵照地方性规定；

8）配筋砌体不得采用掺氯盐砂浆法施工。

3. 混凝土工程

（1）一般要求

1）冬期施工中，必须防止新浇筑的混凝土遭到早期冻害，选择合适保温措施，使混凝土尽快达到早期强度；

2）混凝土遭到冻害前的抗压强度，即抗冻临界强度，用硅酸盐水泥或普通水泥配置的混凝土不低于设计强度等级的 30%；矿渣水泥配制的混凝土不低于设计强度等级的 40%；C10 以下的混凝土不低于 5MPa；掺防冻剂的混凝土，当室外最低气温不低于

－15℃时不得低于 4MPa，超过－15℃时，不得低于 5MPa；

3）优先选用硅酸盐水泥或普通硅酸盐水泥，矿渣水泥时应优先采用蒸汽养护。配合比中每立方米用量不宜少于 300kg，水灰比不应大于 0.6。

（2）混凝土原材料加热

1）混凝土原材料加热应优先采用加热水的方法，当加热水仍不能满足要求时，再对骨料进行加热。强度等级低于 42.5 的普通硅酸盐水泥、矿渣硅酸盐水泥拌和水温度最高不得超过 80℃，骨料最高温度不得超过 60℃；等级大于或等于 42.5 的硅酸盐水泥、普通硅酸盐水泥拌和水温度最高不得超过 60℃，骨料最高温度不得超 40℃。当水、骨料达到规定温度仍不能满足热工计算要求时，可提高水温到 100℃，但水泥不得与 80℃ 以上的水直接接触；

2）水加热宜采用蒸汽加热、电加热或汽水热交换罐等方法。加热水使用的水箱或水池应予保温，其容积应能使水达到规定的使用温度要求。现场可采用直接加热法，即用铁桶、水箱、锅炉等直接加热；

3）水泥应保持正温，不得直接加热，使用前宜运入仓库或暖棚内。

4. 钢筋工程

（1）在负温条件下使用的钢筋，施工时应加强检验。钢筋在运输和加工过程中应防止撞击和刻痕；

（2）钢筋调直宜采用机械方法，也可采用冷拉方法，冷拉时，其环境温度不低于－20℃；当温度低于时，不得对 HRB335、HRB400、RRB400 级的钢筋进行冷弯操作，以避免在钢筋弯点处发生强化，造成钢筋脆断；预应力钢筋张拉温度不宜低于－15℃；

（3）钢筋负温冷拉方法可采用控制应力方法或控制冷拉率方法。用作预应力混凝土结构的预应力筋，宜采用控制应力方法；不能分炉批的热轧钢筋的冷拉，不宜采用控制冷拉率的方法；

（4）钢筋负温焊接，可采用闪光对焊、电弧焊及气压焊等焊接方法。当环境温度低于－20℃时，不宜进行施焊；

（5）混凝土拌制、运输和浇筑

1）拌制掺用防冻剂的混凝土，在搅拌前，应用热水或蒸汽冲洗搅拌机，搅拌时间应取常温搅拌时间的 1.5 倍；

2）混凝土拌合物的出机温度不宜低于 10℃，入模温度不得低于 5℃，尚应符合冬期热工计算的需要；

3）混凝土所用骨料必须清洁，不得含有冰雪等冻结物；

4）混凝土在浇筑前，应清除模板和钢筋上的冰雪和污垢。运输和浇筑混凝土用的容器应有保温措施；

5）大体积混凝土冬期施工，应防止入模温度过高和混凝土内部水化热过大。因此对水泥品种的选择，配合比的确定，外加剂的掺量，都应结合冬施特点考虑，为防止混凝土内外温差过大，混凝土表面应以保温材料覆盖；

（6）混凝土养护

1）综合蓄热法施工应选用早强剂或早强型复合防冻剂，并应具有减水、引气作用；

2）当在一定龄期内采用蓄热法养护达不到要求时，可采用蒸汽法、暖棚法、电热法等其他养护方法；

3）掺用防冻剂养护的混凝土，当温度降低到防冻剂的规定温度以下时，其强度不应小于 3.5N/mm²。模板和保温层应在混凝土冷却到 5℃后方可拆除。拆模后混凝土的表面温度与环境温度差大于 15℃时，应对混凝土采用保温材料覆盖养护；

（7）保证混凝土冬期施工质量的相关措施

1）检查外加剂质量及掺量，商品外加剂入场后应进行抽样检验，合格后方可使用；检查水、骨料、外加剂溶液和混凝土出罐及浇筑时温度；检查混凝土从入模到拆除保温层模板期间的温度。每一工作班不少于 4 次；

2）混凝土养护期间温度的测量。蓄热法或综合蓄热法养护从混凝土入模开始到受冻临界强度，或混凝土温度降到 0℃或设计温度以前，应至少每隔 6h 测量一次，掺防冻剂的混凝土在强度达到规定的受冻临界强度以前应每隔 2h 测量一次；

3）全部测温孔均应编号，并绘制布置图。测温孔应设在有代表性的结构部位和温度变化大易冷却的部位，孔深宜为 10～15cm，也可为板厚的 1/2 或墙厚的 1/2。测温时，测温仪表应采取与外界气温隔离措施，并留置在测温孔内不少于 3min；

4）检查同条件养护试块的养护条件是否与施工现场结构养护条件一致；

5）同条件养护试件的留置方式和取样数量，应符合下列要求：

① 同条件养护试件所对应的结构构件或结构部位，应由监理（建设）、施工等各方共同选定；

② 对混凝土结构工程中的各混凝土强度等级，均应留置同条件养护试件；

③ 同一强度等级的同条件养护试件，其留置的数量应根据混凝土工程量和重要性确定，不宜少于 10 组，且不应少于 3 组；

④ 同条件养护试件拆模后，应放置在靠近相应结构构件或结构部位的适当位置，并应采取相同的养护方法；

⑤ 同条件养护试件应在达到等效养护龄期时进行强度试验。等效养护期应根据同条件养护试件强度与在标准养护条件下 28d 龄期试件强度相等的原则确定；

⑥ 同条件自然养护试件的等效养护龄期及相应的试件强度代表值，宜根据当地的气温和养护条件，按下列规定确定：

a. 等效养护龄期可采取按日平均温度逐日累计达到 600℃·d 时所有对应的龄期，0℃级以下的龄期不计入；等效养护龄期不应小于 14d，也不宜大于 60d；

b. 同条件养护试件的强度代表值应根据强度试验结果按现行国家标准《混凝土强度检验评定标准》GBJ 107 的规定确定后，乘折算系数取用；折算系数宜取为 1.10，也可根据当地的试验统计结果作适当调整；

c. 冬期施工、人工加热养护的结构构件，其同条件养护试件的等效养护龄期可按结构构件的实际养护条件，由监理（建设）、施工等各方共同确定。

5. 屋面工程

（1）屋面工程一般不宜在冬期施工。如必须在冬期施工，应选择无风晴朗天气进行，气温不宜低于 -10℃，利用日照提高基层温度，以增加卷材与基层的粘结；

（2）屋面找平层宜采用沥青砂浆找平层，若用现抹水泥砂浆找平层可采用掺盐砂浆，但在做防水层前必须达到干燥要求；

（3）用于屋面保温的材料必须保持洁净，不得混入冰雪冻块。用于屋面防水的卷材应存放在正温库房中，随用随运，不得露天堆放。

6. 抹灰工程

（1）冬期室外装饰工程施工前，宜在西、北面应加设挡风措施；

（2）冬期抹灰所采用的砂浆应采取保温防冻措施。室外抹灰砂浆内应掺入能降低冰点的防冻剂，其掺量应由试验确定；室外墙面抹会后要进行涂料施工时，抹灰砂浆内所掺的防冻剂品种，应与所选用的涂料材质相匹配，其掺量和使用效果应通过试验确定；

（3）砂浆应在搅拌棚内集中搅拌，并应在运输中保温，要随用随拌，防止砂浆冻结；

（4）室内抹灰如在砂浆中掺抗冻剂（含氯盐的防冻剂不得用于有油漆墙面的水泥砂浆基层内），其掺量应由试验确定；采用热做法施工时，其环境温度应保持在5℃以上，且直到抹灰层基本干燥为止；

（5）室内抹灰的养护温度，不应低于5℃。水泥砂浆层应在潮湿的条件下养护，并应通风换气。

7. 油漆、涂料工程

大量涂料工程不应安排在冬期施工。如工程急需竣工且量少，则应遵照下列规定施工：

（1）基层必须干燥，否则不允许施工；

（2）当需要在室外施工时，其最低环境温度不应低于5℃；刷浆应保持施工平衡，粉浆类料浆宜采用热水配制，随用随配并作料浆保温，料浆使用温度宜保持在15℃左右；遇有大风、雨、雪时应停止施工；

（3）冬期刷调和漆时，应在其内加入调和漆重量2.5%的催干剂和5%的松香水。

8. 饰面工程

（1）冬期室内饰面工程施工可采用热空气或带烟囱的火炉取暖，并应设有通风、排湿装置。室外饰面工程宜采用暖棚法施工，棚内温度不应低于5℃，并按常温施工方法操作；

（2）冬期施工外墙饰面石材应根据当地气温条件及吸水率要求选材。安装前可根据块材大小，在结构施工时预埋设一定数量的锚固件。采用螺栓固定的干作业法施工，锚固螺栓应做防水、防锈处理。

9. 楼地面工程

（1）冻土不得用作地面下的填土；

（2）砂和砂石垫层不得使用冻结的砂和冻结的天然砂石；施工温度不低于0℃，低于时，应按冬期施工要求，采取相应措施；

（3）面层施工时环境温度不应低于5℃，当低于其温度时应采取相应的冬期措施。

10. 钢结构工程

（1）焊接作业是钢结构冬期施工的重要环节，必须制定可靠措施，保证工程质量；

（2）焊接结构采用沸腾钢时，板厚不宜过大。普通碳素结构钢不得在－20℃以下，低合金结构钢不得在－15℃以下进行冲孔、剪切、锤击或掼摔；

（3）高强螺栓必须在负温下进行终拧时，不得使用冲击力。

11. 建筑采暖卫生与煤气工程

（1）应配合土建工程尽可能在入冬前把暖卫工程安装完，并将安装完的采暖系统、给排水系统水压试验进行完毕。如安装未完而必须冬期试压时，整个建筑物必须封闭良好，根据管径大小、环境温度和试压条件，综合考虑试压方案。试压后立即放净管内存水，防止冻害；

（2）管道冬期施工宜分段开挖，分段铺设，随铺管道随回填。接口部位留出不填，作检查时用，但应加草袋覆盖保温；

（3）在 0℃下施工室外给水、排水管道承插水泥接口或其他黏泥接口时，应把接口清理干净，并烘烤预热至 80℃。接口后立即用黏泥封口，在用草袋锯末保温；

（4）对冬期施工的重点管道、隐蔽管道工程进行水压试验时，应在 5℃气温以上进行，水压结束后及时把水放净，并使用空压机将系统内进行吹扫干净。如无水压试验条件，也可做气压试验，但气压试验压力不应大于工作压力的 1.25 倍；

（5）焊接钢管时，当气温低于−10℃时，应将接口预热，预热温度不低于 150℃；

（6）暖卫系统、给水系统送水前建筑物必须封闭良好，给水系统送水尚应有采暖措施保证时内温度在 5℃以上。送水时要采取分系统、分层、分段进行；

（7）设备、管道、支墩不得直接铺在冻土上。

12. 建筑电气安装工程

（1）外线工程冬期施工，挖冻土坑立杆，一般不宜采用爆破方法；

（2）内线工程冬施应遵守下列规定：

1）电线管敷设前，必须清除管内积雪、积水及其他杂物，并将管道烘干。硬质塑料管敷设环境温度在−15℃以下应停止施工；

2）粘结配件要认真清除墙面或板面的水汽和冰霜，并将表面加热到 70℃左右；

3）采用塑料线配线，应保证施工环境温度在 5℃以上；

（3）电缆工程冬期施工应遵守下列规定：

1）应保证电缆本体温度在 5℃以上。否则，应提前将电缆预热保温。电缆端头及中间接头制作的环境温度应在 5℃以上，并做好防潮处理；

2）冬期敷设电缆，弯曲半径要比规程适当增大，并要清除电缆沟内的积雪和冰块；

3）户外电缆接头不得在 5℃以下灌胶，灌胶时应将电缆头金属外壳预热除潮；

4）制作环氧树脂接头，应将环氧树脂间接加热到 70～80℃方可配料制作；

5）室内墙体开槽电气配管、安装箱盒时，需要使用水泥砂浆稳固，砂浆标号同抹灰，操作环境温度应在 5℃以上。低于 5℃时，应采取升温措施，并在砂浆中掺抗冻剂（含氯盐的防冻剂不得用于有油漆墙面的水泥砂浆基层内），其掺量应由试验确定。

10.2　雨　季　施　工

10.2.1　雨季施工的特点及要求

雨季是指在降雨量超过年降雨量 50％以上的降雨集中季节。特点是降雨量大，降雨日数多，降雨强度强，经常出现暴雨或雷击。降雨会引起工程停工、塌方、基坑浸泡。

1. 雨季施工的特点

（1）突然性：由于暴雨，雨水倒灌、边坡坍塌等事故及山洪、泥石流等灾害往往不期而至，需要及早进行雨季施工的准备和防范措施。

（2）突发性：突发降雨对土木建筑结构和地基持力层的冲刷和浸泡具有严重的破坏性。

（3）持续性：雨季时间很长，阻碍了工程（主要包括土方工程、屋面工程等）的顺利进行，拖延工期。

2. 雨季施工的要求

（1）编制施工组织计划时，要根据雨季施工的特点，将不宜在雨季施工的分项工程提前或延后安排。对必须在雨季施工的工程应制定行之有效的技术措施。

（2）合理进行施工安排，做到晴天抓紧室外工作，雨天安排室内工作，尽量缩小雨天室外作业时间和工作面。

（3）密切注意气象预报，做好抗强台风、防汛等准备工作，必要时应及时加固在建的工程。

（4）做好建筑材料的防雨防潮工作。

3. 雨季施工的准备工作

（1）现场排水：施工现场的道路、设施必须做到排水畅通，尽量做到雨停水干。要防止地面水排入地下室、基础、地沟内。要做好对危石的处理，防止滑坡和塌方。

（2）应做好原材料、成品、半成品的防雨工作：水泥应按"先进先用""后进后用"的原则，避免久存受潮而影响水泥的性能，木门窗等易受潮变形的半成品应在室内堆放，其他材料也应注意防雨及做好材料堆放场地的四周排水工作等。

（3）在雨季前做好施工现场房屋、设备的排水防雨措施。

（4）备足排水需用的水泵及有关器材，准备适量的塑料布、油毡等防雨材料。

10.2.2 雨季施工技术要点

1. 雨季施工原则

以做好防雨、防台风、防汛为依据，做好各项准备工作。

（1）预防为主的原则：做好临时排水系统的总体规划，提前准备做好雨季施工所需材料、设备，编制有针对性的雨季施工措施。

（2）统筹规划的原则：根据"晴外、雨内"的原则，组织合理的工序穿插，对不适宜雨季施工的工程要提前或暂不安排，土方工程、基础工程、地下构筑物工程等雨季不能间断施工的，要调集人力组织快速施工，尽量缩短雨季施工时间。

（3）掌握气象变化情况：重大吊装，高空作业、大体积混凝土浇筑等更要事先了解天气预报，确保作业安全和保证混凝土质量。

（4）安全的原则：现场临时用电线路要绝缘良好，电源开关箱、配电箱、电缆线接头、箱、电焊机等须有防雨措施。

2. 雨季施工的准备工作

雨季施工主要做好是个现场的截水和排水问题。

（1）土方与基础工程

1）雨季进行基坑或边坡土方施工时，应编制切实可行的施工方案、制定有针对性的施工技术措施和安全措施。

2）基坑或边坡土方施工须严格按规定放坡，雨季施工的工作面不宜过大，应逐段、逐片地分期完成。基坑（槽）挖到标高后，及时验收并浇筑混凝土垫层。

3）基坑开挖时，应沿基坑边做小土堤，防止地表水流入基坑；基坑内设排水沟和集水井，及时抽排坑内积水。

4）加强对边坡和支撑稳定状况的监测检查。发现裂缝和塌方及时组织撤离，采取加固措施并确认后，方可继续施工。

5）施工道路距基坑上口≥5m。基坑上口 3m 范围内不得堆物和弃土。

6）混凝土基础施工时应考虑遮盖挡雨和及时排出积水，防止雨水浸泡、冲刷、影响质量。

7）桩基施工前，应整平场地并碾压密实，四周做好排水沟，防止地表松软致使打桩机械倾斜。钻孔桩基础要随钻、随盖、随灌混凝土。下班前不得留有桩孔，防止灌水塌孔。

8）回填土施工前，应排除基坑集水，取土、运土、铺填、压实等工序连续进行，分层夯实回填土。

9）停止人工降水时，应验算箱形基础抗浮稳定性、地下水对基础的浮力。抗浮稳定系数不宜小于 1.2，以防止出现基础上浮或倾斜的重大事故。如抗浮稳定系数不能满足要求时，应继续抽水，直到施工上部结构荷载能满足抗浮稳定系数要求为止。

（2）混凝土工程

1）模板堆放场地不得有积水，垫木支撑处地基应坚实，上部设置防雨措施，雨后及时检查支撑是否牢固。

2）拆模后模板要及时修理并涂刷隔离剂，涂刷前要掌握天气预报，以防隔离剂被雨水冲掉。

3）雨季施工时，应加强对混凝土粗细骨料含水量的测定，及时调整用水量；混凝土浇筑前须清除模板内的积水。

4）混凝土浇筑不得在中雨以上的情况下进行，如突然遇雨，应采取防雨措施，做好临时施工缝，方可收工。

5）雨后继续施工时，先应清除表面松散的石子，对施工缝进行技术处理后，再进行浇筑。

6）混凝土初凝前应采取防雨措施，用塑料薄膜保护。

（3）砌体工程

1）砖在雨季必须集中堆放，不宜浇水。

2）雨期遇大雨必须停工。

3）砌体施工时，内外墙尽量同时砌筑。

4）雨后继续施工，复核已完工砌体的垂直度和标高。

5）稳定性较差的窗间墙、独立砖柱、应加设临时支撑或及时浇筑圈梁。

（4）其他工程的雨季施工

1）塔式起重机路基，必须高出自然地面 15cm，严禁雨水浸泡路基。雨后吊装时，要先做试吊，将构件吊至 1m 左右，往返上下数次稳定后再进行吊装工作。

2）雨天焊接作业须在防雨棚内进行，严禁露天冒雨作业。

3）严禁在雨季中进行屋面防水施工作业。

4）雨天不得进行室外抹灰，至少应能预计 1～2d 的大气变化情况。对已经施工的墙面，应及时注意遮盖，防止突然降雨冲刷。

5）室内抹灰应在屋面防水层施工完后进行，至少应做完屋面找平层，并铺一层油毡。

10.2.3 分项工程雨季施工安全措施

1. 土方工程和基础工程

土方工程和基础工程受雨水影响较大，如不采取有关防范措施，将可能对施工安全及建筑物质量产生严重影响。因此在雨期施工时注意以下几点：

（1）基槽、基坑、管沟必须组织施工时应集中人力、机具尽早完成，挖土时应考虑雨水及地下水对土的影响以免塌方。

（2）雨期开挖基槽（坑）或管沟时，应注意边坡稳定。按规定放坡或用支撑加固，必要时可适当调整边坡角度。施工时应加强对边坡和支撑的检查控制；对于已开挖好的基槽（坑）或管沟要设置支撑；正在开挖的以放缓边坡为主辅以支撑；雨水影响较大时停止施工。

2. 模板工程

（1）遇雨、雾天气及五级以上大风，应停止高空作业。

（2）模板使用前涂刷的脱模剂应防止被雨水冲刷，如遇大雨应及时苫盖。模板被雨水淋湿应及时调整挑选以免影响模板质量。

（3）雨施期间当模板脱膜剂被雨水冲掉后重新涂刷。

（4）大模板堆放场地要硬化、排水畅通，临时支撑架安装要牢固。雨天木方要进行覆盖。

（5）模板安装就位后，应设专人将钢模板串联，接通地线，防止漏电伤人。

3. 脚手架工程

脚手架的安全与稳固性直接影响到工人的生命安全。在雨期施工中，任何麻痹大意和疏忽都可能导致事故发生。因此雨期施工，脚手架应采取如下措施：

（1）加固脚手架基础。很多脚手架是直接立于土石基础之上，雨期如遇大雨浸泡就会沉陷，导致脚手架的支撑悬空或脚手架倾覆。为防止此类事故发生，可在脚手架底部加垫钢板或以条石为基础。

（2）适当添加与建筑物的连接杆件。这样可增加脚手架的整体性与抗倾覆的能力，增加稳固性。

（3）脚手架上的操作平台应做好防滑与防跌落措施，竹跳板应铺满加固，在平台两边加装防护网等。

4. 混凝土工程

（1）尽量避免在雨天浇筑混凝土，大雨天气严禁施工。小雨天气施工时新浇筑的混凝土及时覆盖篷布或塑料布，避免雨水冲刷。在浇筑过程中，遇大雨应立即在合理部位设置施工缝，并铺好防止雨水冲刷混凝土表面的遮盖材料。如混凝土施工不允许间断要在浇筑面上搭设防雨棚，随浇随用防雨材料覆盖。

（2）大面积混凝土浇筑前，要了解2～3天的天气预报，尽量避开大雨。混凝土浇筑现场要预备大量防雨材料，以备浇筑时突然遇雨进行覆盖。钢筋密集无法覆盖处受雨水冲刷部位，必须刷至实处再进行下道工序。混凝土浇筑部位的积水要清理干净。模板隔离层在涂刷前要及时掌握天气预报，以防隔离层被雨水冲掉。

5. 钢筋工程

（1）雨期施工期间焊条存放在干燥的库房内，防止受潮。使用前要经烘干方可使用。

（2）现场加工钢筋要搭设钢筋加工棚，严禁露天作业。

（3）绑扎钢筋及浇筑混凝土前要将钢筋上的泥土、污物清理干净。

（4）钢筋冷拉后要及时加工，加工后的成品或半成品做好防雨措施。

6. 吊装工程

（1）构件堆放地点要平整坚实，周围要做好排水工作，严禁构件堆放区积水、浸泡，防止泥土粘到预埋件上。

（2）雨后吊装时，应首先检查吊车本身的稳定性，确认吊车本身安全未受到雨水破坏时再做试吊，将构件吊至1m左右，往返上下数次稳定后再进行吊装工作。

7. 施工机械

施工机械的防雨防雷及施工现场的用电现场用电的机具设备，必须有防雨设施、安装漏电保护器、接地、接零必须良好；配电盘、开关箱、电焊机、卷扬机必须有防雨和防止人身触电保护措施，并随时维护、检查、维修。

（1）防雨 所有机械棚要搭设固牢，防止倒塌淋雨。机电设备采取防雨、防淹措施，可搭设防雨棚或用防雨布封存，机械安装地点要求略高，四周排水较好。安装接地装置。移动电闸箱的漏电保护装置要可靠灵敏。

（2）防雷击 夏季是雷电多发季节，在施工现场为防止雷电袭击造成事故，必须在钢管脚手架、塔式起重机、物料提升机、人货电梯等安装有效的避雷装置，避雷接地电阻不得大于10Ω。

（3）防触电 施工现场用电必须符合三级配电两级保护，三级电箱作重复接地，电阻小于10Ω；电线电缆合理埋设，不得出现老化或破损的电缆。

8. 原材料、成品及半成品的存放保管工作

做好原材料、成品和半成品的防雨防潮工作。水泥库必须保证不漏水；地面必须防潮，并按"先收先发"、"后收后发"的原则，避免久存受潮而影响水泥的活性。易受潮变形的半成品应在室内堆放，其他材料也应根据其性能做好防雨防潮工作。钢材做好防雨防潮，以免生锈。

9. 雨期施工安全注意事项

雨天施工条件较差，困难较多，各级领导和安全检查员，应积极宣传教育，检查并督促各项雨季施工措施的执行。

（1）加强安全检查，及时发现问题。对建筑物主体、脚手架、施工用电、塔式起重机、物料提升机、模板支撑体系、各小型机械的防雨棚以及临时设施、安全标志牌进行经常性检查，及时发现问题及时排除，对破损处及时修复。

（2）技术人员施工的应做好技术交底工作并有记录。

（3）雨季施工，脚手架斜马道入口应设防护板，斜马道钉防滑条。

（4）注意经雨冲淋材料的使用，要采取处理措施后才能使用，大雨冲刷严重的墙体要拆除重建。

（5）暴风雨时应立即停止室外施工作业，人员迅速撤到安全地方，37℃以上天气尽量避免室外作业。必要时工地应拉断电源。

（6）加强对各类人员的培训教育，加强夏季安全施工常识的学习，提高自我防范能力和应急反应能力。

10.3 工程案例

案例 1：某工程雨季施工坍塌事故分析

1. 事故概况

×年×月×日，某学校学生公寓楼在施工过程中，其东侧发生一起土方坍塌事故，造成 4 人死亡、1 人轻伤，直接经济损失 102 万元。

该公寓楼建筑面积 6000 多平方米，工程造价 548.4 万元。其中 3 号公寓楼加建的工程计划开挖长 10m，宽 3.1m，深 5.5m。由项目部经理与学校校长以口头协议形式承包施工。8 月 3 日，挖至 5.4m 左右时，由于坑道太深，无法将坑中的土运出。晚上下班后，施工人员用 4 根立杆，4 根横杆，上面置铁皮，搭建了临时中转架板。8 月 9 日下午 2 时开工后，班长带领 8 名施工人员继续开挖，下午 3 时左右，厕所西墙及坑道东面的土方突然坍塌，将在坑底作业的 5 人埋入土中。

2. 事故原因分析

（1）直接原因

该学生公寓楼地处湿陷性黄土区，事故发生前多次降雨，造成基坑周边土壤含水量增大。据现场土质测定，坍塌土方含水量为 9.8%～12.5%，正常含水量应在 7% 左右。边坡土壤含水量增高，一方面溶解土壤中的可溶盐，另一方面在微粒间起着润滑作用，使土壤颗粒黏结力削弱，同时在自重作用下，土壤原有结构遭到破坏，强度也随之迅速降低，这是导致事故发生的诱因。

施工过程中，施工人员未按规范要求放坡，未采取必要的基坑支护措施，违章指挥、违法施工是事故发生的直接原因。

（2）间接原因

该学校对该基坑工程未按规定向建设主管部门申报，未进行勘察、设计，未与施工单位签订书面合同，导致此工程脱离相关部门的有效监管，是造成这起事故发生的重要原因。

施工单位对存在隐患的工程，未制定施工组织设计和专项施工方案。作业前未进行安全技术交底，未对施工作业人员进行安全教育培训和提供必要防护用品，施工现场未配备专职安全员，现场安全管理薄弱。

施工人员缺乏安全生产常识，自我保护意识差，违章冒险进入基坑作业。

施工单位对所属项目经理部在安全管理上存在漏洞，安全管理不到位是造成这起事故的又一重要原因。

3. 事故相关责任方

（1）该校校长作为建设单位法定代表人，对基坑工程未进行勘察、设计，未按规定向市建设行政主管部门申报，未与施工单位签订书面合同，导致此工程脱离相关部门的有效监管。

（2）施工单位项目经理作为项目负责人，未组织编制安全施工组织设计和专项施工方案。作业前未进行安全技术交底，未对施工人员进行安全教育培训，未对边坡进行定点监测，当基坑边坡发生沉降或位移时，未能及时预警。施工现场未配备专职安全员，现场安全管理薄弱。

（3）施工班长在组织施工过程中，未按《建筑边坡工程技术规范》设置基坑边坡或采取支护措施，对施工过程中的安全隐患认识不足，未采取必要的防护设施，违章指挥。施工人员缺乏安全生产常识，冒险作业。

4. 事故教训

这是一起由于违反施工技术规范而引发的生产安全责任事故。事故的发生暴露出施工单位在技术管理和安全管理方面都存在重大缺陷。我们应认真吸取事故教训，做好以下几方面工作：

（1）建设工程技术管理是安全生产的主要保障。缺少技术措施盲目施工，就等于是在制造事故。深基坑施工，对于诸如地下水位较高、雨期施工、软土地基和流砂等土质条件、周边建筑、道路影响产生不均匀沉降等问题，都必须在编制施工方案时一并考虑。除此之外，还要编制抢险救援预案。

（2）施工单位在技术管理方面存在缺陷，土方工程要根据土质状况编制施工组织设计和安全专项施工方案，按照规范设置边坡或采取基坑支护措施。基坑周边定点定时实施监测，发现沉降或位移超过设计要求时，及时预警并采取相应措施防止事故发生。施工过程的监督检查是安全生产的有效手段。施工单位一是要进一步健全完善各项安全管理制度，规范劳务队伍、从业人员的管理和使用，抓管理、查隐患，切实加强对所属项目部的管理，认真开展对项目主体和附属工程的安全检查，杜绝此类事故的再次发生。二是要加强安全教育和培训，提高员工自我保护意识，教育从业人员严格遵守安全操作规程，遵守劳动纪律，自觉抵制违章指挥和冒险作业行为。

（3）政府依法监管是维护建筑市场秩序的重要措施。政府有关安全生产主管的部门要从本次事故中吸取教训，进一步强化建筑市场管理，完善安全生产责任制，落实建设项目安全评价制度，加大安全生产监管力度，及时排查各类事故隐患，严防此类事故再次发生。

案例 2：某钢筋混凝土工程冻害事故分析与处理

1. 工程概况

该工程总面积 $1620m^2$，全部为现浇钢筋混凝土梁、板、柱框架结构。1月份浇灌屋面混凝土，采用矿渣硅酸盐水泥，骨料为河砂、卵石，施工使用钢模板。浇灌混凝土当日气温为 5℃ 左右，下午因大风气温降至 −5℃ 以下。操作中途振捣器损坏，仍继续施工，完工后也未进行保温养护。因为急于归还模板，在低温情况下，提前拆模。拆模时即发现板反面呈麻面状，但未引起注意。春节后检查，发现板面剥落，裂缝很多。

2. 钢筋混凝土冻害分析

现场检查混凝土有以下冻害现象：

（1）板面剥落

板面剥落正反两面都存在。板反面覆盖着一层白色的钙化物，用手擦时表层呈粉状脱落并形成麻面。板正面疏松，用木板刮时表层剥落，露出的石子稍加晃动即脱离。混凝土剥落的原因可能是混凝土硬化初期，由于振捣和抹平工作未做好，在板表面形成了含水泥量较多的不透水致密层；另一方面固体颗粒下沉挤密和混凝土硬化收缩后产生泌水，泌出的水由于温度低，不易被蒸发而积存在表层的下边，形成局部多孔体。如果气温下降，则多孔质部分的自由水结冰冻胀，从下向上推挤表层，从而使板面剥落。剥落使板的有效厚度减小，刚度降低，其次板面密实性差，易渗漏水造成板内钢筋锈蚀，影响结构的耐久性。

图 10.6 混凝土板面剥落

图 10.7 混凝土开裂

（2）混凝土强度降低

用回弹仪进行普遍检测，混凝土强度等级大部在 C10～C13 之间，个别较差部位低于 C6。对回弹仪测定强度等级低于 C8 部位凿取块体试压，强度等级低于 C6，其他部位凿取块体试压，强度等级约为 C10，表明混凝土强度普遍低于设计强度等级 C18。

3. 裂缝情况

由于收缩和冻胀，板面不规则的网状龟裂较多。缝宽为 0.1～0.5mm。贯通的裂缝所在板反面覆盖着一层白色的矿物质，略呈咸味。板面混凝土硬化收缩和温度变化引起的收缩，受到楼面结构梁、柱和板相互约束产生的应力，当混凝土抗拉强度低于收缩应力时，便产生了裂缝。由于水沿贯通性的裂缝渗流，混凝土中的矿物盐溶解于水并渗流到板反面凝固，从而沿缝形成一层白色的矿物盐。

4. 相关责任方

（1）建设单位严重违反建设工程管理的有关规定，项目管理混乱。一是对发现的施工质量不符合规范、施工材料不符合要求等问题，未认真督促整改。二是未经设计单位同意，擅自与施工单位变更设计施工方案，且盲目倒排工期赶进度、越权指挥施工。三是未能加强对工程施工、监理、安全等环节的监督检查，对检查中发现的施工人员未经培训、监理人员资格不合要求等问题未督促整改。四是企业主管部门和主要领导不能正确履行职责，疏于监督管理，未能及时发现和督促整改工程存在的重大质量和安全隐患。

（2）监理单位违反有关规定，未能依法履行工程监理职责。一是现场监理对施工单位擅自变更施工方案，未予以坚决制止。在冬期施工关键阶段，监理人员投入不足，有关监理人员对发现施工质量问题督促整改不力。未向有关主管部门报告。二是对现场监理管理不力。

（3）有关主管部门和监管部门对该工程的质量监管严重失职、指导不力。一是当质量监督部门工作严重失职，未制订质量监督计划，未落实重点工程质量监督责任人。对施工方、监理方从业人员培训和上岗资格情况监督不力，对发现的重大质量和安全隐患，未依法责令停工整改，也未向有关主管部门报告。二是省质量监督部门对当地质量监督部门业务工作监督指导不力，对工程建设中存在的管理混乱、施工质量差、存在安全隐患等问题失察。

5. 事故教训

（1）有法不依、监管不力。地方政府有关部门，建设、施工、监理、设计单位都没有严格按照《中华人民共和国建筑法》、《建设工程安全生产管理条例》等有关法规的要求进行建设施工。主要表现在施工单位管理混乱、建设单位抢工期、监理单位未履行监理职责、勘察设计单位技术服务不到位、政府主管部门安全和质量监管不力等。

（2）忽视安全、质量工作，玩忽职守。与工程建设相关的地方政府有关部门、建设、施工、监理、设计等单位的主要领导安全和质量法制意识淡薄，在安全和质量工作中严重失职，安全和质量责任不落实。

第11章 高处作业

凡在坠落高度基准面 2m 以上（含 2m）有可能坠落的高处进行的作业均称为高处作业。由于高处作业活动面小、四周临空、风力大，且垂直面交叉作业多，因此是一项十分复杂危险的工作，稍有疏忽，就将造成严重事故，建筑施工中的高处作业主要包括临边、洞口、攀登、悬空、交叉、操作平台、建筑施工安全网等七种基本类型，这些类型的高处作业是高空作业伤亡事故可能发生的主要地点。

11.1 高处作业须知

11.1.1 高处作业的种类及划分

1. 高处作业级别划分

（1）高处作业高度在 2～5m 时，称为一级高处作业。

（2）高处作业高度在 5～15m 时，称为二级高处作业。

（3）高处作业高度在 15～30m 时，称为三级高处作业。

（4）高处作业高度在 30m 以上时，称为特级高处作业。

2. 高处作业的种类

高处作业的种类分为一般高处作业和特殊高处作业两种。

特殊高处作业包括以下几个类别：

（1）在阵风风力 6 级（风速 10.8～13.8m/s）的情况下进行的高处作业，称为强风高处作业。

（2）在高温或低温环境下进行的高处作业，称为异温高处作业。

（3）降雪时进行的高处作业，称为雪天高处作业。

（4）降雨时进行的高处作业，称为雨天高处作业。

（5）室外完全采用人工照明时进行的高处作业，称为夜间高处作业。

（6）在接近或接触带电体条件下进行的高处作业，统称为带电高处作业。

（7）在无立足点或无牢靠立足点的条件下进行的高处作业，统称为悬空高处作业。

（8）对突然发生的各种灾害事故，进行抢救的高处作业，称为抢救高处作业。

（9）一般高处作业系指除特殊高处作业以外的高处作业。

3. 高处作业的标记

高处作业的分级，以级别、类别和种类做标记。一般高处作业作标记时，写明级别和种类；特殊高处作业做标记时，写明级别和类别，种类可省略不写。例：三级，一般高处作业；一级，强风高处作业；二级，异温高处作业。

4. 以下情况均视为高处作业

（1）凡是框架结构生产装置，虽有护栏，但工作人员进行非经常性作业时有可能发生意外的视为高处作业。

（2）在无平台、护栏的塔、釜、炉、罐等化工设备、架空管道、汽车、特种集装箱上进行作业时视为高处作业。

（3）在高大塔、釜、炉、罐等设备内进行登高作业视为高处作业。

（4）作业下部或附近有排液沟、排放管、液体贮池、熔融物或在易燃、易爆、易中毒区域等部位登高作业视为部位登高作业。

11.1.2　高处作业安全要求

（1）高处作业人员必须经安全教育，熟悉现场环境和施工安全要求。必须严格遵守有关高处作业的安全规定。

（2）凡患有高血压、心脏病、贫血病、癫痫以及其他不适于高处作业的人员不准登高作业。

（3）高处作业人员必须按要求穿戴整齐个人防护用品，安全带的栓挂应为高挂低用。不得用绳子代替，酒后人员不许登高作业。

（4）6级强风或其他恶劣气候条件下，禁止登高作业。抢险需要时，必须采取可靠的安全措施，部门总监、经理要现场指挥，确保安全。

（5）凡高处作业于其他作业交叉进行时，必须同时遵守所有的有关安全作业的规定。交叉作业，必须戴安全帽，并设置安全网。严禁上下垂直作业，必要时设专用防护棚或其他隔离措施。

（6）高处作业所用的工具、零件、材料等必须装入工具袋，上下时手中不得拿物件；必须从指定的路线上下，不准在高处掷材料工具或其他物品；不得将易滚、易滑的工具、材料堆放在脚手架上，工作完毕应及时将工具、零星材料、零部件等一切易坠落物件清理干净，防止落下伤人，上下大型零件时，须采取可靠的起吊工具。

（7）登高作业严禁接近电线，特别是高压线路，应保持间距 2.5m 以上。避免人体或导电体触及电压线路。

（8）在吊笼内作业时，应事先检查吊笼和拉绳是否牢固、可靠，承载物重量不能超出吊笼所承受的额定重量，同时作业人员必须系好安全带，并设有专人监护。

（9）高处作业使用的脚手架，材料要坚固，能承受足够的负荷强度。几何尺寸、性能要求，要按照《建筑施工安全技术统一规范》及当地实际情况的安全要求。

（10）使用各种梯子时，首先检查梯子要坚固，放置要牢稳，立梯坡度一般以 60°左右为宜，并应设防滑装置。梯顶无搭钩，梯脚不能稳固时必须有人扶梯。人字梯拉绳须牢固。金属梯不应在电气设备附近使用。大风中使用梯子必须戴安全帽，并有专人监护。

（11）冬期及雨雪天登高作业时，要有防滑措施。

（12）在自然光线不足或者在夜间进行高处作业时，必须有充足的照明。

（13）坑、井、沟、池、吊装孔等都必须有栏杆栏护或盖板盖严，盖板必须坚固，几何尺寸要符合安全要求。

（14）上石棉瓦（或薄板材料、轻型材料）、瓦楞铁、塑料屋顶工作时，必须铺设坚固、防滑的脚手板，如果工作面有玻璃时必须加以固定。

（15）非生产高处作业如：打扫卫生、贴刷标语，擦玻璃等需要登高也要按高处作业要求去做，系好安全带，并且要把安全带拴在牢固的构筑物上。

11.1.3　高空作业安全技术措施

（1）凡在坠落高度基准面2m及以上有可能坠落的高处进行的作业，叫高处作业。进行高处作业施工，应使用脚手架、平台、梯子、防护围栏、挡脚板、安全带和安全网等安全防护设施。高处作业安全防护设施的主要受力杆件，必须通过力学计算，满足施工使用要求后搭设。

（2）高处作业前，工程项目部应对安全防护设施进出行验收，经验收合格后方可作业。需要临时拆除或变动安全设施的，应经项目部技术负责人审查批准后方可实施。安全设施使用完毕需拆除时，设警戒区，派专人监护。拆除时先上后下，禁止上下同时拆除。

（3）制定安全生产责任制、安全检查制度，高处作业前逐级进行安全技术交底及教育，从事高处作业人员应接受高处作业安全知识的教育；特殊工种高处作业人员应持证上岗，上岗前应依据有关规定进行安全技术交底。采用新工艺、新技术、新材料和新设备的，应按规定对作业人员进行相关的安全技术教育。

（4）高处作业人员应尽可能地选用熟练工人，且经过体验合格后方可上岗。项目部应为作业人员提供合格的安全帽、安全带等必备的个人防护用具，作业人员应按规定正确佩戴和使用。建立劳保用品发放登记卡，并在实物上作标记。项目部组织人员半月进行一次劳保用品检查，做记录；班组长班前班后检查；个人在施工过程中自检。发现有损坏，立即更换。

（5）高处作业人员应配有工具袋，工具、螺丝、焊条及零星废料头应随手放入工具袋，完工后，随人及时带回地面。高处禁止摆放任何未固定的物件，以防坠落。

（6）高处作业中的走道、安全通道要保证畅通，物件、余料、废料不得任意乱置，更不得向下丢弃。传递物件用绳子系住，做到工完场清。

（7）高处作业所用工具、材料严禁投掷，上下立体交叉作业时，中间须设隔离设施。

（8）用于高处施工的机械设备，进场前由项目专业人员进行仔细检查，确认完好才准许进场，并有设备完好登记卡，定期或不定期的进行检查，检查情况应进行记录。

（9）高处作业应设置可靠扶梯，作业人员应沿着扶梯上下，不得沿着立杆与栏杆攀登。

（10）在雨天确需高处作业时应采取切实可靠的防滑措施，当风速在1.8m/s以上和雷电、雷雨大雾气候条件下，不得露天高处作业。

（11）高处作业上下应有联系信号或通信装置，并指定专人负责。

11.1.4　高处作业安全检查

高处检查是一项综合性的安全生产管理措施，是科学地评价高处作业安全生产情况，提高安全生产工作和文明施工的管理水平，预防伤亡事故发生，确保职工安全和健康，实现检查评价工作的标准化、规范化，建立良好的安全生产环境，做好安全生产工作的重要手段之一，也是企业防止事故，减少职业病的有效方法。高处作业检查的主要内容：一是查高处作业人员安全技术知识和自我保护意识；二是查高处作业安全措施、设备是否健全；三是查被蹬踏物材质强度；四是查高处作业移动位置时有无蹭空、滑倒、失稳；五是查立体垂直交叉作业有无按规范采取防护措施；六是查高处作业时，站位与操作是否发生物体碰撞、风刮面坠落等。

1. 安全检查的分类

安全检查可分为日常性检查和定期检查、专业性检查、综合性检查、季节性检查、节假日前后的检查和不定期检查。

（1）日常性检查和定期检查是指企业在安全制度中规定的，一般来说企业（局、公司）每年进行 2~4 次，下设分支单位（公司）每月至少一次，项目部应每天进行日常巡查检查一次，班组长和作业人员应严格根据自身职责履行交接班检查和班中及班后各检查一次。

（2）专业性检查是针对特种作业，特种设备，特种场所进行的检查，如电焊，高空作业机械，危险品仓库等。

（3）综合性检查是指由公司领导负责，根据企业的生产特点和安全情况，组织发动广大职工群众进行检查，同时组织各有关职能部门及工会组织的专业人员进行认真细致全面检查。

（4）季节性检查是根据季节特点，为保障安全生产的特殊要求所进行的检查，如雨季"八防"即防触电、中暑、工伤事故、淹溺、洪汛、倒塌、车祸、中毒，冬期"六防"即防火灾、防寒防冻、中毒、触电、机械伤害、防台风。

（5）节假日前后的检查包括节前的安全生产检查，节后的遵章守纪检查。

（6）不定期检查是指对设备装置运行检查，设备开工前和停工前检查，检修检查等。

2. 安全检查的基本要求及奖罚

安全检查是发现不安全行为和不安全状态的重要途径，是消除事故隐患、落实整改措施、防止事故伤害的重要方法。

（1）定期安全检查：每周一次进行安全大检查。针对高处作业有联系的安全隐患重点检查，发现隐患及时整改，并在每月安全通报中重点强调。

（2）专业性检查：组织专人对存在高处作业工种的施工过程进行专业性跟踪管理、检查，发现隐患及违规作业及时提出要求整改，必要时停工整改。

（3）经常性安全检查：在高空作业前与作业过程中，安全管理人员每日对高空作业设施进行检查，以便及时发现隐患，及时消除，实现安全生产。

（4）针对上述安全检查，要讲科学、讲效果，管理人员要做到人性化管理。实际操作中，发现事故隐患及违规作业时不及时整改的，不要盲目训斥，因高处作业违规操作本身就存在坠落的危险，如你盲目训斥会造成作业人员心理紧张或心情不稳定，会造成更大的危害或坠落。所以管理人员要对当事人讲解事故隐患及违规作业的危害性，促使作业人员认识安全作业的重要性，使当事人从心里服从你的管理。对经多次提出，屡教不改者，根据有关安全奖罚条例进行处罚，重者驱逐施工现场。

11.1.5　高处作业安全技术规定

有关高空作业的最新文件为《建筑施工高处作业安全技术规范》JGJ 80—2016。

（1）建筑施工高处作业前，应对安全防护措施进行检查、验收，验收合格后方可进行作业；验收可分层或分阶段进行。

（2）高处作业前，应检查安全标志、安全设施，工具、仪表、防火设施、电器设施和设备、确认其完好，方可施工。

（3）严禁在未固定、无防护的构件及安装中的管道中作业或通行。

（4）施工现场在使用密目式安全网前，应检查产品分类标记、产品合格证、网目数及网体重量，确认合格后方可使用。

（5）高处作业中除安全技术设施和人身防护用品外，操作时涉及的物料、废料、工具等都存在高处坠落的可能而引起伤亡事故，故应对相应的安全防范措施作出规定。

（6）安全防护措施本身的安全与否，更关系施工的安全，故规定要专人检查并建立保养制度。

（7）对于专业性较强，结构复杂，危险性较大的项目或采用新结构、新材料、新工艺或特殊结构的高处作业，强调要求编制专项方案，以及专项方案必须经过相关管理人员的审批。

（8）安全技术措施，施工期间原则上禁止变动和拆除。因施工作业要求必须临时拆除时，为施工安全考虑，必须采取相应的替换措施，并予以及时修复。

（9）依据上层高低确定的可能坠落半径应符合《高处作业分级》GB/T 3608 的规定，凡必须在坑能坠落范围半径之内进行交叉作业的，应搭设能防止坠落物伤害下方人员的安全防棚。设置隔离区是为了防止无关人员进入可能有落体造成意外打击施事故的区域。

11.2 临边作业与洞口作业

11.2.1 临边作业安全防护措施

在施工现场，当高处作业中工作面的边沿设有维护设施，当维护设施的高度低于80cm 时，这类作业称为临边作业。下列作业条件属于临边作业：①基坑周边，无防护的阳台、料台与挑平台等；②无防护楼层、楼面周边；③无防护的楼梯口和梯段口；④井架、施工电梯和脚手架等的通道两侧面；⑤各种垂直运输卸料平台的周边。

1. 洞口作业时，应采取防坠落措施，并应符合下列规定：

（1）当竖向洞口短边边长小于 500mm 时，应采取封闭措施，当垂直洞口短边边长大于或等于 500mm 时，应在临空一侧设置高度不小于 1.2m 的防护栏杆，并应采取密目式安全网或工具式栏板封闭，设置踢脚板。

（2）当非竖向洞口短边边长为 25～500mm 时，应采用承载力满足使用要求的盖板覆盖，盖板四周搁置应均衡，且应防止盖板移位，盖板用红白油漆标识（警示），并喷涂"严禁私自拆除"字样。

（3）当非竖向洞口短边边长为 500～1500mm 时，应在洞口作业侧设置高度不小于 1.2m 的防护栏杆，并挂设标识标志，洞口应采用盖板进行硬性封闭。

2. 电梯井口应设置防护门，其高度不应低于 1.8m，防护门底端齐地面高度设置，并外设挡脚板。

3. 在电梯施工前，电梯井道内应做好层层封闭，电梯井内的施工层上部与下一层作业面，应设置隔离防护设施。

4. 施工现场通道附近的洞口、坑、槽、高处临边等危险作业处，除应挂设安全警示标识外，夜间应设灯光警示。

5. 边长不大于 500mm 的洞口所加盖板，应能承受不小于 $1.1kN/m^2$ 的荷载。

6. 墙面等处落地的竖向洞口，窗台高度低于 800mm 的竖向洞口及框架结构在浇筑完混凝土没有砌筑墙体时的洞口，应按临边防护要求设置防护栏杆。

7. 基坑周边、尚未安装栏杆或挡板的阳台、料台与挑平台周边，没砌围护墙的楼层周边与屋面边缘以及屋面饰物等处，均应设置防护栏杆。无外脚手架的高度超过 2.0m 的周边，均在框架周边搭设高度为 1.2m 的防护栏杆一道。分层施工的楼梯口和楼段边，须安装临时护栏。施工电梯、井架物料提升机和脚手架与建筑物通道的两侧边，设防护栏杆。地面通道上部应装设安全防护棚。垂直运输的接料平台，除两侧设防护栏杆外，平台口还须设置安全门或活动防护栏杆。

8. 临边防护栏杆杆件的规格及连接要求

防护栏杆的钢管横杆及栏杆柱均采用 48mm×3.5mm 的管材，以扣件或电焊固定。

防护栏杆应由上下两道横杆及栏杆柱组成，上杆离地高度为 1.2m，下杆离地高度为 0.6mm。横杆长度大于 2m 时，应加设栏杆柱。沿地面设防护栏杆时，立杆应埋入土中 50～70cm，立杆距坑槽边的距离应不小于 50cm。在砖结构和混凝土楼面上固定时，可采用预埋铁件或预埋地脚螺栓的方法，进行焊接或用螺栓固定。

9. 栏杆柱的固定要求

在混凝土楼面、屋面或墙面固定时，可用预埋件与钢管或钢筋焊牢。栏杆柱的固定及其与横杆的连接，其整体构造应使防护栏杆在上杆任何处，能经受任何方向的 1000N 外力。

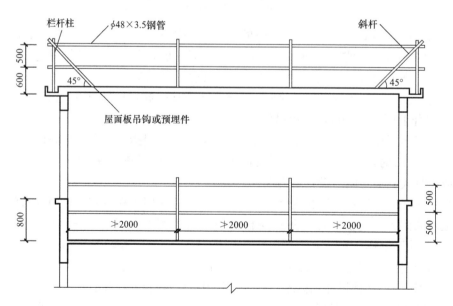

图 11.1　屋面和楼层临边的防栏杆

10. 防护栏杆其他要求

防护栏杆必须自上而下用安全网封闭，或在栏杆下边设置严密固定的高度为 18cm 的挡脚板。接料平台两侧的栏杆，自上而下用木板或竹笆封闭。

11.2.2 临边作业基本技术规定

进入现场，必须戴好安全帽，扣好帽带，并正确使用个人劳动防护具。

对临边高处作业，必须设置防护措施，并符合下列规定：

（1）基坑周边，如尚未安装栏杆或栏板的阳台、料台与挑平台周边、挑檐边，都必须设置防护栏杆。

（2）分层施工的楼梯口和梯段边，必须安装临时护栏。顶层楼梯口应随工程结构进度安装正式的防护栏杆。

（3）井架与施工用电梯和脚手架等与建筑通道的两侧边，必须设防护栏杆。地面通道上部应装设安全防护棚。双笼井架通道中间，应予分隔封闭。

（4）各种垂直运输接料平台，除两侧设防护栏杆外，平台口还应设置安全门或活动防护栏杆。

11.2.3 洞口作业安全防护措施

施工现场，结构体上往往存在各式各样的孔和洞，在孔和洞边口旁的高处作业统称为洞口作业。在楼板、屋面、平台等水平向的面上，短边尺寸等于或大于 25cm 的，在墙等垂直的面上，高度等于或大于 75cm，宽度大于 45cm 的，均称为洞。此外，凡深度在 2m 及 2m 以上的高处作业，亦称为洞口作业。

在建筑物的楼梯口、电梯口及设备安装预留洞口等（在未安装正式栏杆，门窗等围护结构时），还有一些施工需要预留的上料口、通道口、施工口等施工均是洞口作业。凡是在 2.5cm 以上，洞口若没有防护时，就有造成作业人员高处坠落的危险；或者若不慎将物体从这些洞口坠落时，还可能造成下面的人员发生物体打击事故。

1. 洞口作业防护设施设置部位

板与墙的洞口，设置牢固的盖板、防护栏杆、安全网或其他防坠落的防护设施。入孔、管道井口等处，均应按洞口防护设置稳固的盖件，并加以固定，防止移动或移位。施工现场通道附近的各类洞口与坑槽等处，除设置防护设施与安全标志外，夜间还应设红灯示警。电梯井口应用固定的钢制防护门或防护栏杆、固定栅门。

2. 洞口设置防护栏杆、加盖板、张挂安全网要求

楼面、屋面、平台面上短边尺寸小于 25cm 但大于 2.5cm 的孔口，必须用坚实的盖板覆盖，盖板能防止挪动移位。楼面边长在 25～50cm 的洞口，用木盖板盖住洞口，盖板四周搁置均匀，并加以固定。楼面边长在 50～150cm 的洞口，设置以扣件扣接钢管而成网格，并在其上部满铺脚手板。边长在 150cm 以上的洞口，四周设防护栏杆。墙面处的竖向洞口，凡落地的洞口，下边沿至楼面或底面低于 80cm 的窗台加设 1.2m 高临时防护栏杆，下设挡脚板。对邻近的人与物有坠落危险的其他竖向的孔、洞口，均予以封盖或加以防护，并有固定位置的措施。电梯井内应每隔两层并最多隔 10m 设一道安全网或用竹笆满铺封闭。

11.2.4　洞口作业基本技术规定

进行洞口作业以及在因工程和工序需要而产生的，使人与物有坠落危险或危及人身安全的其他洞口进行高处作业时，必须按下列规定设置防护设施。

（1）板与墙的洞口，必须设置牢固的盖板、防护栏杆、安全网或其他防坠落的防护设施。

（2）电梯井口必须设置防栏杆或固定栅门；电梯井内应每隔两层并最多隔 10m 设一道安全网。

（3）钢管桩、钻孔桩等桩孔上口，杯形、条形基础上口，未填土的坑槽，以及人孔、天窗、地板等处，均应按洞口防护设置稳固的盖件。

（4）施工现场通道附近的各类洞口与坑槽等处，除设置防护设施与安全标志外，夜间还应设红灯示警。

11.3　攀登与悬空作业

11.3.1　攀登作业安全防护措施及要求

在施工现场，凡借助于登高用具或登高设施，在攀登条件下进行的高处作业，称之为攀登作业。在建筑物周边搭拆脚手架、张挂安全网、装拆搭机、龙门架、井字架、施工电梯、桩架，登高安装钢结构构件等作业都属于这种作业。在施工组织设计和施工技术方案中应确定用于现场的登高和攀登设施。现场登高应借助于建筑结构或脚手架上的登高设施，也可采用载人的垂直运输设备，进行攀登作业时可使用梯子或采用其他攀登设施。攀登作业安全防护要点如下：

（1）柱、梁和行车梁等构件吊装所需的直爬梯及其他登高拉攀件，应在构件施工图说明书内作出规定。

（2）攀登的工具，结构构造上必须牢固可靠。供人上下的踏板其使用荷载应符合要求，作用在踏步上的荷载不应小于 1.1kN，有特殊作业重量超过上述荷载时，应按实际情况验算。

（3）移动式梯子，均应按现行规定标准质量。梯脚底部应坚实，不得垫高使用。梯子的上端应有固定措施。立梯工作角度为 75°为宜，踏板上下间距以 30cm 为宜，不得缺档。梯子如需接长使用，必须有可靠的连接措施。

（4）折梯使用时上部夹角以 35°～45°为宜，铰链必须牢固，并应有可靠的拉撑措施。

（5）固定式直爬梯应用金属材料制成。梯宽不应大于 50cm，支撑应采用角钢，埋设与焊接必须牢固。直爬梯进行攀登作业时，以 5m 且不超过 10m 为宜，超过 2m 时，需加设护笼，超过 8m 时，必须设置梯间平台。

（6）作业人员应从规定的通道上下，不得在阳台之间等非规定通道进行攀登，也不得任意利用吊臂架等施工设备进行攀登。上下梯子时，必须面向梯子，不得手持器物。

（7）当安装三角形屋架时，应在屋脊处设置上下扶梯，当安装梯形屋面架时，应在两端设置上下的扶梯，扶梯的踏步间距不应大于 400mm，屋架玄杆安装时，搭设的操作平台，应设置防护栏杆或用于作业人员拴挂安全带的安全绳。

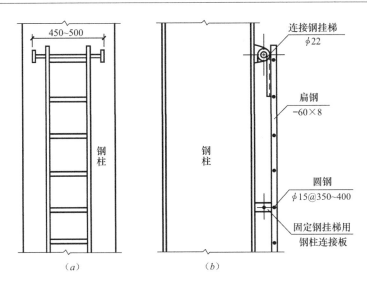

图 11.2　钢柱登高挂梯构造图
(a) 立面图；(b) 剖面图

（8）深基坑施工应设置扶梯，入坑踏步及专用载人设备或斜道等，采用斜道时，应加设间距不大于 400mm 的防滑条等防滑措施，严禁沿坑壁支撑或乘运土工具上下。

11.3.2　攀登作业基本规定

（1）严格遵守各项安全规章制度，开展脚手架、安全网、施工电梯等检查作业；严禁简化作业程序，降低作业标准，违章作业。

（2）工作期间必须按规定着装，正确佩戴、使用劳动保护用品，必须穿防滑、绝缘鞋、靴。脚手架检查作业中，必须系安全带、戴安全帽，安全带要高挂低用。

（3）作业前应认真检查安全防护装置是否良好，存在隐患和病害的应及时处理，否则严禁使用。严禁使用技术状态不良的材料；严禁使用定检过期的安全带和设备。

（4）凡遇大雨、6 级以上大风等恶劣气候时，严禁进行露天攀登作业。

（5）站台两侧必须设专人防护，并设置封闭施工警示牌，施工现场所用的电器设备必须由专人负责使用和保管，操作人员应熟悉设备性能和操作方法，各种电器设备必须安装有良好的漏电保护设施，应设危险警示牌并设专职监护人员。

（6）登高机械设备必须有检验合格证，机械的调试和运行应做好安全监护，疏散无关人员，按照机械设备启动顺序进行启动；停车后再次启动，应进行启停间隔时间的控制，防止频繁启动造成电动机过热及过流烧损。

（7）登高机械设备的运输绳具、机具是否安全可靠。如有损坏立即更换。

（8）除确认设备断电、专人监护后，应清除机械上方和内部的垃圾、废物、高温物体等，防止维修过程中掉落伤人；清除下方积水、拆除密闭装置。

（9）统一指挥、统一作业、统一撤离。

（10）严格执行车站调度施工、撤离指令，且必须做到工完场清。

11.3.3　悬空作业安全防护措施及要求

施工现场中，在周边临空的状态下进行作业时，高度在 2m 及 2m 以上，属于悬空作业。悬空作业为："在无立足点或无牢靠立足点的条件厂进行的高处作业统称为悬空高处作业。"因此，悬空作业无立足点，必须适当地建立牢靠的立足点，如搭设操作平台、脚手架或吊篮等，方可进行施工。建筑施工中的构件吊装，利用吊篮进行外装修，悬挑或者悬空梁板、雨篷等特殊部位支拆模板、扎筋、浇混凝土等项作业都属于悬空作业、由于是在不稳定的条件下施工作业，危险性很大。悬空作业安全防护要点如下：

1. 悬空作业处应有牢固的立足处，并必须视具体情况，配置防护栏网、栏杆或其他安全设施。

2. 悬空作业的索具、脚手板、吊篮、吊笼、平台等设备均需经过技术鉴定或检验方可使用。

3. 安装管道时必须有已完结构或操作平台为立足点，严禁在安装中的管道上站立和行走。

4. 模板支撑和拆卸时的悬空作业，必须遵守下列规定：

（1）支模应按规定的作业程序进行，模板未固定前不得进行下道工序。严禁在连接件和支撑件上攀登上下，严禁在上下同一垂直面装、拆模板。结构复杂的模板，装、拆应严格按照施工组织设计的措施进行。

（2）支设高度在 2m 以上的模板，四周应设斜撑，并应设操作平台。

（3）支设悬挑形式的模板时，应有稳固的立足点。支设临空构筑物模板时，应搭设支架或脚手架。模板上有预留洞时，应在安装后将洞口覆盖。混凝土板上拆模后形成的临边洞口，应按规范进行防护。拆模高处作业，应配置登高用具或搭设支架。

5. 钢筋绑扎时悬空作业，必须遵守下列规定：

（1）绑扎钢筋和安装钢筋骨架时，必须搭设脚手架和马道。

（2）绑扎圈梁、挑梁、挑檐、外墙和边柱等钢筋时，应搭设操作台架和张挂安全网。悬空大梁钢筋的绑扎，必须在满铺脚手板的支架或操作平台上操作。

（3）绑扎立柱钢筋时，不得站在钢筋骨架上或攀登骨架上下。

6. 混凝土浇筑时的悬空作业，必须遵守下列规定：

（1）浇筑离地 2m 以上框架、过梁、雨篷和小平台时，应设操作平台，不得直接站在模板或支撑件上操作。

（2）特殊情况如无可靠安全设施，必须系好安全带保险钩或架设安全网。

7. 悬空进行门窗作业时，必须遵守下列规定：

（1）安装门窗、油漆及安装玻璃时，严禁操作人员在阳台栏板上操作。门窗临时固定，封填材料未达到强度，以及电焊时，严禁手拉门窗进行攀登。

（2）在高处外墙安装门窗，无外脚手架时，应张挂安全网。无安全网时，操作人员应系好安全带，其保险钩应挂在操作人员上方的可靠的物体上。不得使用座板式单人吊具。

（3）进行各项窗口作业时，操作人员的重心应位于室内，不得站在窗台上，必要时应系好安全带进行操作。

8. 在坡度大于 1：2.2 的屋面上作业，当无脚手架时，应在屋檐边设置不低于 1.5m 高的防护栏杆，并应采用密目式安全网全封闭。

11.3.4　悬空作业基本规定

（1）悬空作业处应有牢靠的立足处并必须视具体情况牌子防护网，栏杆或其他安全设施。

（2）悬空作业所用的索具，脚手板，吊篮，平台等设备均需检查或技术鉴定后方可使用。

（3）悬空安装大模板，必须站在操作平台上操作。

（4）绑扎钢筋和安装钢筋骨架时，必须搭设脚手架和通道安全网封闭。

（5）混凝土高处浇筑时应设操作平台以防作业人员坠落。

（6）进行各项高处悬空作业时，应系好安全带和安全防护防止坠落和造成损伤。

11.4　操作平台与交叉作业

11.4.1　操作平台安全防护措施

在施工现场常搭设各种临时性的操作平台或操作架，进行各种砌筑，装修和粉刷等作业，一般来说，可在一定工期内用于承载物料，并在其中进行各种操作的构架式平台，称之为操作平台。操作平台有移动式操作平台和悬挑式钢平台两种。

操作平台施工安全要点：

（1）操作平台应由专业技术人员按现行的相应规范进行设计，计算书及图纸应编入施工组织设计。

（2）操作平台的面积不应超过 $10m^2$，高度不应超过 5m. 高宽比不应大于 3：1，施工荷载不应超过 $1.5kN/m^2$，还应进行稳定验算，并采用措施减少立柱的长细比。超出本规定的，应编制专项施工方案。

（3）装设轮子的移动式操作平台，轮子与平台的接合处应牢固可靠，立柱底端离地面不得超过 80mm。

（4）操作平台可用 $\phi(48\sim51)\times3.5mm$ 钢管以扣件连接，亦可采用门架式或承插式钢管脚手架部件，按产品使用要求进行组装。平台的次梁，间距不应在于 40cm；台面应满铺 3cm 厚的木板或竹笆。

（5）操作平台四周必须按临边作业要求设置防护栏杆，并应布置登高扶梯。

（6）悬挑式钢平台施工安全要点：

1）悬挑式钢平台应按现行的相应规范进行设计，其结构构造应能防止左右晃动，计算书及图纸应编入施工组织设计。

2）悬挑式钢平台的搁支点与上部拉结点，必须位于建筑物上，不得设置在脚手架等施工设备上。

3）斜拉杆或钢丝绳，构造上宜两边各设前后两道，两道中的每一道均应作单道受力计算。

4）应设置 4 个经过验算的吊环。吊运平台时应使用卡环，不得使用吊钩直接钩挂吊环。吊环应用甲类 3 号沸腾钢制作。

5）钢平台安装时，钢丝绳应采用专用的挂钩挂牢，采取其他方式时卡头的卡子不得少于 3 个。建筑物锐角利口围系钢丝绳处应加衬软垫物，钢平台外口应略高于内口。

6）钢平台左右两侧必须装置固定的防护栏杆。

7）钢平台吊装，需待横梁支撑点电焊固定，接好钢丝绳，调整完毕，经过检查验收，方可松卸起重吊钩，上下操作。

8）钢平台使用时，应有专人进行检查，发现钢丝绳有锈蚀损坏应及时调换，焊缝脱焊应及时修复。

（7）操作平台应具有必要的强度和稳定性，使用过程中，不得晃动。操作平台制作前都要由专业技术人员按所用的材料，依照现行的相应规范进行设计，计算书或图纸要编入施工组织设计，操作平台上人员和物料的总重量，严禁超过设计的容许荷载，另外应配备专人加以监督。

11.4.2　操作平台基本规定

（1）操作员必须熟练掌握设备的操作要领和技术性能，并认真做好设备的维修保养，使设备始终处于完好状态。

（2）使用前必须认真检查设备的各部位是否完好，检查电源线，液压油泵，油缸是否完好，检查电器开关，换向阀门是否灵敏可靠，严禁带病作业。

（3）登高前要进行上下空运行一次，检查压力表数据是否符合技术要求。

（4）登高作业要注意安全，操作时地面要有人看管，严禁在高空将物品抛向地面。

（5）开机登高前，平台的四只撑架必须向外伸足，安放位置要均匀，支撑螺栓要坚固适当。

（6）登上平台后，要立即装好防护栏杆，操作者及所带物品要尽量靠近平台中心位置，确保平台升降平稳。

11.4.3　交叉作业安全防护措施

在施工现场上下不同层次同时进行的高处作业，于空间贯通状态下同时进行的高空作业，称为交叉作业。现场施工上部搭设脚手架、吊运物料、地面上的人员搬运材料、制作钢筋或外墙装修下面打底抹灰、上面进行面层装饰等等，都是施工现场的交叉作业。交叉作业中，若高处作业不慎碰掉物料，失手掉下工具或吊运物体散落，都可能砸到下面的作业人员，发生物体打击伤亡事故。因此，应该做好交叉作业安全防护措施。

针对交叉作业施工现场和人员，在遵守文明施工一般安全要求的基础上，还应遵守交叉作业中相互安全防护措施，以及施工作业的一般安全要求，交叉作业施工中需遵守的一般安全要求主要有以下几点：

1. 施工作业前对各班组进行班前安全交底；

2. 施工前应对高空作业的防护器具进行自检；

3. 交叉作业时要设安全栏杆、安全网、防护棚和示警围栏；

4. 交叉作业中应设专人进行安全巡视和现场安全指挥；

5. 夜间工作要有足够照明；

6. 施工人员必须体验合格，作业时需戴安全帽，不准穿凉鞋、硬底鞋、塑料鞋及赤脚攀登；

7. 作业中不准将工具、材料上、下投掷，要用绳索绑牢后吊运；

8. 6级以上大风时不能进行施工工作；

9. 在机械下方交叉作业时，塔吊必须严格遵守"十吊十不吊"原则进行；

10. 所有特殊工种操作人员必须持证上岗；

11. 支模、绑扎钢筋、挖掘机、运输车辆交叉操作时：

（1）上下作业时不得在同一垂直方向同时操作；

（2）下层作业的位置，必须处于上层高度确定的可能堕落范围半径之外，不符合此条件时，中间必须设计安全防护层（隔离层）；

（3）吊运大型模板、砖、砌块、预制构件、石材等材料时不准超重、超高，提前警示吊运物路线上的操作人员；

（4）施工人员严禁进入机械正在的作业范围，施工人员必须让在道路上行驶的车辆，不能人机抢道。

12. 拆除脚手架与模板时：

（1）地面应设有安全区域，并派专人进行监护操作人员，下方不得有其他操作人员；

（2）拆下的模板、脚手架等部件，临时堆放处离岩边沿应不小于1m，堆放高度不得超过1m；

（3）道路边口、通道口、脚手架边缘等处，严禁堆放拆下物件。

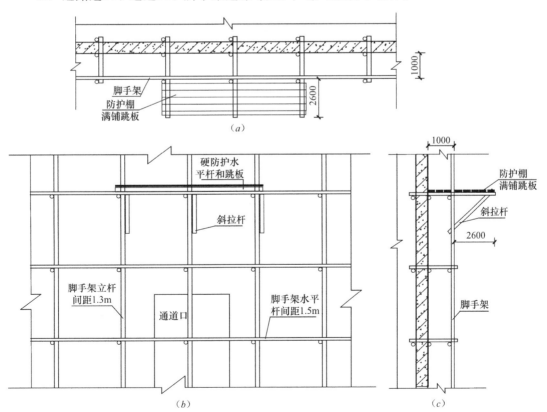

图 11.3 交叉作业防护构造图

（a）交叉作业防护平面图；（b）交叉作业防护立面图；（c）交叉作业防护剖面图

11.4.4　交叉作业基本规定

（1）同一区域内各施工方，应互相理解，互相配合，建立联系机制，及时解决可能发生的安全问题，并尽可能为对方创造安全工作条件和作业环境。

（2）在同一作业区域内施工应尽量避免交叉作业，在无法避免交叉作业时，应尽量避免立体交叉作业。双方在交叉作业或发生相互干扰时，应根据该作业面的具体情况共同商讨制定具体安全措施，明确各自的职责。

（3）因工作需要进入他人作业场所，必须以书面形式（交叉作业通知单）向对方申请，说明作业性质、时间、人数、动用设备、作业区域范围、需要配合事项。其中必须进行告知的作业有：土石方开挖爆破作业、设备（检修）安装、起重吊装、高处作业、模板安装、脚手架搭设拆除、焊接（动火）作业、施工用电、材料运输、其他作业等。

（4）双方应加强从业人员的安全教育和培训，提高从业人员作业的技能，自我保护意识，预防事故发生的应急措施和综合应变能力，做到"四不伤害"。

（5）交叉作业双方施工前，应当互相通知或告知本方施工作业的内容、安全注意事项。当施工过程中发生冲突和影响施工作业时，各方要先停止作业，保护相关方财产、周边建筑物及水、电、气、管道等设施的安全；由各自的负责人或安全管理负责人进行协商处理。施工作业中各方应加强安全检查，对发现的隐患和可预见的问题要及时协调解决，消除安全隐患，确保施工安全和质量。

11.5　工程案例

案例 1

1. 事故简介

某月某日，某市街道区某电厂建筑工程发生一起高处坠落事故，造成 3 人死亡。

2. 事故发生经过

该日上午，某电厂 5、6 号机组续建工程现场，屋面压型钢板安装班组 5 名工人张某，罗某，贺某，刘某，代某在 6 号主厂房屋面板安装压型钢板。在施工中未按要求对压型钢板进行锚固，即向外安装钢板，在安装推动过程中，压型钢板两端（张某，罗某，贺某在一端，刘某，代某在另一端）用力不均，致使钢板一侧向外滑移，带动张某，罗某，贺某 3 人失稳坠落至 3 层平台死亡，坠落高度 19.4m。

3. 事故原因分析

（1）技术方面

1）临边高处悬空作业，不系安全带。

2）违反施工工艺和施工组织要求进行施工。根据施工组织设计要求，铺设压型钢板一块后，应首先进行固定，再进行翻板，而实际施工中既未固定第一张板，也未翻板，而是采取平推钢板，由于推力不均从而失稳坠落。

3）施工作业面下无水平防护（安全平网），缺乏有效的防坠落措施。

（2）管理方面

1）教育培训不够，工人安全意识淡薄，违章冒险作业。

2）项目部安全管理不到位，专职安全员无证上岗，项目部对当天的高处作业未安排专职安全员进行监督检查，致使违章和违反施工工艺的行为未能及时发现和制止。

4. 事故原因分析

（1）技术方面

1）临边高处悬空作业，不系安全带。

2）违反施工工艺和施工组织要求进行施工。根据施工组织设计要求，铺设压型钢板一块后，应首先进行固定，再进行翻板，而实际施工中既未固定第一张板，也未翻板，而是采取平推钢板，由于推力不均从而失稳坠落。

3）施工作业面下无水平防护（安全平网），缺乏有效的防坠落措施。

（2）管理方面

1）教育培训不够，工人安全意识淡薄，违章冒险作业。

2）项目部安全管理不到位，专职安全员无证上岗，项目部对当天的高处作业未安排专职安全员进行监督检查，致使违章和违反施工工艺的行为未能及时发现和制止。

3）施工组织设计、方案、作业指导书中的安全技术措施不全面，没有对锚固、翻板、监督提出严格的约束措施，落实按工序施工不力，缺少水平安全防护措施。

5. 事故的结论和教训

（1）建立健全安全生产责任制，安全管理体系要从公司到项目到班组层层落实，切忌走过场。切实加强安全管理工作，配备足够的安全管理人员，确保安全生产体系正常运作。

（2）进一步加强安全生产的制度建设。安全防护措施、安全技术交底、班前安全活动要全面、有针对性，既符合施工要求，又符合安全技术规范的要求，并在施工中不折不扣地贯彻落实，不能只停留在方案上，施工安全必须实行动态管理，责任要落实到班组，落实到现场。

（3）进一步加强高处坠落事故的专项治理，高处作业是建筑施工中出现频率最高的危险性作业，事故率也最高，无论是临边、屋面、外架、设备等都会遇到。在施工中必须针对不同的工艺特点，指定切实有效的防范措施，开展高处作业的专项治理工作，控制高处坠落事故的发生。

（4）坚决杜绝群死群伤的恶性事故，对易发生群死群伤事故的分布分项工程要制定有针对性的安全技术措施，确保万无一失。

（5）加强民工的培训教育，努力提高工人的安全意识，开展安全生产的培训教育工作，使工人树立"不伤害自己，不伤害别人，不被别人伤害"的安全意识，努力克服培训教育费时费力的思想，纠正只使用不教育的做法。

案例 2

1. 事故概述

2016 年 3 月 1 日 8 时许，崔某临时招聘的民工冯基成等 10 人，根据崔某 2 月底的电话安排，自行到某写真喷绘公司楼顶平台广告牌上安装广告布，他们分 5 人在平台上协助，5 人站在广告架近顶端安装，均未系安全绳，未穿防滑鞋，未戴安全帽，也无采取其他任何安全防护措施，未接受必要的安全培训和教育。本次施工时，崔某不在现场，事故发生相关单位喷绘公司、广告公司、某集团均无人员在现场管理。11 时许，当第二块

（面向东方的一块）即将安装结束时，忽然刮起一阵风，广告布北端上部被卷起，把正站在广告架顶端施工的冯某等 2 人卷入布中，冯某未及时抓牢，坠落至楼顶平台受伤，另一人及时抓住了广告架，得以脱险。事故发生后，冯某的在场施工同伴立即拨打了"120"救援电话，"120"急救车赶到现场后将其送至市立医院，因抢救无效，于 12 时许死亡。救援同时，工人将发生事故情况报给了崔某和喷绘公司负责人代某等，并通知了死者家属来处理善后事宜，但并未向政府任何部门报告事故发生事宜，直到当日下午 5 时许，死者家属才报了警，然后公安部门通知了区安监局等部门。

2. 事故原因

（1）直接原因

崔某违章指挥，冯某等人进行高处作业时未采取任何安全防护措施，不具有高处作业资质，无证进行高处作业，又由于突然刮大风、把他们卷入广告布，并致坠落平台，是事故发生的直接原因。

（2）间接原因

1）喷绘公司无高处作业人员等，不具有高处作业条件，同时其管理人员未依法审查承包单位的安全生产条件和相应资质，就将户外广告的安装项目长期转包给了不具备安全生产条件和资质的自然人崔某；双方虽然签订了《施工安全合同书》，但未约定各自的安全生产管理职责；在广告安装过程中，喷绘公司没有人员进行现场安全管理或者协调安排其他有关人员进行现场安全管理，没有督促对安装人员进行必要的岗前安全教育培训，没有督促安装人员采取有效的安全防护措施，对承包人的安全生产统一协调、管理工作不到位，对事故的发生负有重要责任。

2）广告公司无持有高处作业资质证书的从业人员，所持有的《某市户外广告设置发布许可证》过期，其管理人员未依法审查承包单位的安全生产条件和相应资质，就将户外广告外包业务的加工制作等事项转包给了安全生产责任制、安全生产规章制度和操作规程等不健全且不具有高处作业资质人员的喷绘公司；双方虽然签订了《加工承揽安全责任书》，共 6 条，但只有 1 条提到上岗资质和安全培训问题，未约定现场安全管理事项等，各自的安全生产管理职责约定不明确、不具体；在广告安装过程中，广告公司没有人员进行现场安全管理或者协调安排其他有关人员进行现场安全管理，没有督促对安装人员进行必要的岗前安全教育培训，没有督促安装人员采取有效的安全防护措施，对承包单位的安全生产统一协调、管理工作不到位，对事故的发生负有责任。

3）某集团管理人员未依法审查承租单位的安全生产条件和相应资质，就将公司办公楼楼顶续租给了不具备安全生产条件的广告公司设置、发布广告牌事宜；双方虽然签订了租赁协议，但未约定现场安全管理事项等，各自的安全生产管理职责约定不明确、不具体；在广告安装过程中，某集团只是笼统约定广告公司占地及广告期间承担且安全责任，没有具体约定各自的安全生产管理职责以及如何履行，施工期间没有督促对安装人员进行必要的岗前安全教育培训，没有督促安装人员采取有效的安全防护措施，安全生产工作统一协调、管理工作不到位，对事故的发生负有责任。

4）承包人崔某雇佣未取得高处作业的人员从事高处作业；在广告安装过程中，崔某没有进行现场安全管理或者委托其他有关人员进行现场安全管理，没有对安装人员进行必要的安全教育培训和技术指导，没有督促安装人员采取有效的安全防护措施，安全生产管理检查工作不到位，对事故的发生负有重要责任。

3. 处理结果

经调查认定，该事故为一般生产安全责任事故。

（1）免于追究责任人员

冯某，广告安装人员。作为长期从事高处作业的从业人员，未接受过专门的高处作业教育培训，未取得高处作业资质，安全意识淡薄，从事高处作业时也不采取有效的安全防护措施，违反了《中华人民共和国安全生产法》、《山东省安全生产条例》等法律法规。冯某虽然无证从事高处作业，但这一过程中，雇佣者和施工组织者起到了决定性、关键性作用，因此冯某对事故的发生只应负有直接责任，因其已在坠落后死亡，不再追究其责任。

（2）给予行政处罚的单位及人员

1）某写真喷绘有限公司。某市市南区安全生产监督管理局按照《中华人民共和国安全生产法》第一百零九条等相关规定，对其处以罚款人民币叁拾万元整的行政处罚。

2）某广告公司。某市市南区安全生产监督管理局按照《中华人民共和国安全生产法》第一百零九条等相关规定，对其处以罚款人民币贰拾伍万元整的行政处罚。

3）某市某集团有限公司。某市市南区安全生产监督管理局按照《中华人民共和国安全生产法》第一百条、第一百零九条等相关规定，对其处以罚款人民币贰拾万元整的行政处罚。

4）崔某。依据《安全生产违法行为行政处罚办法》（国家安监总局第 15 号令）第六十八条规定，把生产经营主体自然人崔某作为生产经营单位给予行政处罚。

① 某市市南区安全生产监督管理局按照《中华人民共和国安全生产法》第一百零九条等相关规定，因其对事故发生负有重要责任，对其处以罚款人民币贰拾万元整的行政处罚。

② 根据崔某自己提供证明其 2015 年年收入为柒仟壹佰元整，显著过低，按照国家安全生产监督总局第 13 号令第四条之规定按照某省上一年度 2014 年（2015 年未颁布）职工平均工资为 51825 元。该市市南区安全生产监督管理局按照《中华人民共和国安全生产法》第一百零六条等相关规定，因其对迟报事故负有责任，对其处以罚款人民币叁万壹仟零玖拾伍元整的行政处罚。

5）代某。喷绘公司出具的证明显示：其法人代某 2015 年年收入为 24000 元，显著过低，按照国家安全生产监督总局第 13 号令第四条之规定按照某省上一年度 2014 年（2015 年未颁布）职工平均工资为 51825 元。该市市南区安全生产监督管理局按照《中华人民共和国安全生产法》第一百零六条等相关规定，因其对迟报事故负有责任，对其处以罚款人民币肆万壹仟肆佰陆拾元整的行政处罚。

第二篇

市政与路桥工程

第12章 管道工程

12.1 市政管道系统的分类

市政管道系统主要包括给水排水管道系统和城镇燃气管道系统。

12.1.1 给水排水管道系统

给水排水管道系统是给水排水工程设施的重要组成部分,是由不同材料的管道和附属设施构成的输水网络。根据其功能分为给水管道系统和排水管道系统,二者均应具有水量输送、水量调节、水压调节的功能,给水排水管道系统具有一般网络系统的特点,即分散性、连通性、传输性、扩展性等,同时又具有与一般网络系统不同的特点,如隐蔽性强、外部干扰因素多、容易发生事故、基建投资费用大、扩建改建频繁、运行管理复杂等。

(1)给水管道系统

给水管道系统承担城镇供水的输送、分配、压力调节和水量调节任务,起到保障用户用水的作用。给水管道系统一般是由输水管、配水管网、水压调节设施(泵站、减压阀)及水量调节设施(清水池、水塔、高位水池)等构成。常用的结水管道材料有铸铁管、钢管、钢筋混凝土管、塑料管等,还有一些新型管材如球墨铸铁管、预应力钢筋混凝土管、玻璃纤维复合管等。管道材料的选用应综合考虑管网内的工作压力、外部荷载、土质情况、施工维护、供水可靠性要求、使用年限、价格及管材供应情况等因素,因此,必须掌握水管材料的种类、性能、规格、供应情况、使用条件等,才能做到合理选用管材,以保证管网安全供水。

(2)排水管道系统

排水管道系统承担污(废)水的收集、输送或压力调节和水量调节任务,起到防止环境污染和防治洪涝灾害的作用。排水管道系统一般由废水收集设施、排水管道、水量调节池、提升泵站、废水输水管(渠)和排放口等组成。常用排水管渠材料有:混凝土、钢筋混凝土、石棉水泥、陶土、铸铁、塑料等。管渠材料要有以下几点要求:必须具有足够的强度,以承受土压力及车辆行驶造成的外部荷载和内部的水压,以保证再运输和施工过程中不致损坏,应具有较好的抗渗性能,以防止污水渗出和地下水渗入;应具有良好的水力条件,管渠内壁应整齐光滑,以减少水流阻力,使排水畅通;应具有抗冲刷、抗磨损及抗腐蚀的能力,以使管渠经久耐用;排水管渠的材料,应就地取材,可降低管渠的造价,加快进度,减少工程投资。排水管渠材料的选择,应根据污水性质,管道承受的内、外压力,埋设地区的土质条件等因素确定。

12.1.2 城镇燃气管道系统

城镇燃气管网系统一般由以下几部分组成:各种压力的燃气管网;用于燃气输配、储存和应用的燃气分配站、储气站、压送机站、调压计量站等各种站室；监控及数据采集系统。燃气管道的作用是为各类用户输气和配气，根据管道材质可分为：钢燃气管道，铸铁燃气管道，塑料燃气管道，复合材料燃气管道；根据输气压力可分为：四种（高压、次高压、中压、低压）、七级（高压 A、B，次高压 A、B，中压 A、B，低压）；根据敷设方式可分为：埋地燃气管道和架空燃气管道，根据用途可分为：长距离输气管道，城镇燃气管道和工业企业燃气管道，其中城镇燃气管道包括分配管道、用户引入管和室内燃气管道。布置各种压力级别的燃气管网，应遵循下列原则：（1）应结合城市总体规划和有关专业规划，并在调查了解城市各种地下设施的现状和规划基础上，布置燃气管网；（2）管网规划布线应按城市规划布局进行，贯彻远近结合、以近期为主的方针，在规划布线时，应提出分期建设的安排，以便于设计阶段开展工作，（3）应尽量靠近用户，以保证用最短的线路长度，达到最好的供气效果；（4）应减少穿、跨越河流，水域，铁路等工程，以减少投资；（5）为确保供气可靠，一般各级管网应成环路布置。

随着社会的不断进步与发展，高科技技术不断涌现，市政管道系统包括的内容不断增加，如光缆管道等，所以，应做好管道系统的规划，减少施工次数，减少对城市交通的影响。

12.2　给排水管道安装施工安全技术

12.2.1　管材吊装与运输

1. 运输

（1）运输道路应平整、坚实、无障碍物。沿线电力架空线路的净高应符合有关规定，通信等架空线应满足运输净空要求；桥涵、便桥和管道等地下设施的承载力应满足车辆运输要求。运输前，应实地踏勘，确认符合运输和设施安全。

（2）运输前，应根据管径、质量、长度选择适宜的运输车辆。严整超载、超高运输，并应采取防止管子变形、损伤管外防腐层的措施。

（3）运输车辆应完好，防护装置应齐全有效。运输前应检查，确认正常。

（4）装车时，管子、管件必须挡掩，管体与车厢必须捆绑连成一体，打摽牢固。严禁车厢内乘人。

（5）在社会道路、公路上运输时，应遵守有关规定。超宽、超长、超高运输应经交通管理部门批准后方可进行。

（6）施工现场运输时，应遵守现场限速规定；倒车应先鸣笛，确认车辆后方无人、无障碍物，方可倒车。

（7）卸车时，必须检查管子、管件状况，确认无坍塌、无滚动危险，方可卸车。

（8）人工运输应遵守下列规定：

1）人工运输管材宜采用与管材相适应的专用车辆。作业时应设专人指挥，作业人员应听从指挥，动作一致。

2）装卸管子时，抬运、起落管子应步调一致，放置应均衡，绑扎必须牢固。

3）行驶应缓慢、均匀，采取防倾覆措施，并应避让车辆、行人。

4）雨雪天必须对运输道路采取防滑措施。

（9）使用滚杠运输无防腐层的管子时，作业人员应站在管子两侧，严禁将脚放在管子前进方向调整滚杠，严禁直接用手操作，管子滚动前方严禁有人。

（10）人工推移管材应设专人指挥。推行速度不得超过行走速度。管前方严禁有人。上坡道应设专人在管子后方一侧备掩木，下坡道应用拉绳控制速度。管子转向时，作业人员不得站在管子前方或贴靠两侧。

（11）卷扬机牵引运输时，应遵守下列规定：

1）卷扬机操作工应经安全技术培训，考核合格，方可上岗。

2）卷扬机应搭设工作棚。操作人员应能看清指挥人员和拖动的管子。

3）运行前方和两侧必须划定作业区、设安全标志，严禁非作业人员进入。

4）作业时必须设信号工指挥，作业人员应精神集中，步调一致。

5）作业前，应检查卷扬机的弹性联轴器、制动装置、安全防护装置、电气线路及其接零或接地线和钢丝绳等，均确认合格后，方可使用。

6）使用皮带或开式齿轮传动的部分，均应设防护罩，导向滑轮不得用开拉板式滑轮。

7）卷扬机前方设导向滑轮时，导向滑轮至卷扬机的距离不得小于卷筒长度的15倍，并应使钢丝绳与卷扬筒轴保持垂直。

8）双筒卷扬机两个卷筒同时工作时，每个卷筒的起重量不得超过规定起重量的50%，严禁超载作业。

9）卷扬机制动操作杆的行程范围内，不得有障碍物或阻卡现象。

10）作业中，严禁任何人跨越正在作业的钢丝绳，卷扬机工作状况时，操作人员禁止离开卷扬机。

（12）运输塑料管时，不得抛、摔、滚、拖和碰触尖硬物。

（13）使用起重机吊装时，应遵守有关规定。

（14）使用载重汽车和机动翻斗车运输管子、管件时，应遵守有关规定。

2. 码放

（1）管子码放场地应平整、坚实、不积水。运输道路应通畅。管子应分类码放排列整齐，各堆放层底部必须挡掩牢固。周围应设护栏和安全标志。

（2）在电力架空线路下方不得码放管子。

（3）不得直接靠建（构）筑物码放管子；在其附近堆放时，必须保持1m以上的安全距离；直径1m（含）以上的管子应单层放置，直径1m以下的管子码放高度不得大于1m。

（4）需要在社会道路上码放管子时，应征得交通管理部门同意，并在管子周围设围挡或护栏和安全标志。

（5）管子码放应由专人指挥，作业人员应协调配合。码放时必须在下层挡掩牢固后，方可码放上层。每层管子均应挡掩牢固，取用管子必须自上而下逐层进行，并应及时将未取管子挡掩牢固，严禁从下方取管。

（6）使用起重机械吊装管子进行码放时，应遵守有关规定。

（7）在槽边码放管子时，管子距槽边的距离不得小于2m。码放高度不得大于2m。管子不得与沟槽平行。

3. 吊装

（1）施工组织设计中，应根据管径、质量、长度、作业环境进行吊装验算，确定吊装方法、使用机具和相应的安全技术措施。

（2）吊装机具、吊索具应完好，防护装置应齐全有效，支设应稳固。作业前应检查、试吊，确认正常。

（3）吊装场地应平整、坚实，无障碍物，能满足作业安全要求。

（4）吊装作业前应划定作业区，设人值守，非作业人员严禁入内。

（5）吊装管子、管件应采用兜身吊带或专用吊具起吊，装卸时应轻装轻放。吊塑料管时不得损坏管壁，打捆应牢固，严禁拖拉、抛滑管子。

（6）吊装作业应遵守下列规定：

1）严禁采用两木搭吊装。

2）作业时，必须由信号工统一指挥。作业人员必须精神集中，服从指挥人员的指令。指挥人员在吊装前，应检查作业环境，确认吊装区城内无障碍、作业人员站位安全、被吊管材与其他物件无连接后，方可向机具操作工发出起吊信号。

3）吊点位置应符合施工设计规定。

4）穿绳时，不得将手臂伸至吊物的下方。

5）挂绳应保持管子平衡，超长的管子，宜采用卡环锁紧吊绳。

6）吊装应缓起、缓移、缓转，速度均匀。

7）吊装作业时，管子下方严禁有人。当管于距离承重面 50cm 时，作业人员不可靠近；手、脚必须避离管子底部；管子就位必须固定或卡牢后，方可松绳、摘钩。

8）大雨、大雪、大雾、沙尘暴和 6 级（含）以上风力的恶劣天气必须停止露天作业。

12.2.2　给水管道安装

1. 下管与稳管

（1）排管应根据管道设计及其沿线变坡点、折点、附件等的位置结合现场环境状况安排管子，并放置稳定，挡掩牢固。

（2）在沟槽外排管时，场地应平坦、不积水，并应根据土质、槽深确定管子与沟槽边缘的距离，且不得小于 1m，管子挡掩牢固。

（3）在沟槽上方架空排管时，应遵守下列规定：

1）沟槽顶部宽度不宜大于 2m。

2）排管所使用的横梁断面尺寸、长度、间距，应经计算确定。严禁使用槽杴、劈裂、有疗疤的木材作横梁。横梁安设后应检查，确认符合施工设计要求，并形成文件。

3）排管用的横梁两端在沟槽上与土基的搭接长度，每侧不得小于 80cm。

4）支承每根管子的横梁顶面高程应相同。

5）排管下方严禁有人。

（4）下管、稳管宜采用起重机进行，并应遵守有关规定。

（5）钢管段较长采用多个三角架倒链等起重机具下管时，应由一个信号工统一指挥，同步作业，保持管段水平下落。

（6）钢管对口作业应遵守下列规定：

1）人工调整管子位置必须由专人指挥，作业人员应精神集中，配合协调。

2）采用机具对口时，机具操作工必须听从管工指令。

3）对口时，严禁将手脚放在管口或法兰连接处。

4）对口后，应及时将管身挡掩，并点焊固定。

（7）切断钢管应遵守下列规定：

1）使用切管机切管，应符合下列要求：

① 作业中应按使用说明书操作。

② 机具设备必须安置在稳固的基础上。加工件两端应支平、卡牢。

③ 切管时进刀应平稳、匀速，不得过快。

④ 加工件的管径或椭圆度较大时，必须分两次进刀。

⑤ 作业中应用刷子清除切屑，不得直接用手清除。

2）使用手锯、切管器等切断时，应符合下列要求：

① 工作台应安置稳固。

② 加工件应垫平、卡牢。

③ 切断时用力应均衡，不得过猛。

④ 切断部位应采取承托措施。

3）不宜采用砂轮锯切管。

4）切管后应将切口倒钝。

（8）管子坡口加工应遵守下列规定：

1）使用坡口机应符合下列要求：

① 刀排、刀具安装必须吻合、牢固。

② 工件过长时，应加装辅助托架。

③ 作业中，不得俯身近视工作，严禁用手触摸坡口和擦拭铁屑。

④ 检查坡口质量时必须停机、断电。

2）使用手持电动砂轮机打磨坡口时，现场应划定作业区，非作业人员不得靠近。

（9）管道接口部位应挖接口工作坑。工作坑的各部尺寸宜遵守相关规定。

2. 钢管焊接与切割

（1）施工组织设计中，应根据焊接（切割）管子和附件的材质、规格、结构特点、施工季节和现场环境状况进行焊接工艺评定，确定焊接工艺，制订相应的安全技术措施。

（2）焊工应经专业培训、考试合格，取得焊接操作证和锅炉压力容器压力管道特种设备操作人员资格证，方可上岗作业。

（3）焊接作业应遵守现行《焊接与切割安全》GB 9448 的有关规定。使用、运输气瓶（氧、氩、氦、乙炔、二氧化碳等）应遵守国家现行《气瓶安全监察规定》的有关规定。

（4）凡患有中枢神经系统器质性疾病、植物神经功能紊乱、活动性肺结核、肺气肿、精神病或神经官能症者，不宜从事焊接作业。

（5）焊接作业场所应符合下列规定：

1）作业场地应平整、清洁、干燥，无障碍物，通风良好，空气中氧气浓度应符合现行《缺氧危险作业安全规程》GB 8958 的有关规定：有毒、有害气体的浓度应符合现行《工作场所有害因素职业接触限值》GBZ 2.1～2.2 的有关规定。

2）现场地面上的井坑、孔洞必须采取加盖或围挡等措施，夜间和阴暗时尚须加设警示灯。

3）焊接设备、焊机、切割机具、气瓶、电缆和其他器具等必须放置稳妥有序，并不得对附近的作业与人员构成妨碍。

4）施爆区周围 10m 范围内，不得放置气瓶、木材等易燃易爆物，不能满足时，应采用燃物或耐火屏板（或屏罩）隔离防护，并设安全标志。

5）作业场所必须有良好的天然采光或充足的人工照明。

6）作业人员必须按规定佩戴齐全的防护用品，并遵守下列规定：

① 作业人员观察电弧时必须使用带有滤光镜的头罩或手持面罩，或佩戴安全镜、护目镜，或其他合适的眼镜。登高焊接时应戴头盔式面罩和阻燃安全带。辅助人员应佩戴类似的眼保护装置。面罩和护目镜应符合现行《职业眼面部防护　焊接防护　第 1 部分：焊接防护具》GB/T 3609.1 的要求。

② 作业人员应根据具体的焊接（切割）操作特点选择穿戴防护服。防护服应符合现行《防护服装　阻燃防护　第 2 部分：焊接服》GB 8965.2 的要求。

③ 焊工作业必须佩戴耐火、状态良好、足够干燥的防护手套。手套应符合现行《手部防护　通用技术条件及测试方法》GB 12624 的要求。

④ 作业人员身体前部需要对火花和辐射做附加保护时，必须使用经久耐火的皮制或其他材质的围裙。

⑤ 需要对腿做附加保护时，必须使用耐火的护腿或其他等效的用具。

⑥ 在仰焊、切割等操作中，必要时应佩戴皮制或其他耐火材质的套袖成披肩罩，也可在头罩下佩戴耐火质的防灼伤的斗篷。

⑦ 焊工防护鞋应具有绝缘、抗热、阻燃、耐磨损和防滑性能。电焊工穿的防护橡胶鞋底应经耐规定电压试验，确认合格，鞋底不得有鞋钉。积水地面作业时，焊工应穿经耐规定电压试验，并确认合格的防水胶鞋。

⑧ 当现场噪声无法控制在规定的允许声级范围内时，必须采取保护装置（耳套、耳塞）或其他适用的保护方式。

⑨ 施焊中，利用通风手段无法将作业区城内的空气污染降至允许限值或这类控制手段无法实施时，必须使用呼吸保护装置，如长管面具、防毒面具和防护微粒口罩等，并应分别符合现行《呼吸防护　长管呼吸器》GB 6220、《呼吸防护　自吸过滤式防毒面具》GB 2890 和《呼吸防护用品——自吸过滤式防颗粒物呼吸器》GB 2626 的要求。

⑩ 防护用品必须干燥、完好，严禁使用潮湿和破损的防护用品。在潮湿地带作业时，作业人员必须站在铺有绝缘的垫物上，并穿绝缘胶鞋。

（6）作业现场应划定作业区，并设安全标志，非作业人员不得入内。

（7）焊接作业必须纳入现场用火管理范畴。现场必须根据工程规模、结构特点、施工季节和环境状况，按消防管理部门的规定配备消除器材，采取防火措施，保持安全。作业前必须履行用火申报手续，经消防管理人员检查，确认现场消防安全措施落实后，方可签发用火证。作业人员持用火证后，方可焊接作业。

（8）焊接（切割）作业中涉及的电气安装引接、拆卸、检查必须由电工操作，严禁非电工作业，并应符合有关规定。

（9）高处作业必须设作业平台，宽度不得小于 80cm，并应遵守有关规定。高处作业下方不得有易燃、易爆物，且严禁下方有人。作业时，应设专人值守。

（10）电弧焊（切割）应符合下列规定：

1）使用电弧焊设备应符合下列要求：

① 焊接设备应完好，符合相应的焊接设备标准规定，且应符合现行《弧焊设备 第 1 部分：焊接电源》GB 15579.1 的规定。

② 焊接设备的工作环境应与其说明书的规定相符合，安放在通风、干燥、无碰撞、无剧烈振动、无高温、无易燃品存在的地方。

③ 在特殊环境条件下（室外的雨雪中，温度、湿度、气压超出正常范围或具有腐蚀、爆炸危险的环境）必须对设备采取特殊的防护措施。

④ 作业中，裸露导电部分必须有防护罩和防护措施，严禁与人员和车辆、起重机、吊坠等金属物体接触。

⑤ 焊机的电源开关必须单独设置，并设自动断电装置。

⑥ 多台焊机作业时，应保持间距 50cm 以上，不得多台焊机电连接地。

⑦ 作业时，严禁把接地线连接在管道、机械设备、建（构）筑物金属构架和轨道上，接地电阻不得大于 4Ω，现场应设专人检查，确认安全。

⑧ 长期停用的焊机恢复使用时必须检验，其绝缘电阻不得小于 0.5MΩ，接线部分不得有腐蚀和受潮现象。使用前，必须经检查，确认合格，并记录。

⑨ 露天作业使用的电焊机应设防护设施。

⑩ 受潮设备使用前，必须彻底干燥，并经电工检验，确认合格，并记录。

2）构成焊接（切割）回路的焊接电线必须适合焊接的实际操作条件，并应符合下列要求：

① 构成焊接回路的焊接电缆外皮必须完整、绝缘良好（绝缘电阻大于 1MΩ），不得将其放在高温物体附近。焊接电缆宜使用整根导线，需要接长时，接头处以必须连接牢固、绝缘良好。

② 电焊缆线长度不宜大于 30m，需要加长时，应相应增加导线的截面。

③ 电缆禁止搭在气瓶等易燃物上，禁止与油脂等易燃物质接触。

④ 能导电的物体（如管道、轨道、金属支架、暖气设备等）不得用作焊接电路。锁链、钢丝绳、起重机、卷扬机或升降机不得用于传输焊接电流。

⑤ 电焊缆线穿越道路时，必须采取保护措施（如设防护套管等）。通过轨道时，必须从轨道下穿过。缆线受损或断股时，必须立即更换，并确认完好。

⑥ 焊机接线完成后，操作前，必须检查每一个接头，确认线路连接正确、良好，接地符合规定要求。

⑦ 焊接缆线应理顺，严禁搭在电弧和炽热的焊件附近和锋利的物体上。

⑧ 作业中，焊接电缆必须经常进行检查。损坏的电缆必须及时更换成修复，并经检查，确认符合要求，方可使用。

3）使用焊钳、焊枪等应符合下列要求：

① 电焊钳必须具备良好的绝缘和隔热性能，并维护正常。焊钳握柄必须绝缘良好，握柄与导线连接应牢靠，接触良好，连接处应采用绝缘布包严，不得外露。

② 电焊机二次侧引出线、焊把线、电焊钳的接头必须牢固。

③ 作业中不得身背、臂夹电焊缆线和焊钳，不得使焊钳遭受撞击受损。

④ 金屑焊条和焊极不使用时，必须从焊钳上取下。焊钳不使用时，必须置于与人员、导电体、易燃物体或压缩空气瓶不接触处。

⑤ 作业中，严禁焊条或焊钳上带电部件与作业人员身体接触。

⑥ 焊钳不得在水中浸透冷却。

⑦ 作业中不得使用受潮焊条。更换焊条必须戴绝缘手套，手不得与电极接触。

4）闭合开关时，作业人员必须戴干燥完好的手套，并不得面向开关。

5）在木模板上施焊时，应在施焊部位下面垫隔热阻燃材料。

6）严禁对承压状态下的压力容器和管道、带电设备、承载结构的受力部位与装有易燃、易爆物品的容器进行焊接和切割。

7）需施焊承压容器、密封容器、油桶、管道、沾有可燃气体和溶液的工件时，必须先消除其内压力，消除可燃气体和溶液；并冲洗有毒、有害、易燃物质，确认合格后，方可进行。

8）施焊存贮易燃、易爆物的容器、管道前，必须打开盖口，根据存贮的介质性质，按其技术规定进行置换和清洗，经检测，确认合格并记录，方可进行。施焊中尚须采取严格地强制通风和监护措施。对存有残余油脂的容器，应先用蒸气、碱水冲洗，确认干净，并灌满清水后，方可施焊。

9）在喷刷涂料的环境内施焊前，必须制订专项安全技术措施，并经专家论证，确认安全并形成文件后，方可进行。严禁在未采取措施的情况下施焊。

10）焊接预热件时，应采取防止辐射热的措施。

11）进入容器、管道、管渠（沟）、小室等封闭空间内作业时，应符合下列要求：

① 现场必须配备氧气和有毒、有害气体浓度检测仪器。仪器应由具有资质的检测部门按规定校正，确认合格，方可使用。

② 进入封闭空间前，必须先打开拟进及其相邻近的盖板或井孔，进行通风。

③ 作业时，作业环境的空气中电焊烟尘的浓度不超过 $6mg/m^3$。

④ 当作业环境中有毒、有害气体超过允许浓度，而必需进入作业时，作业人员必须佩戴满足安全要求的供气呼吸器。供给呼吸器或呼吸设备的压缩空气必须满足作业人员正常的呼吸要求。

⑤ 照明电压不得大于 12V。

⑥ 焊工身体应用干燥的绝缘材料与焊件和可能导电的地面相隔。

⑦ 施焊时，出入口处必须设人监护，内外呼应，保持联系，确认安全，严禁单人作业。监护人员必须具有能在紧急状态下迅速救出和保护里面作业人员的救护措施、能力和设备。

⑧ 作业人员应轮换至空间外休息。

⑨ 施焊用气瓶和焊接电源必须放置在封闭空间的外面，严禁将正在燃烧的焊割具放在其内。

12）作业中，遇下列情况之一时，必须立即停机，切断电源：

① 变换作业地点、移动焊机前；

② 更换电极或喷嘴前；

③ 改变接线方式前；

④ 焊接中突然停电；

⑤ 施焊中，通电焊机出现故障、响声异常、电缆线破损、漏电征兆、列换或修复电缆等情况；

⑥ 停止作业后。

（11）采用手工氩弧焊等焊接工艺时，除应遵守有关规定外，还应遵守下列规定：

1）弧光区应实行封闭。

2）焊接时应加强通风。

3）对焊机高频回路和高压缆线的电气绝缘应加强检查，确认绝缘符合规定。

（12）不锈钢焊接时，除应遵守上述有关规定外，还应遵守下列规定：

1）使用直流焊机焊接应采用"反接法"工件接负极。焊机正负标记不清或转钮与标记不符时，使用前必须用万能电用表检测，确认正负极后，方可操作。停焊后，必须将焊条头取出或将焊钳挂牢在规定处，严禁乱放。

2）施焊中，使用砂轮打磨坡口和清理焊缝前，必须检查砂轮片及其紧固状况，确认砂轮片完好、紧固，并佩戴护目镜。

3）氩弧焊接应符合下列要求：

① 施焊现场应具有良好的自然通风，或配置能及时排除有毒、有害气体和烟尘的换气装置，保持作业点空气流通。施焊时作业人员应位于上风处，并应间歇轮流作业。

② 施焊中，作业人员必须按规定穿戴防护用品。在容器内施焊时应戴送风式头盔、送风式口罩成防毒口罩等防护用品。

③ 手工钨极氩弧焊接时，电源应采用直流正接。

④ 使用交流钨极氩弧焊机，应采用高频稳弧措施，将焊枪和焊接导线用金屑纺织线屏蔽，并采取预防高频电磁场危机双手的措施。

⑤ 打磨钨极棒时，必须戴防尘口罩和眼镜。接触钨板后，应及时洗手、漱口。钨极棒应放置封闭的铅盒内，专人保管不得乱放。

4）不锈钢在用等离子切割过程中，必须遵守氩弧焊接的安全技术规定。当电弧停止时，不得立即去检测焊缝。

（13）焊接（切割）作业后必须整理缆线、锁闭闸箱、清理现场、熄灭火种，待焊、割件余热消除后，方可离开现场。

（14）氧燃气焊接（切割）应遵守下列规定：

1）现场应根据气焊工作量安排相应的气瓶用量计划，随用随供，现场不宜多存。

2）现场应设各种气瓶专用库房，各种气瓶不使用时应存放库房，并应建立领发气瓶管理制度，由专人领用和退回。

3）气焊作业人员必须穿工作服、佩戴手套、护目镜等安全防护用品，并应符合有关规定。

4）作业中不得使用原材料为电石的乙炔发生器。

5）所有与乙炔相接触的部件（仪表、管路附件等）不得由铜、银以及铜或银含量超过70%的合金制成。

6）气瓶及其附件、软管、气阀与焊（割）炬的连接处应牢固，不得漏气。使用前和作业中应检查、试验，确认严密。检查严密性时应采用肥皂水，严整使用明火。

7）气瓶必须专用，并应配置手轮成专用扳手启闭瓶阀。

8）严禁使用未安装减压器的氧气瓶。使用减压器应符合现行《焊接、切割及类似工艺用气瓶减压器》GB/T 7899 的有关规定，并应符合下列规定：

① 减压器应完好，使用前应检查，确认合格，并符合使用气体特性及其压力。

② 减压器的连接螺纹和接头必须保证减压器与气瓶阀或软管连接良好、无泄漏。

③ 减压器在气瓶上应安装合理、牢固。采用螺纹连接时，应拧足五个螺扣以上；采用专用的夹具压紧时，卡具安装应平整牢固。

④ 从气瓶上拆卸减压器前，必须将气瓶阀关闭，并将减压器内的剩余气体释放干净。

⑤ 同时使用两种气体进行焊接或切割时，不同气瓶减压器的出口端，都应各自装设防止气流相互倒灌的单向阀。

9）氧气阀、气瓶阀、接头、减压器、软管和设备必须与油、润滑脂和其他可燃物、爆炸物要隔离。严禁用有油污的手、带着油迹的手套触碰气瓶或氧气设备。

10）气瓶使用时必须稳固竖式或装在专用车（架）或固定装置上。气瓶不得作为滚动支架，禁止使用各种气瓶作登高支架或支撑重物的衬垫、支架。

11）作业中氧气瓶与乙炔气瓶的距离不应小于 10m。

12）用于焊接和气割输送气体的软管应符合下列要求：

① 输送氧气和乙炔等气体的软管，其结构、尺寸、工作压力、机械性能、颜色应符合现行《气体焊接设备　焊接、切割和类似作业橡胶软管》GB/T 2550 的规定。软管接头应符合现行《气焊设备焊接、切割和相关工艺设备用软管接头》GB/T 5107 的规定。

② 作业中，应经常检查，保持软管完好，禁止使用泄漏、烧坏、磨损、老化或有其他缺陷的软管。

③ 禁止将气体胶管与焊接电缆、钢丝绳绞在一起。

④ 焊接胶管应妥善固定。禁止将胶管缠绕身上作业。

⑤ 作业中不得手持连接胶管的焊炬爬梯、登高。

13）作业中，严禁使用氧气代替压缩空气。用于氧气的气瓶、管线等严禁用于其他气体。

14）作业中禁止在带压或带电压的容器、管道等上施焊。

15）使用焊炬、割炬必须符合下列要求：

① 按使用说明书规定的焊、割炬点火和调节与熄火的程序操作。

② 点火前，应检查，确认焊、割炬的气路调畅、射吸能力和气密性等符合要求。

③ 点火应使用摩擦打火机、固定的点火器或其他适宜的火种。焊割炬不得指向人、设施和可燃物。

16）氧气、乙炔等气瓶运输必须符合下列要求：

① 搬运气瓶时，必须，关紧气瓶阀，旋紧瓶帽，不得提拉气瓶上的阀门保护帽，轻装、轻卸，避免可能损伤瓶体、瓶阀或安全装量的剧烈碰撞，严禁采用肩扛、背负、拖拉、抛滑及其他易造成损伤、碰撞等的搬运方法；气瓶不得使用吊钩、钢索或电磁吸盘吊运。

② 用车装运气瓶应妥善固定。汽车装运车瓶宜横向，且头部朝一向放置，不得超过车厢高度。装运气瓶的车厢应固定，且通风良好。车厢内禁止乘人和严整烟火，并必须按所装气瓶种类设备有相应的灭火器材和防毒器具。

③ 易燃、油脂和油污物品，严禁与氧气瓶同车运输。

④ 使用载重汽车运输氧气瓶时，尚应符合：其装载、包装、遮盖必须符合有关的安全规定，途中应避开火源、火种、居民区、建筑群等；炎热季节应选择阴凉处停放，不得受阳光暴晒；装卸时严禁火种；装运时，车厢底面应置用减轻氧气瓶振动的软垫层；装载质量不得超过额定重量的 70%；装运前，车厢板的油污应清除干净，严禁混装有油料或盛油容器或备用燃油。

⑤ 运输车辆在道路、公路上行驶时，应遵守有关规定，并挂有"危险品"标志，严禁在车、行人稠密地区、学校、娱乐和危险性场里停置。

17）氧气、乙炔等气瓶必须符合下列要求：

① 乙炔等气瓶储存必须按规定期限贮存。

② 气瓶储放不得遭受物理损坏，储放地点的温度不得超过 40℃。

③ 气瓶必须储放在远离电梯、楼梯或过道，不被其他物碰翻或损坏的指定地点。

④ 气瓶储放时，必须与可燃物、易燃液体隔离，并远离易引燃的材料（木材、纸张、包装油脂等）至少 6m 以上，或用至少 1.6m 高的不可燃隔板隔离。

18）使用气瓶应符合下列要求：

① 气瓶必须稳固竖立，或装在专用车（架）上，或固定装置上。

② 气瓶不得置于受阳光暴晒、热源辐射和可能受到电击的地方。

③ 气瓶必须距离实际焊接（切割）作业点 5m 以上。

④ 气瓶必须远离散热器、管路系统、电路排线等。

⑤ 禁止用电极敲击气瓶，在气瓶上引弧。

⑥ 气瓶不得作为滚动支架和支撑重物的托架。

⑦ 严禁用沾有油污的手或带有油迹的手套碰氧气瓶或氧气设备等。

⑧ 气瓶上安装的压力表必须经检测，确认合格，并在使用中保持完好。

⑨ 气瓶开启应缓慢，应按现行《焊接与切割安全》GB 9448 的有关规定程序操作。

⑩ 气瓶冻住时，不得在阀门或阀门保护帽下面用撬杠撬动气瓶松动。应使用 40℃ 以下的温水解冻。

⑪ 使用中的气瓶应进行定期检查，使用期满或送检未合格的气瓶禁止继续使用。

⑫ 气瓶使用后禁止放空，必须留有不小于 98～196kPa 表压的余气。

⑬ 作业结束后，必须关闭气瓶阀、旋紧安全阀，放置安全处，检查作业场地，确认无燃火隐患，方可离开。

（15）焊缝检查应遵守下列规定：

1）检测设备及其防护装置应完好、有效。使用仍应经具有资质的检测单位检测，确认合格，并形成文件。

2）无损探伤的检测人员应经专业技术培训，考试合格，持证上岗。

3）无损探伤检测现场应划定作业区，设安全标志。作业时，应派人值守，非检测人员严禁入内。

4）检测设备周围必须设围挡。

5）检测设备的电气接线和拆卸必须由电工操作，并符合有关规定。检测中保护缆线完好无损，发现缆线破损、漏电征兆时，必须立即停机、断电，由电工处理。

6）X、γ 射线射源运输、使用过程中，必须按其说明书规定采取可靠的防护措施。X、γ 射线探伤人员必须按规定佩戴防射线劳动保护用品，并应在防射线屏蔽保护下操作。

7）现场作业使用射线探伤仪时，应设射线屏蔽防护遮挡和醒目的安全标志。射源必须根据探伤仪和防射线要求设有足够的屏蔽保护，确认安全，并应由专人管理、使用，现场放置和作业后必须置于安全、可取的地方，避离人员；作业后必须及时收回专用库房存放。

8）使用超声波探伤仪作业时，仪器通电后严禁打开保护盖。

9）仪表设施出现故障时，必须关机、断电后方可处理。

10）长期从事射线探伤的检测人员应按劳动保护规定，定期检查身体。

11）检测中，γ 射线防护尚应遵守现行国家标准规范有关规定；

12）对接钢管焊缝的射线探伤尚应符合现行《金属熔化焊焊接接头射线照相》GB/T 3323 的有关规定。对接钢管焊缝的超声探伤尚应符合现行《承压设备无损检测》JB/T 4730 的有关规定。

3. 管道接口

（1）用于给水管道的接口密封圈、黏结剂、滑润剂、清洗剂等，不得有碍水质卫生，影响人体健康。

（2）胶圈接口作业应遵守下列规定：

1）接口安装前应检查倒链、钢丝绳、索具等工具，确认合格，方可作业。

2）接口时，手必须离开管口位置。

（3）机械接口作业应遵守下列规定：

1）法兰压盖应与法兰盘平行。

2）法兰螺栓安装方向应一致，且应将可旋紧螺母的一端安装在承口的前方。

3）旋紧螺母时，应沿圆周方向两两螺母对称轮换旋紧。

4）旋紧螺母时，不得随意加长扳手的把柄，宜采用测力扳手旋紧。

（4）油麻、水泥等填料接口作业应遵守下列规定：

1）蘸油麻时，应戴防护手套；使用夹具应轻拿轻放。

2）拌和与填打填料时，应佩戴手套、眼镜、口罩。

3）作业前应检查锤子、錾子等工具，确认完好、锤头连接牢固，锤柄无糟朽、裂痕，錾子无裂纹毛刺。

（5）熔铅接口作业应遵守下列规定：

1）作业时应设专人指挥，分工明确，互相呼应。

2）熔铅作业时严禁将水或潮湿的铅块放入已熔化的铅液内。

3）熔铅液的容器不得用锡焊制。

4）容器灌装铅液量，不得超过容器高度的 2/3。

5）安装长箍前，必须将管口内的水分吹干。灌铅口必须留在管子的正上方。长箍应安牢，四周必须用泥封严。

6）灌铅作业人员应戴防护面具和穿戴全身防护用品，站在管顶，灌铅口应朝外，灌注时应从一侧徐徐灌入，随灌随排气。一旦发生爆声，必须立即停止作业。

4. 管道勾头

（1）结水管道勾头前应完成下列准备工作：

1）勾头前应根据管径、埋深和现场环境状况编制勾头方案，规定工作坑尺寸、排水措施、勾头方法、程序和相应的安全技术措施，并经管理单位签认。

2）工作坑边坡应稳定，不得塌方，排水设施应齐全、排水路线通畅，且不影响交通和居民的生活。

3）管理单位负责的停水准备工作已落实。

（2）勾头施工应在约定的停水期限内完成。

（3）勾头施工应统一指挥，明确分工，与管理单位派至现场的人员密切配合。

（4）闸门关闭、开启工作应由管理单位的人员操作。

（5）关闸后，应开启停水管段内的消火栓或用户水龙头放水，管段内仍有水压时、应检查原因，采取降压措施。

（6）切管或卸盖堵时，应及时排水，控制管道中的水量，始终保持集水坑水面低于管底。

（7）切管时应将被截管段支牢或吊装固定。卸盖堵时应将盖堵悬吊或支牢。

（8）新装闸门与已建管道之间的管件，应在清除污物并消毒合格后，方可安装。

（9）切管后新装的管件应按设计或管理单位要求砌筑支墩。

（10）新建与已建管道连通后，开闸放水时应采取排气措施。

5. 附件安装

（1）施工中应选择符合设计文件要求并经验收合格的附件。附件安装前，应学习设计文件和产品说明书，掌握吊点位置和安装要求，确定吊装方案，选择吊装机具，制订相应的安全技术措施。

（2）人工安装附件应由专人指挥，作业人员应协调一致，并应采取防挤手的措施。

（3）阀门安装应遵守下列规定：

1）吊装阀门不得以阀门的手轮、手炳成传动机构做支、吊点。

2）吊装阀门未稳固前，严禁吊具松绳。

3）阀门安装螺栓应均匀、对称紧固，不得施力过猛。紧固时，严禁加长扳手手柄。

（4）法兰安装应遵守下列规定：

1）采用机具安装时，必须待法兰临时固定后，方可松绳。焊接作业应符合上述中有关规定。

2）作业高度大于1.2m时，应设牢固的作业平台和安全梯。

3）紧固螺栓应符合上述有关规定。

4）穿螺栓时，身体应避开螺栓孔。

（5）安全阀、水锤消除器、压力表等安装应遵守下列规定：

1）施工前，应按设计要求选择具有资质的企业生产的合格产品，并具有合格证书。

2）安装时，应按设计和产品说明书的要求进行。附件应齐全、位置应正确、安装应牢固、质量应符合规定。

3）安装过程中，应采取保护措施，严禁碰撞、损坏。

4) 安全阀、水锤消除器安装时严禁加装附件。安装完毕应按设计规定进行压力值调定，并经验收后锁定。

5) 安装后应经检查验收，确认合格并记录。使用中应保持完好，并定期检验，确认合格。

6. 过河管道

（1）过河管道宜在枯水季节施工。

（2）过河管道施工，应向河道管理部门申办施工手续，经批准后方可施工。

（3）施工前应调查河道的水文和工程地质资料与最高洪水位、流量、流速、上下游闸堤建筑、通航情况及施工范围内的地上、地下设施等河道现况。据此，编制施工组织设计并制订相应的安全技术措施。

（4）作业区临水边缘应设护栏和安全标志。

（5）需到超过 1.2m 的水域作业时，应选派熟悉水性的人员操作，并应采取防溺水的安全措施。

（6）采用筑坝或围堰施工应遵守下列规定：

1) 坝或围堰断面应根据坝、堰体高度和迎水面水深，沟槽深度、河床地质情况与施工时的运土、推土、排水设施等因素确定。坝或围堰断面应满足在施工期间最大流量、流速时，坝或堰体稳定性的要求。

2) 坝、堰顶的高度应比施工期间可能出现的最高水位高 70cm 以上。

3) 坝、围堰的设置应满足过河管道开槽、安装作业、施工排水等要求。

4) 围堰形的确定应考虑河道断面压缩后流速增大，引起对堰体、河床冲刷等因素的影响。

5) 筑堰应自上游开始至下游合龙，堰顶填出水面后应分层夯实。

6) 拆除坝和围堰应事先通知河道管理部门，拆除时应从河道中心向两岸进行，将坝和围堰拆除干净，不得影响航运和污染水体。

（7）导流渡管施工应遵守下列规定：

1) 渡管的过水断面应经水力计算确定。

2) 安装双排以上渡管时，渡管之间的净距应大于或等于两倍管径。

3) 渡管吊装应采用起重机进行，并符合有关规定。

4) 人工运渡管、就位应统一指挥，上下游作业人员应协调配合。

5) 渡管应采用钢管焊接，上下游坝体范围内的管外壁应设止水环，钢管焊接应符合有关要求。

6) 渡管必须稳定地嵌固于坝体内。

（8）河水完成导流，围堰或坝内疏干后，方可开挖管道土方。作业中应随时观察坝、围堰的稳定、渗漏情况。发现渗漏必须及时处理，发现坍塌征兆必须立即停止作业，将机械、人员撤至安全地点，并抢修坝、围堰。

（9）管道验收合格后应及时回填沟槽。回填应遵守有关规定。

（10）沉管法施工应遵守下列规定：

1) 在河道内进行管道浮运、拖运、沉放等作业，应符合河道、航道等管理部门的规定，并应在航道管理部门的监护下进行。

2）沉管作业前应进行下列准备工作：

① 在岸上组装的钢管段应进行水压试验，确认合格。

② 沉管作业船舶必须锚固保持船体平稳。

③ 牵引起重设备应完好且安装完毕，经试运转确认合格。

④ 沉管必须用缆绳绑牢固。

⑤ 灌水设备和排气阀门应完好、有效。

⑥ 潜水员的潜水准备工作完成，并经检查，确认合格。

3）钢管吊点应据吊装应力与变形进行验算确定。

4）沉管时应符合下列要求：

① 下沉时应在上游设拉结绳。

② 管道充水时应同时排气，下沉速度不得过快。

③ 吊装沉管的两端起重设备，应同步沉放，保持管道水平，待管段在槽底就稳固后，方可摘除吊钩。

5）管段在水中采用浮箱法分段连接时，浮箱必须止水严密。

6）水下回填时，应投掷砂砾石，将管道拐弯处固定后，再均匀回填沟槽。

12.2.3 排水管道安装

1. 下管与稳管

（1）施工前应根据管径、材质长度、质量和现场环境状况确定下管、稳管的方法，选择适宜的机械和工具，制订相应的安全技术措施。

（2）施工中，排管、下管宜使用起重机具进行，并遵守有关规定。严禁将管子直接推入沟槽内。管子吊下至距槽底 50cm 时，作业人员方可在管道两侧辅助作业，管子落稳后方可松绳、摘钩。

（3）人工下钢筋混凝土管应遵守下列规定：

1）下管必须由作业组长统一指挥，统一信号，分工明确，协调作业。

2）下管前方严禁站人。

3）管径小于或等于 500mm 的管子可用溜绳法下管。

4）管径大于或等于 600mm 的管子可用压绳法下管，大绳兜管的位量与管端距离不得小于 30cm；地桩埋设、坡道设置、下管操作，应符合给水排水管道工程施工及验收规范的有关规定。

5）使用大绳下管时，作业人员应用力一致，放绳均匀，保持管体平稳。

（4）三角架倒链吊装下管，除遵守有关规定外，还应遵守下列规定：

1）跨越沟槽架设管子的排木或钢梁应据管子质量，沟槽宽度经计算确定。梁在槽边与土基的搭接长度，应视土质和沟槽边坡确定，且不得小于 80cm。搭木或钢梁安设后应检查，确认合格，并形成文件。

2. 管道接口

（1）在管基上人工移送管子、调整管子位置与高程、管子对口，应由作业组长指挥。作业人员的动作应协调一致，手、脚不得放在管子下面和管口接合处。

（2）管道接口中需断管或管端边缘凿毛时，铁桶必须安牢，錾子无飞刺，握錾的手必须戴手套，打锤应稳，用力不得过猛。

（3）安装承插式管时，在承插口部位应挖工作坑。工作坑的尺寸应符合有关规定。

（4）承插式管接口安装机具，应根据接口类型选取。预拉设施，宜采用倒链和装在特制小车上的顶镐等。

（5）承插式柔性接口安装时，应由作业组长统一指挥，非作业人员不得进入安装区域，作业人员动作应协调一致，顶拉速度应缓慢、均匀。

（6）采用黏结剂粘结的塑料管接口施工遵守下列规定：

1）黏结剂、丙酮等易燃物，必须存放在危险品仓库中。运输、使用时必须远离火源，严禁明火。

2）粘结接口作业应符合下列要求：

① 搬运、吊装管件应符合有关规定。

② 粘结接口时作业人员应佩戴防护用品，严整明火，严禁用电炉加热黏结剂。

③ 气温低于 5℃不得进行粘结接口施工。

（7）采用电熔法连接的塑料管接口施工应遵守下列规定：

1）电熔设备、电极接线和熔接时间应符合塑料管生产企业的规定。

2）电气接线、拆卸作业必须由电工负责，并符合有关规定。

3）通电熔接时，严禁电缆线受力。

4）熔接时不得用手触摸接口。

5）熔接面应洁净、干燥。

6）熔接时气温不得低于 5℃。

（8）接口采用橡胶圈密封的塑料管，气温低于－10℃不得进行接口施工。

3. 管道勾

（1）施工前应根据设计文件，了解并掌握管道堵板结构，结合现场实际情况，编制勾头与打堵方案（含应急预案），经批准后实施。施工前必须向作业人员进行安全技术交底，并形成文件，未经交底严禁作业。

（2）作业前必须打开拟勾头、打堵的井口和邻近的井口送风。

（3）下检查井前，必须按有关规定对井内空气中氧气和有毒有害气体浓度进行检测，确认安全后方可进行勾头、打堵作业，遇有危及人身安全的异常情况，必须立即停止作业，分析原因，待采取安全技术措施后，方可恢复作业。

（4）在勾头、打堵作业过程中应对井内、管道内的氧气和有毒、有害气体浓度进行动态监测，确认安全并记录。

（5）管道打堵，宜在低水位时进行，需在高水位打堵时，宜在上游采取分流、导流措施。管道断面较大、水位较高时，不宜人工打堵。

（6）管道打堵作业应遵守下列规定：

1）打堵作业必须设专人指挥。

2）打堵作业应由具有施工经验的技术工人操作。

3）井内作业人员应穿戴劳动保护用品，系安全绳。

4）作业中必须采取防溺水措施。

5）井内照明电压不得大于 12V，宜采用防水灯具。

（7）在勾头、打堵中使用水泵时，电气接线与拆卸必须由电工操作，并遵守有关规定。

（8）工作坑或检查井周围应设护栏、安全标志、警示灯。

（9）夜间施工应备有充足的照明。

（10）下井作业时，井上应有人监护，内外呼应，确认安全。

12.2.4 管道附属构筑物

1. 检查井、闸室

（1）基础强度达到规定强度，并经验收合格后应及时施工工井、室结构。

（2）井、室施工作业现场应设护栏和安全标志。

（3）采用现浇法施工时，井室模板、钢筋、混凝土施工应遵守有关规定。

（4）井、室的踏步材料规格、安置位置，应符合设计规定；作业中应随砌随安，不得砌筑完成后，再凿孔后安装。

（5）井、室完成后，应及时安装井盖。施工中断未安井盖的井、室，必须临时加盖或设围挡、护栏，并加安全标志。

（6）位于道路上的井、室井盖安装，应遵守下列规定：

1）井盖应与道路齐平。

2）井盖的品种、材质、规格、额定承重荷载，应符合设计文件规定；安装井盖时，尚应核对井盖品种与管理类别并符合道路功能要求。

3）与道路等工程同时施工的井、室，其井筒的加高与降低，应与道路等施工进度协调一致，快速完成。

4）加高与降低电力、信息管道井、室时，应约请管道管理单位赴现场监护，并对井、室内设施采取保护措施。

（7）井、室完成后，应及时回填土、清理现场；当日回填土不能完成时，必须设围挡或护栏，并加安全标志。

2. 止推墩、翼墙、出水口

（1）管道、管件的止推墩（锚固墩）、翼墙、出水口等，应符合设计文件的规定。

（2）管道、管件的止推墩，锚固墩采用现浇混凝土结构时，混凝土必须浇筑在原状土土层上；采用砌筑结构的止推墩，砌筑墙体与原状层间，应用混凝土或砂浆填筑密实。

（3）止推墩的强度未达设计规定强度前不得承受外力振动。

（4）管道临河道的出水口宜在枯水期施工。

（5）为防止在施管道内进水，施工部位的下游应设挡水坝；挡水坝应高于施工期间最高水位 70cm 以上，坝体结构应能承受水流的冲刷。

12.3 燃气管道施工安全技术

12.3.1 管材吊运

1. 运输

（1）运输道路应平整、坚实，无障碍物。沿线桥涵、便桥和管道等地下设施的承载力与穿越桥梁、通信架空线路等的净空应满足车辆运输要求；电力架空线路的净空应符合有关规定。运输前，应实地踏勘，确认符合运输和设施的安全要求。

（2）运输前，应根据管子质量、长度选择适宜的运输车辆。车辆载管高度应符合道路交通运输的有关规定。严禁超高、超载运输。运输时应采取防止管子变形、损伤管外防腐层的措施。

（3）车辆运输，装车时管子、管件必须挡掩牢固。管体与车厢应打撑牢固连成一体。严禁车厢内乘人。预制的直埋供热管、包敷防腐层的燃气管等管子吊运时，应使用专用吊带。

（4）施工现场运输时，应根据现场和载物状况确定车速；倒车应先鸣笛，确认车辆后方无人、无障碍物，方可倒车。

（5）卸车时，必须检查管子、管件状况，确认稳固，方可卸管；卸放应缓慢，保持重心平衡，不得抛、摔、滚等。

（6）人工运输应遵守下列规定：

1）作业时应设专人指挥，作业人员应听从指挥，协调配合。

2）现场运输时应避让车辆、人员。

3）装卸、搬运管子时，人工抬运、推动、起落应步调一致。

4）手推车运输时，管子放置应均衡、绑扎必须牢固；行驶应缓慢、匀速，并应采取防倾覆措施。

5）人工推运管子时，应速度缓慢、均匀，保持重心平衡；上坡道时应设专人在管后方一侧备掩木；下坡道应采用控制绳控制速度；管前方严禁有人。

6）雨、雪天必须采取防滑措施。

7）滚杠运输无防腐层的管子时，作业人员应站在管子两侧，严禁用脚在管子前进方向调整滚杠，严禁直接用手操作，严禁管子滚动前方有人。

（7）用绞车和卷扬机牵引运输应遵守下列规定：

1）牵引路线应直顺，道路应平整、坚实。

2）绞车或卷扬机应置于平整、坚实的地方，机械应完好，防护装置必须齐全有效，电气接线与拆卸必须由电工操作，并应符合有关规定，地锚应坚固。

3）装载管子的小车应坚固、重心低，管子必须挡掩固定，并与小车打撑牢固。

4）作业现场应划定作业区，设专人值守，非作业人员严禁入内。

5）作业场地范围应满足通视要求，操作人员应能看清指挥人员和拖动的管子等物。

6）现场应设信号工指挥。指挥人员和机械操作工与配合人员应统一信号，协调配合。绞车或卷扬机启动前，指挥人员必须检查装载管节的小车、钢丝绳、道路、道口及其值守人员等各个环节的安全状况，待确认安全后，方可向机械操作工发出启动指令的信号。

7）钢丝绳通过道路、地面时，应采取保护措施。

8）作业时，严禁人员靠近、跨越牵引管子的钢丝绳。

（8）运输中采用起重机配合作业时，应遵守有关规定。

2. 码放

（1）管子码放场地应平整、坚实、不积水，能满足运输车辆和起重机通行、吊卸管子的要求。管子应分类码放排列整齐，各堆放层底部必须挡掩牢固。

（2）不得在电力架空线路下方码放管子。需在其一侧堆放且采用起重机吊装时，必须遵守有关规定。

（3）不得直接靠建（构）筑物码放管子，在其附近堆放时，必须保持 1m 以上的安全距离，且码放高度不得大于 1m。

（4）需要在社会道路上码放管子时，必须征得交通管理部门同意，并按其规定设围挡和安全标志，夜间和阴暗时尚须加设警示灯。

（5）现场管子宜随用随运。需堆放时，码放高度不得大于 2m。

（6）管子码放应设专人指挥，作业人员应协调配合。管子必须在下层挡掩牢固后，方可码放上层。取用管子必须自上而下逐层进行，并应及时将码放的管子挡掩牢固。

3. 吊装

（1）施工组织设计中，应根据管子质量、长度、作业环境，确定吊装方法、使用机具和安全技术措施。吊索具应据管子质量、吊装方法经计算确定。

（2）吊装场地应平整、坚实，无障碍物，能满足作业安全要求。

（3）吊装作业前应划定作业区，设人警戒，非作业人员严禁入内。

（4）吊装作业应由主管施工技术人员主持。作业前，主管施工技术人员必须向信号工、起重机械操作工和其他作业人员进行安全技术交底，并形成文件。

（5）吊装作业必须设信号工统一指挥，配合机械作业人员必须精神集中，服从指挥人员的指令。指挥人员应了解周围环境、架空线路、建（构）筑物、被吊管子质量与形状等情况，掌握吊装要点，并应向机械操作工和配合人员明确安全责任。

（6）指挥人员在吊装前，必须检查吊索具和作业环境，确认吊索具处于安全状态、起重机基础无沉陷、起重机吊装范围内无任何障碍物、无架空线、作业人员站位安全、被吊管子与其他物件无连接、警戒人员就位后，方可向机械操作工发出起吊信号。

（7）大雨、大雪、大雾、沙尘暴和 6 级（含）风以上的恶劣天气，必须停止露天吊装作业。

12.3.2 附件加工

1. 坡口加工

（1）管子坡口加工现场应设标志，周围不得有易燃物，非作业人员不得靠近。坡口加工完成后，管口应采取措施保护。

（2）切断管子宜使用切管机，不宜使用砂轮锯。管子切口刃处不得直接用手触摸，切口应倒钝。

（3）切管机、坡口机等电气接线、拆卸必须由电工操作。作业中应保护缆线完好无损，发现缆线破损、漏电征兆时，必须立即关机、断电，由电工检查处理。

（4）用手锯切管时应遵守下列规定：

1）工作台应安置稳固。

2）手锯锯片应为合格产品。

3）加工件应垫平、卡牢。

4）切断时用力应均衡，不得过猛，手脸必须避离锯刃、切口处。

5）切断部位应采取承托措施。

2. 管件与支架制作

（1）管件与支架等制作应事先制定方案，采取相应的安全技术措施。

（2）使用机械切板、投孔时，应将工件固定牢固；手不得直接触摸切口、孔口和机械传动机构。

（3）管件对接时主管必须垫牢，调整精度过程中，严禁摘钩，严禁将手放在管口间。

（4）焊接作业应遵守有关规定。

（5）弯管机弯管时，应采取防止被夹持管子失稳和防夹手的保护措施。

（6）在主管道上直接开孔焊接分支管道时，应对核切除部分采取防坠落措施，

（7）现场组焊固定支架采用起重机具时，支架施焊未完成前严禁摘钩。起重吊装作业应遵守有关规定。

12.3.3　附件防腐

1. 除锈

（1）现场宜采用除锈机除锈。除锈作业中，应根据环境状况采取防噪音、防尘和消防措施。除锈机应有防护罩，周围不得有易燃物。

（2）人工除锈应遵守下列规定：

1）按规定佩戴口罩、眼镜、手套等劳动保护用品。

2）场地应平整，通风良好。

3）管子应挡掩固定，不得在不稳定的管身上除锈。

（3）施工现场不宜使用喷砂除锈。现场需使用时，应采用真空喷砂、湿喷砂等。且必须除尘和隔声措施，并在操作范围内设安全标志。

2. 涂料防腐

（1）现场防腐作业应划定作业区并设护栏，非作业人员不得入内。

（2）涂料应按材料使用说明书的要求存放、配制。

（3）配制涂料宜使用机械搅拌，并应遵守下列规定：

1）搅拌器内拌和料体积不得超过其容积的 3/4。

2）搅拌中应采取防涂料飞溅措施。

3）机械运行时，严禁将手、工具放人搅拌器内。

4）作业中发生故障，必须立即停机、断电后，方可处理。

（4）涂料防腐施工中，作业人员必须按规定佩戴防护镜、口罩等劳动保护用品。施工作业中应避免皮肤直接接触涂料。

（5）手持机具喷涂作业应遵守下列规定：

1）作业中，严禁将喷头对向人、设备。

2）出现故障或喷头发生堵塞，必须立即停机、断电、卸压，方可处理。

3）作业后必须关机、断电，及时清洗喷头。清洗废料和余料应妥善处置。

（6）喷涂作业人员应位于上风向，5 级（含）风以上时，不得施工。

3. 沥青纤维布防腐

（1）沥青纤维布防腐，宜在专业加工厂集中进行。

（2）需在现场防腐时，作业前应划定作业区，并设护栏，非作业人员不得入内。

（3）人工缠绕沥青纤维布防腐作业时，应两人配合进行。

（4）环氧沥青纤维布防腐作业时，涂料配制应遵守产品说明书的规定。作业区应通风良好。

4. 聚合物防腐

（1）聚合物防腐作业应遵守产品说明书的规定。

（2）使用喷灯热熔粘接胶带、片时，周围不得有易燃物，并应遵守有关规定。

（3）使用专用热熔、电熔机具时，应遵守热熔、电熔机说明书的规定。电气接线与拆卸必须由电工操作，并应遵守有关规定。

（4）采用加热方法进行接口防腐时，其温度高于40℃以上，不得直接用手触摸。

5. 阴极保护防腐

（1）阴极保护施工应划定作业区，并设护栏，非作业人员不得入内。

（2）阴极保护防腐施工，应遵守设计的规定。

（3）阴极保护防腐施工中的电气设备与装置的安装，必须由电工操作，并应遵守有关规定。

（4）管道与阴极保护电缆连接处的焊接，应遵守有关规定。

（5）阴极保护电线与管道连接处裸露部分的防腐、绝缘施工，应符合设计的要求。防腐绝缘验收合格并形成文件后，应及时回填土。

12.3.4　供热管道安装

1. 下管与铺管

（1）施工组织设计中，应根据供热管道的介质、压力、管径、材质、设备、附件、现场环境等，编制供热管道安装方案，制定相应的安全技术措施。

（2）管道工应经专业培训，考核合格，方可上岗。

（3）安装机具使用前，应经检查、试运行，确认正常。

（4）作业场地应平整、无障碍物、满足机具设备和操作人员安全作业的需要。

（5）安装作业的现场应划定作业区，设标志，非作业人员严禁入内。

（6）沟槽作业应设安全梯或土坡道。

（7）作业人员应按规定佩戴劳动保护用品。

（8）进入沟槽前，必须检查沟槽边坡稳定状况，确认安全。在沟槽内作业过程中，应随时观察边坡稳定状况，发现坍塌征兆时，必须立即停止作业，撤离危险区，待加固处理，确认合格后，方可继续作业。

（9）管道安装临时中断作业时，应将管口两端临时封堵。

（10）排管、下管应使用起重机具进行，并遵守有关规定。严禁将管子置换扔入沟槽内。

（11）在沟槽外排排管时，场地应平坦、不积水，管子与槽边的距离应根据管子质量、土质、槽深确定，且不得小于1m；管子应挡掩牢固。

（12）在沟槽上方架空排管时，应遵守下列规定：

1）沟槽顶部宽度不宜大于2m。

2）排管所使用的横梁断面尺寸、长度、间距，应经计算确定。严禁使用槽杇、劈裂的木材作横梁。

　　3）排管用的横梁两端应置于平整、坚实的地基上，并以方木支垫，其在沟槽上的搭置长度，每侧不得小于 80cm。

　　4）支承每根管子的横梁顶面应水平，且同高程。

　　5）排管下方严禁有人。

　　（13）在沟墙上方架空排管时，排管用的横梁两端在沟墙上的搭置长度不得超过墙外缘，并应遵守上述第（12）条的有关规定。

　　（14）下管前，必须检查沟槽边坡状况，确认稳定。下管中，应在沟槽内采取防止管子摆动的措施和设临时支墩。

　　（15）起重机具下管应将管子下放至距管沟基面或沟槽底 50cm 后，作业人员方可在管道两侧辅助作业，管子落稳后方可摘钩。

　　（16）管段较长，使用多个起重机或多个倒链下管时，必须由一名信号工统一指挥。管段各支承点的高程应一致，各个作业点应协调作业，保持管段水平下落。

　　（17）对口作业应遵守下列规定：

　　1）人工调整管子位置时必须由专人指挥，作业人员应精神集中，配合协调。

　　2）采用机具配合对口时，机具操作工必须听从管工指令。

　　3）对口时，严禁将手脚放在管口或法兰连接处。

　　4）对口后，应及时将管身挡掩，并点焊固定。

　　5）点焊时，施焊人员应按规定佩戴面具等劳动保护用品，非施焊人员必须避开电弧光和火花。

　　（18）架空管道安装应遵守下列规定：

　　1）作业前，应根据架空管节的长度和质量、管径、支架间距与现场环境等状况，对临时支架进行施工设计，其强度、刚度、稳定性应符合管道架设过程中荷载的要求。

　　2）临时支架必须支设牢固，不得与支架结构相连；支设完成后，应进行检查、验收，确认符合施工设计的要求并形成文件后，方可安装管子。

　　3）支架结构施工完成，并经验收，确认合格，方可在其上架设管子。严禁利用支架作地锚、后背等临时受力结构使用。

　　4）高处作业人员携带的小工具、管件等，应放在工具袋内，放置安全。不得使用上下抛掷方法传送工具和材料等。

　　5）高处作业下方可能坠落范围内严禁有人。

　　2. 管路附件安装

　　（1）附件安装前，应学习设计文件和产品说明书，掌握安装要求，确定吊袋方案，选择吊装机具和吊点，制定相应的安全技术措施。

　　（2）阀门、套筒、管路附件等安装前，应经检查，确认合格。

　　（3）安装作业中，严禁蹬、踩附件和管道。

　　（4）管道支架、支座的结构应符合设计要求，安装后应经验收，确认合格，并形成文件。

　　（5）人工安装管路附件应由专人指挥，作业人员应互相照应，协调一致。

　　（6）阀门安装应遵守下列规定：

1) 阀门经检验确认合格后，方可安装。

2) 阀门未安装前，应放置稳固，运输中应捆绑牢固。

3) 吊装阀门不得以阀门的手轮、手柄或传动机构作支、吊点。

4) 吊装阀门未稳固前，严禁吊具松绳。

5) 两人以上运输、安装质量较大阀门时，应统一指挥，动作协调。

6) 阀门安装完毕，确认稳固后方可拆除临时支承设施。

7) 阀门安装螺栓应均匀、对称施力紧固，不得过猛。紧固时，严禁加长扳手手柄。

(7) 方形补偿器安装应遵守下列规定：

1) 方形补偿器制作、安装位置、预加应力应符合设计和施工设计规定。

2) 施加预应力机具应完好，作业前应检查，确认符合要求。

3) 使用螺栓施加预应力应符合下列要求：

① 施加预应力装置的结构应经计算确定。

② 施加预应力装置安装应牢固。

③ 施力螺杆应对称、均匀分布。

④ 施力时应对称、缓慢、均匀。

⑤ 补偿器与管道连接前，严禁人员碰撞施力装置。

4) 使用千斤顶施加预应力应符合下列要求：

① 千斤顶应放置在干燥和不受暴晒、雨淋的地方，搬运时不得扔掷。

② 使用前应检查，确认千斤顶的机件无损坏、无漏油、灵活、有效。禁止使用有裂纹的丝杆、螺母。遗漏油或机件故障，应立即更换检修。

③ 使用时，应专人指挥，作业人员协调配合。

④ 千斤顶支架和千斤顶应安装稳固；千斤顶和传力装置与管道轴线应平行；千斤顶与管子间应以木垫垫牢。

⑤ 千斤顶应置于平整、坚实的基础或后背上，并以垫木垫实。

⑥ 补偿器受力处垫板应与管体贴实，并与管道轴线垂直。

⑦ 施力应均匀，不得过猛。作业中应对千斤顶和传力装置采取防失稳措施，作业人员应位于安全处。

⑧ 千斤顶必须按规定的承载力使用，不得超载；最大工作行程，不得超过丝杆或活塞总高度的 75%。

⑨ 使用一台千斤顶管时，应掌握重心，保持平稳；两台以上时，宜选用规格形式一致的千斤顶，并保持受力均匀，顶速相同。

5) 补偿器与管道焊接前，严禁人员蹬、踩千斤顶传力系统、补偿器和管道。

(8) 套筒补偿器、波纹补偿器安装时，临时支承设施必须牢固。补偿器与管道连接固定后，方可拆除临时支承设施。

(9) 安全阀、压力表、温度计等安装应遵守下列规定：

1) 施工前，应按设计要求选择有资质的企业生产的产品，具有合格证，并应根据设计和建设单位的要求，经有资质的企业检验、标定，确认合格，且形成文件。

2) 安装时，应按设计和产品说明书的要求进行，位置正确、安装牢固、附件齐全、质量合格。

3）安装过程中，应采取措施保护，严禁碰撞、损坏。

4）安全阀安装时，严禁加装附件。安装完毕，应按设计规定进行压力值调整，经验收确认合格后锁定，并形成文件。

5）安装后，安全阀、压力表等应经验收，确认合格并记录。使用中应保持完好，并按规定定期检验，确认合格。

（10）法兰安装应遵守下列规定：

1）采用机具安装时，必须待法兰临时固定后，方可松绳。

2）穿装螺栓时，身体应避开螺栓孔。紧固时应施力对称、均匀，不得过猛，严整加长扳手手柄。

3. 保温

（1）施工前，应根据保温材料的特性，采取相应的安全技术措施。

（2）作业时，作业人员应按规定佩戴相应的劳动保护用品。

（3）作业高度大于 1.5m（含）时，必须设作业平台。

（4）原材料应在专用库房内分类贮存。

（5）使用铁丝捆绑保温瓦壳结构时，应将绑丝由上向下贴管壁捆绑，操作工应注意避离绑丝，严禁将绑丝头朝外。作业人员不得在保温壳上操作或行走。

（6）采用粉状、散状材料填充保温时，施工中必须采取防止粉尘散落、飞扬的措施。

（7）采用聚氨酯等材料灌填保温应遵守下列规定：

1）作业环境应通风良好。

2）模具应完好，安装支设牢固。

3）在通风不良环境作业时，应符合有关规定。

（8）使用喷涂法施作保温结构应遵守下列规定：

1）喷涂机具应完好，管路应通畅、接口应严密。压力表、安全阀等应灵敏有效。作业前应经试喷，确认合格。

2）喷涂中不得超过规定的控制压力。

3）作业时，不得把喷枪对向人、设备和设施。

4）5 级（含）风以上天气，不得露天施工。

5）机具设备和管路发生故障或检修时，必须停机断电、卸压后方可进行。

（9）采用保温绳、带施工时，宜两人配合作业。

（10）施作金属套保护层应箍紧，纵向接口不得外翘、开裂，徒手不得触摸接口刃处。

（11）施工中，剩余原材料应回收，散落物应及时清除，妥善处置，保持环境清洁。

12.3.5　燃气管道安装

1. 下管与铺管

（1）燃气管道与地上地下建（构）筑物和其他管道之间的水平与垂直净距，应按设计规定保持安全距离。任何情况下，不得将燃气管道与动力或照明电缆同沟铺设。

（2）机具下管、排管、对口作业应遵守有关规定。

（3）采用水平定向钻进等非明挖方法敷设管子时，应遵守下列规定：

1）施工前，应根据设计文件工程地质、水文地质、地上地下管线等建（构）筑物、交通和现场环境状况，编制施工方案，确定施工工艺，选择工作坑位量，确定安全技术措施。

2）施工中应设专人指挥，各工序应定员定岗，明确职责，同时做好通信联系工作。

3）作业前必须根据设计文件和作业现场勘察情况，调查、复核新敷设管道与沿线先况地下管线等建（构）筑物的距离确认安全，不符合安全要求时，必须采取可靠措施处理，确认安全并形成文件后方可施工。

4）敷设管道与原地下管线等建（构）筑物的最小水平、垂直净距应符合现行《城镇燃气设计规范》GB 50028 的有关规定。

5）施工工艺需采用泥浆时，应设泥浆沉淀池，池体结构应坚固，其周围应设防护栏杆，泥水不得随地漫流，污泥应妥善处理。

6）作业中所需机具、设备应完好，安全装置应齐全有效，安装应稳固。使用前应检查、试运转，确认合格。

7）施工中所使用的专用机具，应遵守原产品使用说明书的规定，并制定相应的安全操作规程。

8）施工前应根据施工工艺要求设工作坑，并应符合下列要求：

① 工作坑宜选择在现况道路之外，不影响居民出行的地方。需在现况道路内时，必须在施工前编制交通导行方案，并经交通管理部门批准。施工中必须设专人疏导交通和清理现场。

② 工作坑不宜设在电力架空线路下方。需设在电力架空线路下方时，施工中严禁使用起重机、钻孔机、挖掘机等。

③ 地下水位高于工作坑底部时，应采取降水措施，保持干槽作业。

④ 工作坑沿部位不得有松动的石块、砖、工具等物，坑壁必须稳定。需支护时，其结构应经计算确定，并形成文件。

⑤ 坑口外 2m 范围内不得有障碍物，周围应设围挡，非作业人员严禁入内。

⑥ 工作坑基础应坚实、平整，满足施工需要，并经验收，确认合格。

⑦ 人员上下工作坑应设安全梯或土坡道。

⑧ 两端土作坑的作业人员应密切联系，步调一致。

9）管线敷设完成后，应及时按施工设计规定回填，恢复原地貌。

（4）管道穿越河道施工时，应遵守下列规定：

1）过河管道宜在枯水季节施工。

2）施工前，应对河道和现场环境进行调查，掌握现场的工程地质、地下水状况和河道宽度、水深、流速、最高洪水位、上下游闸堤、施工范围内的地上与地下设施等现况，编制过河管道施工方案，制定相应的安全技术措施。

3）施工前，应向河道管理部门申办施工手续，并经批准。

4）作业区临水边应设护栏和安全标志，阴暗和夜间时应加设警示灯。

5）进入水深超过 1.2m 的水域作业时，应选派熟悉水性的人员，并应采取防止溺水的安全措施。

6）采用渡管导流方法施工应符合下列要求：

① 筑坝范围应满足过河管道施工安全作业的要求。

② 渡管过水断面、筑坝高度与断面应经水力计算确定。坝顶的高度应比施工期间可能出现的最高水位高 70cm 以上。

③ 当渡管大于或等于两排时，渡管净距应大于或等于两倍管径。

④ 渡管应采用钢管焊制，上下游坝体范围内管外壁应设止水环。

⑤ 渡管的吊运应符合管材吊运的有关规定。

⑥ 人工运渡管及其就位应统一指挥，上、下游作业人员应协调配合。

⑦ 渡管必须稳定嵌固于坝体中。

7）围堰施工应遵守下列规定：

① 围堰断面应根据水力状况确定，其强度、稳定性应满足最高水位、最大流速时的水力要求。围堰不得渗漏。

② 围堰内的面积应满足沟槽施工和设置排水设施的要求。

③ 围堰外侧水面应采取防冲刷措施。

④ 围堰顶面应高出施工期间可能出现的最高水位 70cm 以上。

⑤ 筑堰皮自上游起，至下游合龙。

⑥ 拆除坝体、围堰应先清除施工区内影响航运和污染水体的物质，并应通知河道管理部门。拆除时应从河道中心向两岸进行，将坝体、围堰等拆除干净。

8）采用土围堰应符合下列要求：

① 水深 1.5m 以内、流速 50cm/s 以内、河床土质渗透系数较小时，可筑土围堰。

② 堰顶宽宜为 1～2m，堰内坡脚与基坑边缘距离应由河床土质和基坑深度确定，且不得小于 1m。

③ 筑堰土质宜采用松散的黏性土或砂夹黏土，填土出水面后应进行夯实。填土应自上游开始至下游合龙。

④ 由于筑堰引起流速增大，堰外坡面可能受冲刷危险时，应在围堰外坡用土袋、片石等防护。

9）采用土袋围堰应符合下列要求：

① 水深 1.5m 以内、流速 1.0m/s 以内、河床土质渗透系数较小时可采用土袋围堰。

② 堰顶宽宜为 1～2m，围堰中心部分可填筑黏土和黏土芯墙。堰外边坡宜为 1∶1～1∶0.5；堰内边坡宜为 1∶0.5～1∶0.2，坡脚与基坑边缘距离应据河床土质和基坑深度而定，且不得小于 1m。

③ 草袋或编织袋内应装填松散的黏土或砂夹黏土。

④ 堆码土袋时，上下层和内外层应相互错缝、堆码密实且平整。

⑤ 水流速度较大处，堰外边坡草袋或编织袋内宜装填粗砂砾或砾石。

⑥ 黏土心墙的填土应分层夯实。

10）管道验收合格后应及时回填沟槽。

11）施工中，过河管道两端检查井井口应盖牢或设围挡。

（5）聚乙烯管安装应遵守下列规定：

1）接口机具的电气接线与拆卸必须由电工负责，并符合有关规定。作业中应保护缆线完好无损，发现破损、漏电征兆时，必须立即停机、断电，由电工处理。

2）施工中严禁明火。热熔、电熔连接时，不得用手直接触摸接口。

3）管材和管材粘接材料应专库存放，并建立管理制度，余料应回收。

4）施工中。尚应遵守现行《聚乙烯燃气管道工程技术规程》CJJ 63 的有关规定。

2. 焊接

（1）在沟槽内焊接钢管固定口时，应挖工作坑。

（2）燃气管道采用手工氩弧焊等焊接工艺时，应遵守下列规定：

1）弧光区应实行封闭。

2）焊接时应加强通风。

3）对焊机高频回路和高压缆线的电气绝缘应加强检查，确认绝缘符合规定。

（3）使用无损探伤法检测焊缝应遵守下列规定：

1）检测设备及其防护装置应完好、有效。使用前应经具有资质的检测单位检测，确认合格，并形成文件。

2）无损探伤的检测人员应经专业技术培训，考试合格，持证上岗。

3）现场应划定作业区，设安全标志。作业时，应派人值守，非检测人员严禁入内。

4）检测设备周围必须设围挡。

5）检测设备的电气接线和拆卸必须由电工操作，并符合有关规定。检测中应保护缆线完好无损，发现缆线破损、漏电征兆时，必须立即停机、断电，由电工处理。

6）X、γ射线射源运输、使用过程中，必须按其说明书规定采取可靠的防护措施。X、γ射线探伤人员必须按规定佩戴防射线劳动保护用品，并应在防射线屏蔽保护下操作。

7）现场作业使用射线探伤仪时，应设射线屏蔽防护遮挡和醒目的安全标志。射源必须根据探伤仪和防射线要求设有足够的屏蔽保护，确认安全，并应由专人管理、使用；现场放置和作业后必须置于安全、可靠的地方，避离人员；作业后必须及时收回专用库房存放。

8）使用超声波探伤仪作业时，仪器通电后严禁打开保护盖。

9）仪表设施出现故障时，必须关机、断电后方可处理。

10）长期从事射线探伤的检测人员应按劳动保护规定，定期检查身体。

11）检测中，γ射线防护尚应遵守现行国家有关标准规范规定。

12）对接钢管焊缝的射线探伤尚应符合现行《金属熔化焊焊接头射线照相》GB/T 3323 的规定。对接钢管焊缝的超声探伤尚应符合现行《承压设备无损检测 第 3 部分：超声检测》NB/T 47013.3 的规定。

3. 管线附件安装

（1）设备和附件安装前，应学习设计文件和产品说明书，掌握安装要求，确定吊装方案、吊点位置，选择吊装机具，制定相应的安全技术措施。

（2）阀门、套筒、管路附件等安装前，应经检查，确认合格。

（3）采用机具调运附件应遵守有关规定。

（4）人工搬运、安装附件应由专人指挥，作业人员协调配合，并采取防碰伤措施。

（5）阀门安装应遵守有关规定。

（6）需安装凝水器时应遵守下列规定：

1）凝水器应按设计规定加工制作。

2）现场加工焊制应符合有关规定。

3）加工焊制完成经验收合格后，方可安装。凝水器安装时，作业人员手脚应避离其底部。

4）安装中需灌注沥青时应遵守有关规定。

（7）调长器安装应遵守有关规定。

（8）流量计、压力表安装应遵守有关规定。

12.4　事　故　案　例

案例：德州清管站火灾事故

1. 事故经过

中原输气公司在中沧输气管线进行高唐至德州管段的清管作业。在高唐站由发球筒发球后，球卡于出站三通处。当晚 19 时 30 分，采用高唐站重新倒换发球流程，采用管线憋压的方法重新发球，球被冲进干线。16 日凌晨 1 时 15 分，指挥人员指令打开德州清管站收球筒放空阀准备引球，开放空阀后看到放空管喷出液体污物，便立即命令关闭放空管。1 时 18 分，打开排污阀向排污池排放污物，因夜间能见度低，误将排出的凝析油当作污水，5 分钟后排污池灌满，大量油气弥漫站内，被距排污池 95m 处的小茶炉明火引燃，导致轻质油挥发气大面积爆燃，排污池燃烧 3 小时 27 分。导致 5 名职工死亡，烧伤 6 人，5 台机动车被烧毁，经济损失 53 万元。

2. 原因分析

（1）对通球清管作业认识不足，没有预见排污中有液态烃。

（2）是在不利的生产条件下进行的带气清管。

（3）放空装置在设计上不够合理。生产区距离其他设施防火间距不符合防火规定。

（4）缺少必要的输气安全规程依据。

3. 经验教训

（1）中原油田天然气中含大量的凝析油是造成起火的根本原因。

（2）中沧线在设计上不完善、不合理。

（3）清管作业缺少科学和技术手段，存在一定的盲目性。

4. 预防措施

（1）从根本上解决油田气质问题。

（2）对中沧线进行全面改造。

（3）完善沿线各站的生产配套工程。

（4）停止德州清管站内液化气站和油库的使用。

（5）建立天然气化验室进行气体分析。

第13章 道 路 工 程

13.1 城市道路的性质、作用与组成

13.1.1 城市道路的性质

城市道路是城市中组织生产、安排生活所必需的车辆、行人交通往来的通道；是连接城市各个组成部分，包括市中心、工业区、生活居住区、对外交通枢纽以及文化教育、风景游览、体育活动场所等，并与郊区公路相贯通的交通纽带。

13.1.2 城市道路的作用

城市道路是组织城市交通运输的基础。城市道路是城市的主要基础设施之一，是市区范围内人工建筑的交通路线，主要作用在于安全、迅速、舒适地通行车辆和行人，为城市工业生产与居民生活服务。同时，城市道路也是布置城市公用事业地上、地下管线设施，街道绿化，组织沿街建筑和划分街坊的基础，并为城市公用设施提供容纳空间。城市道路用地是在城市总体规划中所确定的道路规划红线之间的用地部分，是道路规划红线与城市建筑用地、生产用地以及其他用地的分界控制线。因此，城市道路是城市市政设施的重要组成部分。

13.1.3 城市道路的组成

城市道路由车行道、人行道、平侧石及附属设施四个主要部分组成。

1. 车行道

车行道即道路的行车部分，主要供各种车辆行驶，分快车道（机动车道）、慢车道（非机动车道）。车道的宽度根据通行车辆的多少及车速而定，一般常用的机动车道宽度有3.5m、13.75m、4.0m（设计车速高的用较宽的车道）；无路缘者，靠路边的车道要适当放宽；每条机动车道宽度为2～2.5m，一条道路的车行道可由一条或数条机动车道和数条非机动车道组成。

2. 人行道

人行道是供行人步行交通所用，人行道的宽度取决于行人交通的数量。人行道每条步行带宽度为0.75～1m，由数条步行带组成，一般宽度为4～5m，但在车站、剧场、商业网点等行人集散地段的人行道，应考虑行人的滞留、自行车停放等因素，适当加宽。为了保证行人交通的安全，人行道与车行道应有所分隔，一般高出车行道15～17m。

3. 平侧石

平侧石位于车行道与人行道的分界位置，它也是路面排水设施的一个组成部分，同时又起着保护道路面层结构边缘部分的作用。

侧石与平石共同构成路面排水边沟，侧石与平石的线形确定了车行道的线形，平石的平面宽度属车行道范围。

4. 附属设施

（1）排水设施。包括为路面排水的雨水进水井口、检查井、雨水沟管、连接管、污水管的各种检查井等。

（2）交通隔离设施。包括用于交通分离的分车岛、分隔带、隔离墩、护栏和用于导流交通和车辆回旋的交通岛和回车岛等。

（3）绿化。包括行道树、林荫带、绿篱、花坛、街心花园的绿化，为保护绿化设置的隔离设施。

（4）地面上杆线和地下管网。包括雨污水管道、给水管道、电力电缆、煤气等地下管网和电话、电力、热力、照明、公共交通等架空杆线及测量标志等。

（5）其他。附属设施还包括路名牌、交通标志牌、交通指挥设备、消火栓、邮筒以及为保护路基设置的挡土墙、护栏、护坡以及停车场、加油站等。

13.2　道路工程施工

13.2.1　路　　基

路基是路面的基础，是按照路线位置和一定技术要求修筑的作为路面基础的带状构造物。主要是用当地的土石料填筑或在原地面开挖而形成道路的主体结构。路基通常包括路基主体（路肩）、边坡、排水设施等组成部分。由于路基是道路承重的主体，没有坚固稳定的路基就没有稳固的路面，因此路基应满足以下要求：

（1）具有合理的断面形式和尺寸。

（2）具有足够的强度。路基强度即路基在荷载的作用下抵抗变形破坏的能力。

（3）具有足够的整体稳定性。路基是原地面上填筑或挖筑的。当工程地质不良时可能产生路基的整体下滑、边坡塌陷、路基沉降等整体变形过大甚至破坏的后果，即路基失去整体稳定性。

（4）具有足够的水温稳定性。水温稳定性是指路基在水温变化时其强度变化的性质。

路基土的性质决定了路基的强度和稳定性，应因地制宜选择适用的筑路材料。砂性土是修筑路基的理想材料。

13.2.2　道路路基施工技术

1. 施工测量

（1）施工前，应根据工程特点和现场环境状况制定施工测量方案，采取相应的安全技术措施。

（2）现场测量作业应选择安全路线，避开河流、湖泊、沼泽、悬崖等危险区域，保持安全。

（3）现场作业跨越河流时，应设临时便桥。便桥应支搭坚固应符合施工临时设施中有关规定。

（4）现场作业攀登高坎、高坡时，应设安全梯或土坡道。

（5）高处临边作业时，作业人员必须站位安全，并应遵守安全防护设施的有关规定。

（6）山区作业时，应遵守护林防火规定，严禁烟火，并应采取防止有些动、植物伤人的措施？

（7）测量钉桩前，应确认地下管线在钉桩过程中处于安全状况，方可作业。

（8）测量钉桩时，应疏导周围人员，扶桩人员应站位于锤击方向的侧面。

（9）需进入管道、沟及其检查井（室）内等作业，应遵守下列规定：

1）进入前，必须先打开拟进入和与其相邻检查井（室）的井盖（板）进行通风。

2）进入前，必须先检测井（室）内空气中氧气和有毒、有害气体浓度，确认其内空气质量合格并记录后，方可进入作业；如检测合格后未立即进入，当再进入前，应重新检测，确认合格并记录。

3）作业过程中，必须对作业环境的空气质量进行动态监测，确认符合要求并记录。

4）作业时，操作人员应轮换作业。井、沟等出入口外必须设人监护，且严禁离开岗位。

（10）现场作业必须避离施工机械。需在施工机械附近作业时，施工机械应暂停运行。

（11）在道路、公路上作业应遵守下列规定：

1）作业前应经交通管理部部门同意，并应避开交通高峰时间作业。

2）现场必须划定作业区，周围设安全标志，夜间和阴暗时必须加设警示灯。

3）作业点必须设人疏导交通。

4）作业人员应穿具有反光标志的安全背心。

5）需在道路（含步道）、公路（含路肩）设测量桩时，桩不得高于路面（含步道、路肩）。

6）作业后应立即拆除标志设施，恢复原况。

（12）严冬时期冰上测量时，应测量冰层厚度、了解冰封状况，确认进入冰层无危险后方可作业。

（13）工程竣工后，现场测量桩应拔除。恢复地面原貌。

2. 路基施工

（1）路基挖土

1）施工前，应约请道路施工占地范围内有关现况管线等地下设施的管理单位召开施工配合会，了解各种设施的状况，核实位置，必要时应采取详探措施，并研究、确认加固或迁移方案。

2）详探作业中，应采取措施使被探地下管线保持安全的状态。

3）施工中，应对道路范围内的地下管线和道路工程周密计划，合理安排，道路结构以下的管线应先行施工，不得互相干扰。施工中由于设计变更等原因，便路基范围内的原地下管线等构筑物埋深较浅，作业中可能受到损坏时，应向监理工程师、设计单位和建设单位提出来采取加固或迁移措施的要求，并办理手续。

4）施工现场使用的机具设备，使用前应检查、试运转，确认合格。施工中应定期检查，保持正常。

5）施工前应清理现场，清除各种障碍物，平整地面，满足施工需要。

6）挖土前，主管施工技术人员必须对作业人员进行安全技术交底。交底应包括下列内容：

① 施工范围内各类地下管线和构筑物的位置、现状及其重要性与损坏后的危害性。

② 路堑断面尺寸、边坡和分层开挖深度。

③ 挖土方法。

④ 安全防范和应急措施。

⑤ 作业人员、机具设备操作工之间的相互配合关系。

7）挖土前，应按施工组织设计规定对建（构）筑物、现状管线、排水设施实施迁移或加固。施工中，应对加固部位经常检查、维护，保持设施的安全运行。在施工范围内可不迁移的地下管线等设施，应勘探、标识，并采取保护措施。

8）路堑边坡开挖应遵守设计文件的规定。当实际地质情况与原设计不符时，应及时向监理工程师、设计单位和建设单位提出变更设计要求，并办理手续。保持边坡稳定，施工安全。

9）施工中遇路堑边坡为易塌方土体不能保持稳定时，应及时向监理工程师、设计单位和建设单位提出变更设计要求，并办理手续。

10）在天然湿度土质的地区开挖土方。当地下水位低于开挖基面 50cm 以下，其开挖深度不超过下列规定时，可挖直槽（坡度为 1∶0.05）：

砂土和砂砾石　　　　　　　1.0m

粉质砂土和粉质黏土　　　　1.2m

黏土　　　　　　　　　　　1.5m

11）路堑挖掘应自上而下分层进行，严禁掏土挖土。挖土作业中断和作业后，其开挖面应设稳定的坡度。

12）机械挖掘时。必须避开建（构）筑物和管线，严禁碰撞。在距现状直埋缆线 2m 范围内，必须人工开挖。严禁机械开挖，并宜约请管理单位派人现场监护。在距各类管道 1m 范围内，应人工开挖，不得机械开挖，并宜约请管理单位派人现场监护。

13）挖土中，遇文物、爆炸物、不明物，和原设计图纸与管理单位未标注的地下管线、构筑物时，必须立即停止施工。保护现场，向上级报告，并和有关管理单位联系，研究处理措施，经妥善处理，确认安全并形成文件方可恢复施工。

14）由于附近建（构）筑物等条件所限，路堑坡度不能按设计规定挖掘时，应根据建（构）筑物、工程地质、水文地质、开挖深度等情况，向设计单位、监理工程师和建设单位提出对建（构）筑物采取加固措施的建议，并办理有关手续，保障建（构）筑物和施工安全。

15）路堑边坡设混凝土灌注桩、地下连续墙等挡土墙结构时，应待挡土墙结构强度达设计规定后，方可开挖路堑土方。

16）用挖掘机械挖土应遵守下列规定：

① 挖土作业应设专人指挥。指挥人员应在确认周围环境安全、机械回转范围内无人和障碍物后，方可向机械操作工发出启动信号。挖掘过程中，指挥人员应随时检查挖掘面和观察机械周围环境状况，确认安全。

② 机械行驶和作业场地应平整、坚实、无障碍物。地面松软时应结合现状采取加固

措施。

③ 遇岩石需爆破时，现场所有人员、机械必须撤至安全地带，并采取安全保护措施，待爆破作业完成，解除警戒，确认安全后方可继续开挖。

④ 挖掘路堑边缘时，边坡不得留有伞沿和松动的大块石，发现现有塌方征兆时，必须立即将挖掘机械撤至安全地带，并采取安全技术措施。

17) 推土机在陡坡或深路堑、沟槽推土时，应有专人指挥，其垂直边坡高度不得大于 2m。

18) 人工挖土应遵守下列规定：

① 作业现场附近有管线等构筑物时，应在开挖前掌握其位置，并在开挖中对其采取保护措施，使管线等构筑物处于安全状态。

② 路堑开挖深度大于 2.5m 时，应分层开挖，每层的高度不得大于 2.0m，层间应留平台。平台宽度，对不设支护的槽与直槽间不得小于 80cm，设置井点时不得小于 1.5m；其他情况不得小于 50cm。

③ 作业人员之间的距离，横向不得小于 2m，纵向不得小于 3m。

④ 严禁掏洞和在路堑底部边缘休息。

19) 施工中严禁在松动危石、有坍塌危险的边坡下方作业、休息和存放机具材料。

20) 在路堑清方中发现瞎炮、残药、雷管时，必须由爆破操作工及时处理，并确认安全。

21) 在路堑底部边坡附近设临时道路时，临时道路边线与边坡线的距离应依路堑边坡坡度、地质条件、路堑高度而定，且不宜小于 2m。

22) 运输挖掘机械应根据运输的机械质量、结构形式、运输环境等选择相应的平板拖车，制定运输方案，采取相应的安全技术措施。

23) 挖除旧道路结构应遵守下列规定：

① 施工前，应根据旧道路结构和现场环境状况，确定挖除方法和选择适用的机具。

② 现场应划定作业区，设安全标志，非作业人员不得入内。

③ 作业人员应避离运转中的机具。

④ 使用液压振动锤时，严禁将锤对向人、设备和设施。

⑤ 采用风钻时，空压机操作工应服从风钻操作工的指令。

⑥ 挖除中，应采取措施保持作业区内道路上各现况管线及其检查井的完好。

⑦ 挖除后应及时清碴出场至规定地点。

3. 路基填土

(1) 填土前，应根据工程规模、填土宽度和深度、地下管线等构筑物与现场环境状况制定填土方案，确定现状建（构）筑物、管线的改移和加固方法、填土方法和程序，并选择适宜的土方整平和碾压机械设备，制定相应的安全技术措施。

(2) 路基填土应在影响施工的现状建（构）筑物和管线处理完毕、路基范围内新建地下管线沟槽回填完毕后进行。

(3) 填方破坏原排水系统时，应在填方前修筑新的排水系统，保持通畅。

(4) 填方边坡坡度应符合设计规定。

(5) 填方前，应将原地表积水排干，淤泥、腐殖土、树根、杂物等挖除，并整平原地面。清除淤泥前应探明淤泥性质和深度，并采取相应的安全技术措施。

（6）填土地段的架空线路净高应满足施工要求。遇电力架空线路时，应遵守有关规定。

（7）推土机向堑、槽内送土时，机身、铲刀与堑、槽边缘之间应保持安全距离。

（8）路基下有管线时，管顶以上 50cm 范围内不得用压路机碾压。采用重型压实机械压实或有较重车辆在回填土上行驶时，管道顶部以上应有一定厚度的压实回填土，其最小厚度应根据机械和车辆的质量与管道的设计承载力等情况，经计算确定。

（9）填土路基为土边坡时，每侧填土宽度应大于设计宽度 50cm。碾压高填土方时，应自路基边缘向中央进行，且与填土外侧距离不得小于 50cm。

（10）地下人行通道、涵洞和管道填土应遵守下列规定：

1）地下人行通道和涵洞的砌体砂浆强度达到 5MPa、现浇混凝土强度达到设计规定、预制顶板安装后，方可填土。

2）管座混凝土、管道接口结构、井墙强度达到设计规定，方可填上。

3）通道、涵和管两侧填土应分层对称进行，其高差不得大于 30cm。

4）通道、涵和管顶 50cm 范围内不得使用压路机碾压。

（11）轻型桥台背后填土应遵守下列规定：

1）填土前，盖板和支撑梁必须安装完毕并达设计规定强度。

2）台身砌体砂浆或混凝土强度应达到设计规定，方可填土。

3）两侧背填土应按技术规定分层对称进行，其高差不得大于 30cm。

（12）路基外侧为挡土墙时，应先施工挡土墙。混凝土或砌体砂浆强度达到设计规定后方可填土。

（13）使用振动压路机碾压路基前，应对附近地上和地下建（构）筑物、管线可能造成的振动影响进行分析，确认安全。

（14）借土填筑路基时，取土场应符合下列规定：

1）取土场地宜选择在空旷、远高建（构）筑物、地势较高、不积水且不影响原有排水系统功能的地方。

2）取土场周围应设护栏。

3）挖土边坡应根据土质和挖土深度情况确定，边坡应稳定。

4）场地上有架空线时，应对线杆和拉线采取预留土台等防护措施。土台半径应依线杆（拉线）结构、进入深度和土质而定：电线杆不得小于 1m，拉线不得小于 1.5m，并应根据土质情况设土台边坡。土台周围应设安全标志。

5）需在建（构）筑物附近取土时，应对建（构）筑物采取安全技术措施，确认安全后方可取上。

6）采用挖掘机挖土应符合上述 3）中的有关规定。

（15）填土压实

填土压实应注意下列事项：

1）填土压实中填方土料应符合设计要求；

2）回填土含水量过大过小都难以夯压密实，应在土壤为最佳含水量的条件下压实；

3）填方工程应分层铺土压实，分层厚度根据压实机具而定；

4）填土应从场地最低部分开始，由一端向另一端自下而上分层铺筑；

5）斜坡上的土方回填应将斜坡改成阶梯形，以防填方滑动；

6）填方区如有积水、杂物和软弱土层等，必须进行换土回填，换土回填亦分层进行；

7）回填基坑、墙基或管沟时，应从四周或两侧分层、均匀、对称进行，以防基础、墙基或管道在土压力下产生偏移和变形。

4. 排水处理

（1）路基土层中需排水时，施工前应根据工程地质、水文地质、附近建（构）筑物、地下现状管线等情况进行综合分析，确定排水方案。排水方案必须满足路基施工安全和路基附近建（构）筑物与现状地下管线的安全要求。

（2）施工中，应经常检查、维护施工区域内的排水系统，确认畅通。

（3）施工范围内有地表水应及时排除，并遵守下列规定：

1）施工工区水域周围应设护栏和安全标志。

2）进入水深超过 1.2m 水域内作业时，必须选派熟悉水性的人员，并应采取防止发生溺水事故的措施。

3）泵体、管路应安装牢固。

（4）采用明沟排水应遵守下列规定：

1）排水井应设置在低洼处。

2）设在排水沟侧面的排水井与排水沟的最小距离，应根据排水井深度与土质确定，其净距不得小于 1m，保持排水井和排水沟的边坡稳定。

3）排水沟土质透水性较强。且排水有可能回渗时，应对排水沟采取防渗漏措施。

4）水泵抽水时，排水井水深应符合水泵运行要求。

5）排除水应引至距离路基较远的地方，不得漫流。

（5）路基地层中有水时，应将水排除疏干后方可施工。

（6）安装水泵时，电气接线、检查、拆除必须由电工进行，作业中必须保护缆线完好无损，发现缆线损坏、漏电征兆时，必须立即停机，并由电工处理。

（7）潜水泵运行时，其周围 30m 水域内人、畜不得入内。

（8）施工中遇河流、沟渠、农田、池塘等，需筑围堰时应编制专项施工设计，并遵守下列规定：

1）围堰顶面应比施工期间可能出现的最高水位高 70cm。

2）围堰断面应据水力状况确定。其强度、稳定性应满足最高水位、最大流速时的水力要求。

3）围堰外形应根据水深、水速和河床断面变化所引起水流对围堰、河床冲刷等因素确定。

4）围堰必须坚固、防水严密。堰内面积应满足作业安全和设置排水设施的要求。

5）筑堰应自上游开始至下游合龙。

6）在水深大于 1.2m 水域筑围堰时。必须选派熟悉水性的人员，并采取防止发生溺水的措施。

7）采用土围堰应符合下列要求：

① 水深 1.5m 以内、流速 50cm/s 以内、河床土质渗透系数较小时，可筑土围堰。

② 堰顶宽度宜为 1～2m，堰内坡脚与基坑边缘距离应据河床土质和基抗深度而定。且不得小于 1m。

③ 筑堰土质宜采用松散的黏性土或砂夹黏土，填土出水面后应进行夯实。填土应自上游开始至下游合龙。

④ 由于筑堰引起流速增大，堰外坡面可能受到冲刷危险时，应在围堰外坡用土袋、片石等防护。

8）采用土袋围堰应符合下列要求：

① 水深 1.5m 以内，流速 1.0m/s 以内、河床土质渗透系数较小时可采用土袋围堰。

② 堰顶宽度宜为 1～2m，围堰中心部分可填筑黏土和黏土芯墙。堰外边坡宜为 1：1～1：0.5；堰内边坡宜为 1：0.5～1：0.2。坡脚与基坑边缘距离应据河床土质和基坑深度而定，且不得小于 1m。

③ 草袋或编织袋内应装填松散的黏土或砂夹黏土。

④ 堆码图袋时，上下层和内外层应互相错缝、堆码密实且平整。

⑤ 水流速度较大处，堰外边坡草袋或编织袋内宜装填粗砂粒或砾石。

⑥ 黏土心墙的填土应分层夯实。

5．爆破施工

（1）爆破施工应遵守现行《爆破安全规程》GB 6722 的有关规定。

（2）施工前，应由具有相应爆破设计资质的企业进行爆破设计，编制爆破设计书或爆破说明书。并制定专项施工方案，规定相应的安全技术措施，经政府主管部门批准，方可实施。

（3）爆破前应对爆破区周围的环境状况进行调查，了解并掌握危及安全的不利环境因素，采取相应的安全防护措施。

（4）施工前，应由建设单位约请政府主管部门和附近建（构）筑物、管线有关管理单位，协商研究爆破施工中，对现场环境和相关设施应采取的安全防护措施。

（5）施工前期应根据爆破类别、等级和现场环境状况，由建设单位向当地有关部门、单位、居民发布书面爆破及其交通管制通告。

（6）爆破施工应由具有相应爆破施工资质的企业承接，由经过爆破专业培训、具有爆破作业上岗资格的人员操作。

（7）爆破前应根据爆破规模和环境状况建立爆破智慧系统及其人员分工，明确职责，进行充分的爆破准备工作，检查落实，确认合格，并记录。

（8）现场的爆破器材、炸药必须在专用库房存放，集中管理，建立领发等管理制度。施工前必须对爆破器材进行检查、试用，确认合格并记录。

（9）爆破前必须根据设计规定的警戒范围，在边界设明显安全标志，并派专人警戒。警戒人员必须按规定的地点坚守岗位。

（10）露天爆破装药前，应与气象部门联系，及时掌握气象资料，遇下列恶劣天气，必须停止爆破作业：

1）雷电、暴雨雪来临时。

2）大雾天气，能见度不超过 100m 时。

3）风力大于 6 级时。

（11）启爆前，现场人员、设备等必须全部撤离爆破警戒区，警戒人员到位。

（12）爆破完毕，安全等待时间过后。检查人员方可进入爆破警戒区内检查、清理、经检查并确认安全后，方可发出解除警戒信号。

6. 路基处理

（1）路基处理应按设计规定实施，并按施工质量管理规定进行验收，确认合格，形成文件。

（2）换填路基土应遵守有关规定。

（3）处理路基，使用石灰时应遵守下列规定：

1）所用石灰宜为袋装磨细生石灰。

2）需消解的生石灰应堆放于远离居民区、庄稼和易燃物的空旷场地，周围应设护栏，不得堆放在道路上。

3）作业人员应按规定佩戴劳动保护用品。

4）需采用块状石灰时应符合下列要求：

① 在灰堆内消解石灰，脚下必须垫木板。

② 石灰堆插入水管时，严禁喷水花管对向人。

③ 消解石灰时，不得在浸水的同时边投料、边翻拌，人员不得触及正在消解的石灰。

④ 作业人员应站在上风向操作，并应采取防扬尘措施。

⑤ 炎热天气宜早、晚作业。

5）装运散状石灰不宜在大风天气进行。

6）施工中应采取环保、文明施工措施。

（4）用石灰土、砂石、石灰粉煤灰类混合料和块石、钢渣等材料处理路基时，应符合有关规定。

（5）采用砂桩、石灰桩、碎石桩、旋喷桩等处理土路基时，应根据工程地质、水文地质、桩径、桩长和环境状况编制专项施工方案，采取相应的安全技术措施。

（6）强夯处理路基应遵守下列规定：

1）施工前，应查明施工范围内地下管线等构筑物的种类、位置和标高。在地下管线等构筑物上及其附近不得进行强夯施工。

2）施工前，应根据设计要求和工程地质情况编制施工方案，进行强夯试验，确定强夯等级、施工工艺和参数、效果检验方法，选择适用的强夯机械，采取相应的安全技术措施。

3）严禁机械在架空线路下方作业。

4）当强夯机械施工所产生的振动，对邻近地上建（构）筑物或设备、地下管线等地下设施产生有害影响时，应采取防振或隔振措施，并设置监测点进行观测，确认安全。

5）强夯施工应由主管施工技术人员主持，夯机作业必须由信号工指挥。

6）现场应划定作业区，非作业人员严禁入内。

7）夯机的作业场地必须平整，门架底座应与夯机着地部位保持水平，当下沉超过10cm时，应重新垫高。

8）现场组拼、拆卸强夯机械应由专人指挥。

9）使用起重机起吊夯锤前，指挥人员必须检查现场，确认无人和机械等物，具备作业条件后，方可向起重机操作工发出起吊信号。

10）夯锤下落后，在吊钩尚未降至夯锤吊环附近前，操作人员不得提前下坑挂钩；从坑中提锤时，严禁挂钩人员站在锤上随锤提升。

11）夯锤自由下落至地面停稳，吊钩降至夯锤吊环附近后，指挥人员方可向测量、挂钩等人员发出进入作业点测量、挂钩等作业的信号。起重机操作工必须按指挥人员的信号操作，严禁擅自行动。

12）夯锤上升接近规定高度时，必须注视自动脱钩器，发现脱钩器失效时，必须立即制动，进行处理。

13）夯锤留有相应的通气孔在作业中出现堵塞时，应随时清理，且严禁在锤下清理。

14）夯坑内有积水或因黏土产生的锤底吸阻力增大时，应采取措施排除，不得强行提锤。

15）现场进行效果检验作业时，应由专人指挥，按施工方案规定的程序进行，并执行相应的安全技术措施。

（7）路基处理完毕应进行检测、验收，确认合格并形成文件，方可进行下一工序施工。

13.2.3　路　　面

路面：用各种筑路材料铺筑在道路路基上直接承受车辆荷载的层状构造物。

1. 路面结构的组成

路面工程是指在道路表面上用各种不同材料或混合材料分层铺筑而成的一种层状结构物。一般把路面结构自上而下分成以下几个层次。

（1）面层：面层是直接同车辆和大气接触的表面层次，应有较高的结构强度、刚度和稳定性，而且还应当耐磨、不透水、有良好的抗滑性和平整度。

（2）基层：基层主要承受由面层传来的车辆荷载，并把它扩散到垫层和土基中，基层应有足够的强度、刚度、平整度和水温稳定性。

（3）垫层：在土基与基层之间设置垫层，主要作用是改善土基的温度和湿度状况，保证面层的强度和刚度的稳定性。

2. 路面的功能要求

由于路面主要供汽车等车辆行驶。为了保证汽车能以一定的速度、安全、舒适而经济的行驶。路面还应满足下列要求：

（1）足够的强度和刚度。路面结构整体极其各组成部分必须具备足够的强度，以抵抗各种力的作用，避免破坏。同时路面必须要有足够的抵抗变形的能力，保证整个路面结构极其个部分的变形量控制在允许范围内。

（2）良好的稳定性。路面结构暴露在大气中，经常受到温度和水分的影响，强度和刚度不稳定，路况时好时坏。因此，要研究温度和湿度状况及其对路面结构性能的影响，以便能修筑在当地气候条件下足够稳定的路面结构。

（3）足够的耐久性。路面结构要承受行车荷载的冷热、干湿气候因素的反复作用，由此会慢慢产生疲劳破坏和塑性变形积累。另外，路面材料还可能由于老化衰变而导致破坏。因此，路面结构必须具备足够的抗疲劳强度以及抗老化和抗变形积累的能力。

（4）良好的表面平整度。不平整的路面会有很多不利的后果，如增大行车阻力、使车辆产生附加的振动、路面积水等。

（5）足够的抗滑性能，此外还要求路面在行车的过程中要尽量减少扬尘。

13.2.4 道路路面施工技术

1. 水泥混凝土面层

（1）模板

1）现场加工模板宜集中制作，并应遵守有关规定。

2）支模使用的大锤应坚固、安装应牢固，锤顶平整、无飞刺。钢钎应直顺，顶部平整、无飞刺。

3）打锤时，扶钎人应在打锤人侧面，采用长柄夹具扶钎。打锤范围内不得有其他人员。

4）装卸、搬运模板应轻抬轻放，严禁抛掷。

5）模板支设、安装应稳固，符合施工设计要求。

6）拆卸的模板应分类码放整齐。带钉的木模板必须集中码放，并及时拔钉、清理。

7）模板运输应遵守下列规定：

① 运输道路应平整、坚实，路宽和道路上的架空线净高应符合运输安全要求。

② 车辆运输时应捆绑、打摞牢固。

（2）混凝土拌和

1）现场在城区、居民区、乡镇、村庄、机关、学校、企业、事业等单位及其附近，不宜采用机械拌和混凝土，宜采用预拌混凝土。

2）现场需机械搅拌混凝土时，搅拌站应符合关规定。

3）需设作业平台时，平台结构应经计算确定，满足施工安全要求，支搭必须牢固。使用前应验收，确认合格，并形成文件。使用中应随时检查，确认安全。

4）搅拌站设置的各种电气设备必须由电工引接、拆卸。作业中发现漏电征兆、缆线破损等必须立即停机、断电，由电工处理。

5）搬运袋装水泥必须自上而下顺序取运。堆放时，垫板应平稳、牢固；按层码垛整齐，高度不得超过 10 袋。

6）手推车运输应平稳推行，空车让重车，不得抢道。

7）手拖车向搅拌机料斗内倾倒砂石料时，应设挡掩，严禁撒把倒料。

8）作业人员向搅拌机料斗内倾倒水泥时，脚不得蹬踩料斗。

9）机械运转过程中，机械操作工应精神集中，不得离岗；机械发生故障必须立即停机、断电。

10）固定式搅拌机的料斗在轨道上移动提升（降落）时，严禁其下方有人。料斗悬空放置时，必须锁固。

11）搅拌机运转中不得将手或木棒、工具等伸进搅拌筒或在筒口清理混凝土。

12）需进入搅拌筒内作业时，必须先关机、断电、固锁电源闸箱，设安全标志，并在搅拌筒外设专人监护，严禁离开岗位。

13）落地材料、积水应及时清扫，保持现场环境整洁。

14）搅拌场地内的检查并应设人管理，井盖必须盖牢。

15）现场支搭集中式混凝土搅拌站时，应根据工程规模、现场环境等状况对搅拌平台、储料仓等设施和搅拌设备，进行专项设计并实施。搅拌平台、储料仓等设施支搭完成后，应经验收，确认合格并形成文件，方可投入使用。搅拌设备应由专业人员按施工设计和机械设备使用说明书的规定进行安装。安装完成后，并应在施工技术人员主持下，组织调试、检查，确认各项技术性能指标全部符合规定，并经验收合格，形成文件后，方可使用。混凝土拌和中，严禁人员进入储料区和卸料斗下方。

2. 混凝土运输

（1）编制施工组织设计时，应根据运距、工程量和现场条件选定适宜的混凝土运输机具。

（2）运输机具应完好，防护装置应齐全有效。使用前应检查、试运行，确认合格，方可使用。

（3）混凝土运输道路应平整、坚实，路宽和道路上的架空线净高应满足运输安全的要求；遇沟槽等需设便桥时，应符合有关规定。

（4）作业后应对运输车辆进行清洗，清除砂土和混凝土等粘接在料斗和车架上的赃物；污物应妥善处理，不得随意排放。

3. 混凝土浇筑与养护

（1）水泥混凝土浇筑应由作业组长统一指挥，协调运输与浇筑人员的配合关系，保持安全作业。

（2）施工前应复核雨水口顶部的高程，确认符合设计规定，路面不积水。

（3）混凝土搅拌运输车或自卸汽车、机动翻斗车运输混凝土时，车辆进入现场后应设专人指挥。指挥人员必须站在车辆的安全一侧。卸料时，车辆应挡掩牢固，作业人员必须避离卸料范围。

（4）浇筑混凝土时应设电工值班，负责振动器、抹平机、切缝机等机具的电气接线、拆卸和出现电气故障的紧急处理，保持用电安全。

（5）水泥混凝土路面板内设传力杆时，传力杆施工应遵守有关规定。

（6）使用混凝土泵车，作业前应了解施工要求和现场情况，选择行车路线和停车地点，行驶道路应符合有关规定。

（7）混凝土泵应置于平整、坚实的地面上。周围不得有障碍物，机身应保持水平和稳定，且轮胎挡掩牢固。作业中清洗的废水、废物应排至规定地点，不得污染环境，不得堵塞雨污水排放设施。

（8）使用混凝土振动器应遵守下列规定：

1）操作人员必须经过用电安全技术培训。作业时必须戴绝缘手套、穿绝缘胶鞋。

2）电动机电源上必须安装漏电保护装置，接地或接零装置必须安全可靠，电气接线应符合有关规定。使用前应检查，确认合格。

3）使用前应检查各部件，确认完好、连接牢固、旋转方向正确。

4）作业中应随时检查振动器及其接线。发现漏电征兆、缆线破损等必须立即停机、断电，由电工处理。

5）移动振动器时，不得用缆线牵引；移动缆线受阻时，不得强拉。

（9）用抹平机作业应道遵守下列规定：

1）作业前，应检查并确认各连接件连接紧固，电缆线保护接地良好，电气接线符合有关规定。

2）使用前应经检查、试运转，确认合格。

3）作业中，应没专人理顺缆线，采取防损伤缆线的措施。

4）作业人员应戴绝缘手套，穿绝缘胶鞋。

5）作业时，发现机械跳动或异响必须停机、断电，进行检修。

6）作业后，必须切断电源，清洗各部的泥浆污物，放置在干燥处。井遮盖。

（10）水泥混凝土路面养护应遵守下列规定：

1）现场预留的雨水口、检查井口等孔洞必须盖牢，并设安全标志。

2）养护用覆盖材料应具有阻燃性，使用完毕应及时清理，运至规定地点。

3）作业中，养护和测温人员应选择安全行走路线。需设便桥时，必须支搭牢固。夜间照明应充足。

4）浇水养护时应符合下列要求：

① 现场应设养护用水配水管线，其敷设不得影响车辆、人员和施工安全。

② 用水应适量，不得造成施工场地积水。

③ 拉移输水胶管应顺直，不得扭结，不得倒退行走。

5）薄膜养护应符合下列要求：

① 养护膜应使用对人体无损伤、对环境无污染的合格材料。

② 贮运、调配材料应符合材料使用说明书的规定。

③ 操作人员必须按规定佩戴劳动保护用品。

④ 作业时，施工人员必须站在上风向。

⑤ 喷洒时，严禁喷嘴对向人。

⑥ 作业现场严禁明火。

6）使用电热毯养护应符合下列要求：

① 现场应划定作业区，周围设护栏和安全标志，非作业人员和车辆不得入内。

② 电热毯应在专用库房集中存放，专人管理。使用前应检验，确认完好，无漏电，并记录。

③ 电气接线、拆卸必须由电工负责，并应符合有关规定。

④ 电热毯上下不得有坚硬、锋利物，上面不得承压重物，不得用金属丝捆绑，严禁折叠。

⑤ 养护完毕必须及时断电、拆除，并集中至库房存放。

（11）配制冷底子油宜采用"冷配法"。

（12）需"热配法"配制冷底子油应遵守下列规定：

1）作业前应履行用火申报手续，经现场消防管理人员检查、验收确认消防安全措施落实，并签发用火证后，方可作业。

2）配制现场必须远离易燃、易爆物 10m 以上。

3）配制时应由专人负责。

4）配制中使用的勺、桶、壶等用具，严禁采用锡材和锡焊。

5）配制的沥青温度不得超过 80℃。

6）配制时，必须将熬制的沥青徐徐倒入稀释剂中，并随倒随搅拌直至均匀，严禁反之。

7）配制量不得超过容器盛装置的 3/4。

8）配制场地应按消防规定配备消防器材，严禁烟火。

（13）填缝料施工不宜在现场熬制沥青，需要时应遵守有关规定。

（14）用可燃材料配制填缝料时，必须按原材料产品说明书的要求操作，并采取防火措施。

4. 热拌沥青混合料面层

（1）施工准备

1）施工前应根据施工现场条件，确定沥青混合料运输和场内调运路线。运输道路应坚实、平整，宽度不宜小于 5m。

2）施工前，应检查运输道路上方架空线路，确认路面与电力架空线路的垂直距离符合有关规定、通讯架空线的高度满足车辆的运输安全要求。

3）施工人员应按规定佩戴工作服、手套、鞋等劳动保护用品。

4）施工前应复核雨水口顶部的高程，确认符合设计规定，路面不积水。

5）运输道路和路面施工现场的各种检查井、雨水口必须盖牢，严禁敞口。

6）施工现场障碍物应在施工前清理完毕。

7）沥青混合料运输车和沥青洒布车到达现场后，必须设专人指挥。指挥人员应根据工程需要和现场环境状况，及时疏导交通，保持运输安全。

8）施工区域应设专人值守、疏导车辆和行人，严禁非施工人员入内。

（2）混合料拌和

1）热拌沥青混合料宜由沥青混合料生产企业集中拌制。

2）在城区、居民区、乡镇、村庄、机关、学校、企业、事业等单位及其附近不得设沥青混合料拌和站。

3）需在现场设置集中式沥青混合料拌和站时，支搭拌和站应符合有关规定。拌和站支搭完成，应经验收，确认合格并形成文件，方可投入使用。

（3）透层油与粘层油

1）在道路上洒布透层油、钻层油应使用专用洒布机作业。

2）施工区域应设专人值守，非施工人员严禁入内。

3）洒布机作业必须由专人指挥。作业前，指挥人员应检查现场作业路段。确认检查井盖盖牢、人员和其他施工机械撤出作业路段后，方可向洒布机操作工发出作业指令。

4）沥青洒布前应进行试喷确认合格。试喷时，油嘴前方 3m 内不得有人。沥青喷洒前，必须对检查井、闸井、雨水口采取覆盖等安全防护措施。

5）沥青洒布时，施工人员应位于沥青洒布机的上风向，并宜距喷洒边缘 2m 以外。

6）6 级（含）以上风力时，不得进行沥青洒布作业。

7）透层油喷洒后应及时撒布石屑。

8）现场使用沥青宜由有资质的生产企业配制的合格产品。需现场熬制时，应编制专项安全技术措施，经主管部门批准，并遵守工程所在地政府关于熬制沥青地域的规定。

9）凡患有结膜炎、皮肤病和对沥青过敏反应者不宜从事沥青作业。

10）块状沥青搬运宜在夜间和阴天，并应避开炎热时段；搬运时宜采用小型机械装卸，不宜直接用手装运。

11）运输液态沥青应遵守下列规定：

① 液态沥青宜采用液态沥青车运送，使用时应符合下列要求：

a. 用泵抽热沥青进出油罐时，作业人员应避开。

b. 向储油罐注入沥青，当浮标指示达到允许最大容量时，应及时停止注入。

c. 满载运行时，遇有弯道、下坡应提前减速，不得紧急制动。油罐装载不满时，应始终保持中速行驶。

② 吊装桶装沥青时应符合下列要求：

a. 吊装作业应设专人指挥。沥青桶的吊装应绑扎牢固。

b. 吊起的沥青桶不得从运输车辆的驾驶室上方越过、不得碰撞车体。

c. 吊臂旋转范围内严禁有人。

d. 沥青桶落地放稳后，作业人员方可靠近摘吊绳。

③ 人工装卸桶装沥青运输车应符合下列要求：

a. 运输车辆应停放在平坡地段制动，并设方木挡掩牢固。

b. 跳板应有足够的强度，坡度不得过陡。

c. 发现沥青桶泄漏，必须堵严后，方可搬运。

d. 沥青桶在跳板上滚动时，应由专人指挥；沥青桶两端应系控制绳，收放两端控制绳时，应缓慢、同步进行。

④ 人工运送液态沥青时，装油量不得超过容器容积的 2/3。

12）远红外加热沥青应遵守下列规定：

① 加热设备应完好，防护装置应齐全有效。电气接线应符合有关规定。使用前应检查，确认正常。

② 输油完毕后应将电机反转，使管道中余油留回锅内，并立即用柴油清洗沥青泵和管道；清洗前，必须关闭相应阀门，严防柴油流入沥青锅。

13）特殊情况下，由于条件限制，现场需明火熬制沥青应遵守下列规定：

① 熬制沥青的专项安全技术措施应经主管部门批准，并形成文件。

② 沥青锅灶的设置应符合下列要求：

a. 架空线路垂直下方不得设置锅灶。锅灶应远离易燃、易爆物 20m 以上，与建筑物的距离不得小于 15m。

b. 沥青锅的前沿（有人操作的一面）应高出后沿 10cm 以上，并高出地面 80～100cm。

c. 沥青锅与烟囱的净距应大于 80cm，锅与锅的净距应大于 2m，火口顶部与锅边应设置高度 70cm 隔离设施。

d. 锅盖应采用钢质材料。严禁使用敞口锅。

e. 锅灶上方应设防雨棚，棚应采用阻燃材料。

f. 舀、盛热沥青的勺、桶、壶等不得锡焊。

③ 用火前应进行用火申报，经现场消防管理人员检查、验收，确认消防措施落实并

签发用火证后，方可熬制沥青。

④ 明火预热桶装沥青应符合下列要求：

a. 预热前必须打开沥青桶的大小孔盖，遇仅一个孔盖时，必须在其相对方向另开一孔。桶内有积水，必须排除。

b. 加热时必须用微火，严禁猛火。

c. 发现沥青从桶的砂眼中喷出，应在桶外侧面以湿泥封堵，不得直接用手堵封。

d. 加热中发现沥青桶孔口堵塞时，操作人员必须站在侧面用热钢钎疏通。

e. 沥青汇集槽应支搭牢固。流向沥青锅的通道应畅通。

f. 现场应按消防部门规定配备消防器材。

g. 作业结束后，必须熄火。

⑤ 明火熬制沥青应符合下列要求：

a. 熬制沥青锅不得有水和杂物，沥青投入量不得超过沥青锅容积的2/3，块状沥青应改小并装在铁丝瓢内入锅，不得直接向锅内抛掷，严禁烈火加热空锅时加入沥青。

b. 预热后的沥青宜用溜槽泄入沥青锅。用沥青桶直接倒入锅内时，桶口应尽量放低，不得使热沥青溅出伤人。

c. 熬制过程中发现沥青锅漏油，必须立即熄灭炉火。

d. 舀取沥青应用长柄勺，并应经常检查，确认连接牢固。

e. 沥青脱水应缓慢加热，经常搅动，严禁猛火。沥青不得溢锅，发现漫油时应立即熄灭炉火。

f. 熬制中应随时掌握沥青温度变化状况，发现白烟转为红、黄色时，应立即熄灭炉火。

g. 熬制现场临时堆放的沥青和燃料不宜过多，堆放位置应距离沥青锅5m以外。

h. 现场应按消防规定配备消防器材。

i. 沥青一旦着火，必须立即用锅盖将沥青锅盖上，并封炉熄火；外溢的沥青着火，必须立即用干砂、湿麻袋等灭火，严禁在着火的沥青中浇水。

j. 作业结束时，必须熄火、关闭炉门、盖牢锅盖。

（4）混合料摊铺

1）沥青混合料摊铺过程中，应由作业组长统一指挥，协调作业人员、机械、车辆之间的相互配合关系。各种作业机械、车辆应按规定路线行驶，有序作业。

2）沥青混合料运输车辆在现场路段上行驶、卸车时，必须由专人指挥。指挥人员应随时检查车辆周围情况，确认安全后，方可向车辆操作工发出行驶、卸料指令。

3）粘在车槽上的混合料应在车下使用长柄工具清除，不得在车槽顶升时，上车清除。

4）特殊情况下，由于条件限制，现场需使用加热工具的火箱应遵守下列规定：

① 用火前必须申报，经现场消防管理人员检查、验收，确认消防措施落实并签发用火证后，方可用火。

② 严禁火箱设置在架空线路下方。

③ 火箱应远离易燃、易爆物品10m以上；与施工用柴油桶距离不得小于5m。

④ 火箱应设专人管理，作业结束必须及时熄火。

5）人工摊铺应遵守下列规定：

① 铁锹铲运混合料时，作业人员应按顺序行走，铁锹必须避开他人，并不得扬锹摊铺。

② 手推车、机动翻斗车运料时，不得远扔装车。

③ 摊铺作业在酷热时段应采取防暑措施。

④ 使用机动翻斗车和轮胎式装载机应符合其安全操作规程。

6）机械摊铺应遵守下列规定：

① 摊铺路段的上方有架空线路时，其净空应满足摊铺机和运输车卸料的要求；遇电力架空线路应符合有关规定。

② 沥青混合料运输车向摊铺机倒车靠近过程中，车辆和机械之间严禁有人。

③ 沥青混凝土摊铺机运行中，现场人员不得攀登机械，严禁触摸机械的传动机构。

④ 沥青混凝土摊铺机作业，应由专人指挥。机械行驶前，指挥人员应检查周围环境，确认前后方无人和障碍后，方可向机械操作工发出行驶信号；机械行驶前应鸣笛示警。

⑤ 摊铺机运行中，禁止对机械进行维护、保养工作。

⑥ 清洗摊铺机的料斗螺旋输送器必须使用工具。清洗时必须停机，严禁烟火。

（5）混合料碾压

1）沥青混合料碾压过程中，应由作业组长统一指挥，协调作业人员、机械、车辆之间的相互配合关系，保持安全作业。

2）作业中必须设专人指挥压路机。指挥人员应与压路机操作工密切配合，根据现场环境状况及时向机械操作工发出正确信号，并及时疏导周围人员。

3）两台以上压路机作业队前后间距不得小于 3m，左右间距不得小于 1m。

4）压路机运行时，现场人员不得攀登机械，严整触摸机械的传动机构。

5）施工现场应根据压路机的行驶速度，确定机械运行前方的危险区城。在危险区域内不得有人。

5. 附属构筑物

（1）施工组织设计中，应根据工程地质、水文地质、结构特点和现场环境状况，规定施工方法、程序、现状管线的保护措施、使用的施工机具和安全技术措施，并在施工中实施。

（2）道路附属构筑物应按道路施工总体部署，由下至上随道路结构层的施工相应的分段、分步完成，严禁在道路施工中掩埋地下管道检查井。

（3）施工中遇有井、孔时，应遵守有关规定。各种管线的井（室）盖不得盖错，井盖（算）必须能承受道路上的交通荷载。

（4）道路范围内的各类检查井（室）应设置水泥混凝土井圈。

（5）作业区内不宜码放过多构件，应随安装随适量搬运，并码放整齐。

（6）进入沟槽前必须检查槽壁的稳定状况，确认安全。作业中应随时观察，发现槽壁又不稳定征兆，必须立即撤离危险地段，处理完毕，确认安全后，方可恢复作业。

（7）运输路缘石、隔离墩、方砖、混凝土管等构件时，应先检查其质量，有断裂危及人身安全者不得搬运。

（8）雨水支管采用 360°混凝土全包封时，混凝土强度达 75％前，不得开放交通，需通行时应采取保护措施。

（9）倒虹吸管两端的检查井在施工中和完成后，必须及时盖牢或设围挡。倒虹吸管完成后，应进行闭水试验和隐蔽工程验收，确认合格并形成文件，及时回填土。

（10）升降检查井、砌筑雨水口时应遵守下列规定：

1）施工前，应在检查井周围设置安全标志，非作业人员不得入内。

2）砌筑作业应集中、快速完成。

3）升降现况的电力、信息管道等检查井时，应在管理单位人员现场监护下作业，并对井内设施采取保护措施。

4）下井作业前，必须先打开拟进和相邻井的井盖通风，经检测，确认井内空气中氧气和有毒、有害气体浓度符合现行国家标准规定，并记录后方可进入作业。经检测确认其内空气质量合格后，应立即进入作业；未立即进入，当再进入前，必须重新检测，确认合格，并记录。作业过程中，对其内空气质量必须进行动态监测，确认符合要求，并记录。操作人员应轮换作业，井外应设专人监护。

5）检查井（室）、雨水口完成后，井（室）盖（箅）必须立即安牢，完成回填土，清理现场；下班前未完时，必须设围挡或护栏和安全标志。

6）需在井内支设作业平台时，必须支搭牢固，临边必须设防护栏杆。

（11）用起重机装构件等作业时，应遵守有关规定。

（12）现场需自制搬运、安装小构件工具时，其结构应进行施工设计，经计算确定后方可实施。

（13）路缘石、隔离墩安装、方砖铺砌应遵守下列规定：

1）路缘石、隔离墩、大方砖等构件质量超过 25kg 时，应使用专用工具，由两人或多人抬运，动作应协调一致。

2）步行道方砖应平整、坚实、有粗糙度，铺砌平整、稳固。

3）构件就位时，不得将手置于构件的接缝间。

4）调整构件高程时，应相互呼应，并采取防止砸伤手脚的措施。

5）切断构件宜采用机械方法，使用混凝土切割机进行。

6）人工切断构件时，应精神集中，稳拿工具，用力适度。构件断开时，应采取承托措施，严禁直接落下。

（14）沟槽作业时，必须设安全梯或土坡道、斜道等设施。支搭安全梯、土坡道应遵守有关规定。

（15）高处作业必须设作业平台，并应遵守有关规定。

（16）手推车运输构件时，应按顺序装卸、码放平稳，严禁扬把猛卸。

13.2.5　环境管理

（1）严格执行作业时间，尽量避免噪声扰民，控制强噪声机械在夜间作业。

（2）对施工剩余的沥青混凝土路面材料及凿除接茬的废渣，不得随意扔弃，应集中外运到规定地点进行处理。

（3）喷洒粘油时，对路绿石进行防护，以免污染周围环境及其他工序。

（4）清扫路面基层时，应先洒水润湿，防止扬尘。

（5）施工现场的施工垃圾主要是切边、局部处理产生的废弃混合料，应采取集中收集，施工结束后统一运至环保部门认可的填埋场填埋处理。

（6）对于运输道路应经常洒水降尘，进出现场的路口应采取用篷布铺垫措施。

（7）在城市施工时，振动压路机在作业时对周边建筑会造成共振影响。因此，在保证质量的同时，应避免对周围建筑物损害，采用大吨位钢轮压路机和重型轮胎压路机压实时，适当减少振动作业。

（8）大宗材料堆放场地必须进行硬化或遮盖，以保持场地清洁。

（9）搅拌机应加防尘罩，卸料口下地面应铺筑至少50m长、200mm厚的路面，以使行车方便和场地干净、整洁。

（10）搅拌站应设污水沉淀池和必要的排水沟，以使污水排出后不污染环境。

（11）养生用塑料布在使用时要采取措施，使其不被风吹跑，使用完毕后，要及时回收处理。

（12）在邻近居民区施工作业时，要采取低噪声振捣棒，混凝土拌和设备安搭设防护棚，减少噪声扰民。同时，在施工中，采用声级计定期对操作机具进行噪声量监测。

（13）混凝土罐车退场前，要在指定地点清洗料斗，防止遗洒和污物外流。

（14）根据敏感点的位置和保护要求选择施工机械和施工方法，最大限度地减少对周边的影响。

（15）施工照明灯的悬挂高度和方向，要考虑不影响居民夜间休息。

（16）在施工场地周围贴出安民告示，以求得附近居民的理解和配合。

（17）在施工工地场界处设实体围挡，不得在围挡外堆放物料、废料。

（18）水泥等易飞扬细颗粒散体物料应尽量安排库内存放，堆土场、散装物料露天堆放场要压实、覆盖。弃土等各项工程废料在运输过程中作苫盖，不使其散落。

13.3 事 故 案 例

13.3.1 公路边坡坍塌事故

1. 事故经过

某公路K20+440至K20+910段为路堑开挖段，由某省路桥一公司承建施工。其中，事故发生地段在K20+750至K20+757线路右侧，设计中该段路堑边坡防护没有设计抗滑桩、锚杆，而是采用一级平台上方骨架护坡、下部用高4m、厚度1.2m、1：0.25坡率的C20片石混凝土挡墙。2006年10月26日6：50，路桥一公司作业队6名作业人员根据安排在为24日浇筑完成的K20+750至K20+757线路右侧片石混凝土挡墙段拆除模板。7：06，约十几立方米边坡土石方突然坍塌，导致挡墙内侧模板钢管支撑脱落，正在现场作业的杨某某、侯某某、曹某某被埋压。8：10现场人员将3人挖出并送附近医院救治，杨某某、侯某某2人经抢救无效分别于当日死亡。

2. 事故原因分析

（1）直接原因

1）土质较差、土质松散、岩体破碎、层理间结合差，片石的节理方向与线路平行，不利于边坡稳定，山体土方突然松动坍塌是造成这起事故的直接原因。

2）作业队对现场的危险源辨识不全面，隐患排查整治不到位，在未对边坡土体进行有效加固防护，未对边坡土体变形情况进行观察的情况下，盲目组织人员进入危险场所进行清理现场施工，是造成该起事故的直接原因。

（2）间接原因

1）施救方法不当。事故发生时，人员被埋在了两天前浇筑的挡墙与山体之间，其间距不足 1m。施救时，施救人员是从 7m 长的挡墙两侧进入挖土，大大延误了抢救的最佳时机，使受伤人员埋压太久窒息。而在当时，现场不足 50m 处就有一台挖掘机，现场指挥人员没有果断用挖掘机将 4m 高挡墙扒倒施救被埋人员。施救方法不当是造成伤亡事故的主要原因。

2）路堑片石混凝土挡墙模板支撑钢管，在路堑坡面支撑处未设置垫板，而是通过可调支座直接支撑在路堑坡面上，同时支撑钢管之间无任何纵横向连接以形成受力整体，挡墙模板支撑体系设计缺陷是造成事故的重要原因。

3）项目队施工组织存在薄弱环节，在该施工段地质条件差，边坡不稳，设计没有特别防护处理措施的情况下，基槽一次性开挖过长、挡墙片石混凝土未分层浇筑，是造成事故的重要原因。

13.3.2　隧道坍塌事故

1. 事故经过

某高速公路 QA5 合同段由 K31＋900 至 K35＋341.57，长约 7.44km，技术标准为高速公路，总投资金额约 2.78 亿元，承包方为某工程有限公司，QA5 合同段经理为朱某某。11 月 5 日 14 时许，在隧道进口左洞出口已绑扎二衬钢筋总长达 25m，现由外向内绑到 20m 处时，该项目部隧道施工人员共四人在安装通风洞口，其中一人在安装接线盒，二人在挂通风带，一人要出洞口取东西。在场施工人员忽然听到"哗"的一声，隧道内 25m 的二衬钢筋向洞口外侧塌落，将四名施工人员压在钢筋底部，经过现场施工人员二十多分钟的全力抢救，四名施工人员全部被救出，并送往南安市医院，其中一名工人因抢救无效于 11 月 5 日 15 时许死亡，另外受伤三人在医院治疗观察。

2. 事故原因分析

（1）QA5 合同段某隧道在施工过程中，对二衬钢筋绑扎完成后在大跨度又没有对承力部位进行挂吊和支撑的情况下，拖延了 15 天的时间没有及时衬砌，致使钢筋产生疲劳失稳。

（2）项目部主要负责人、安全管理人员安全意识淡薄，没有充分考虑不安全因素，严格落实各项安全检查制度，现场管理不到位，发现施工人员在没有衬砌的钢筋结构下进行施工时，没有及时采取有效措施加固。

（3）隧道二衬钢筋绑扎 2 板约 25m 后，在没有任何支撑受力的情况下，各种施工车辆二衬台车由其下面通过产生的震动对二衬钢筋的结构产生影响，由于车速车辆通过二衬钢筋下时产生的风动力造成钢筋的变形，钢筋结构整体的稳定性变差。

（4）隧道在洞内施工挖掘的过程中反复进行爆破作业产生的冲击波（向洞口方向）对衬钢筋产生的冲击造成结构变形，当变形达到钢筋无法承受的弯曲极限时，发生失稳突然塌落。

3. 事故结论与经验教训

根据对事故的原因分析，该起事故为责任事故。事故责任如下：

（1）QA5合同段项目部经理朱某某在二衬绑扎完成并经监理签字验收后，在无法对钢筋的承力部位进行支撑或挂吊的情况下，没有立即组织施工队进行衬砌，对该起事故应负主要责任。

（2）隧道一队队长林某某在招收施工人员从事高危行业作业时，没有对工人进行必要的安全教育，对事故的发生负有一定的责任。

（3）现场安全管理员薛某某，安全意识不强、督促检查不到位，没有及时消除生产安全隐患。按照该公司的有关规定给予罚款处理，并且在参加安全教育后，方可再上岗。

第14章 桥梁工程

14.1 桥梁基本组成与分类

道路路线遇到江河湖泊、山谷深沟以及其他线路（铁路或公路）等障碍时，为了保持道路的连续性，就需要建造专门的人工构造物——桥梁来跨越障碍。下面先熟悉桥梁的基本组成部分以及桥梁的分类情况。

14.1.1 桥梁的基本组成

桥梁由五个大部件与五个小部件组成。

1. 五大部件

所谓五大部件是指桥梁承受汽车或其他作用的桥跨上部结构与下部结构，它们是桥梁结构安全性的保证。这五大部件具体如下：

（1）桥跨结构（或称桥孔结构、上部结构）。它是路线遇到（如江河、山谷成其他路线等）中断时，跨越这类障碍的结构物。它的作用是承受车辆荷载，并通过支座传递给桥梁墩台如图 14.1 所示。

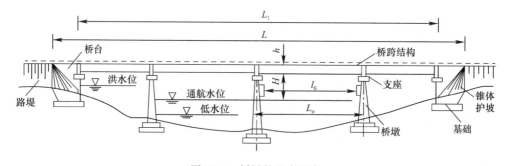

图 14.1 桥梁的基本组成

（2）支座系统。它的作用是支承上部结构并传递荷载给桥梁墩台，它应保证上部结构在荷载、温度变化或其他因素作用下的位移功能。

（3）桥墩。它是在河中或岸上支承两侧桥跨上部结构的建筑物。

（4）桥台。设在桥的两端，一端与路堤相接，并防止路堤滑塌；另一端则支承桥跨上部结构的端部。为保护桥台和路堤填土，桥台两侧常做一些防护工程。

（5）墩台基础。它是保证桥梁墩台安全并将荷载传至地基的结构物，基础工程在整个桥梁工程施工中是比较困难的部分，而且常常需要在水中施工，因而遇到的问题也很复杂。

前两个部件是桥跨上部结构，后三个部件是桥跨下部结构。

2. 五小部件

所谓五个"小部件"是指直接与桥梁服务功能有关的部件，过去总称为桥面构造。在桥梁设计中往往不够重视，因而使得桥梁服务质量低下，外观粗糙。在现代化工业发展水平的基础上，人类的文明水平也极大提高，人们对桥梁行车的舒适性和结构物的观赏水平要求越来越高，因而国际上在桥梁设计中很重视五小部件，这不仅是"外观包装"，而且是服务功能的直观体现。目前，国内桥梁设计工程师也愈来愈认识到五小部件的重要性。这五小部件具体如下。

（1）桥面铺装（或称行车道铺装）。桥面铺装的平整、耐磨、不翘曲、不渗水是保证行车舒适的关键，特别在钢箱梁上铺设沥青路面的技术要求甚严。

（2）排水防水系统。应能迅速排除桥面积水，并使渗水的可能性降至最小限度。此外，城市桥梁排水系统应保证桥下无滴水和结构上无漏水现象。

（3）栏杆（或防撞栏杆）。它既是保证安全的构造措施，又是利于观赏的最佳装饰件。

（4）伸缩缝。它位于桥跨上部结构之间或桥路上部结构与桥台端墙之间，以保证结构在各种因素作用下的变位。为使桥面上行车舒适，不颠簸，桥面上要设置伸缩缝构造。尤其是大桥或城市桥的伸缩缝，不仅要结构牢固，外观光洁，而且要经常扫除掉伸缩缝中的垃圾泥土，以保证它的功能作用。

（5）灯光照明。现代城市中，大跨桥梁通常是一个城市的标志性建筑，大多装置了灯光照明系统，构成了城市夜景的重要组成部分。

14.1.2 桥梁的分类

1. 桥梁按受力体系分类

按受力体系可分为梁式桥、拱式桥和悬索桥三大基本体系。梁式桥以受弯为主，拱式桥以受压为主，悬索桥以受拉为主。由三大基本体系相互组合，可以派生出在受力上也具有组合特征的多种桥梁，如刚架桥和斜拉桥等。

（1）梁式桥

梁式桥是一种在竖向荷载作用下无水平反力的结构，如图 14.2 所示。梁作为主要承重结构，是以它的抗弯能力来承受荷载的。梁可分为简支梁、悬臂梁、固端梁和连续梁等。

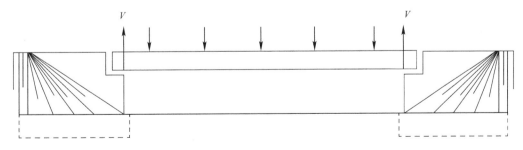

图 14.2 梁桥简图

（2）拱式桥

拱式桥的主要承重结构是拱肋（或拱圈），在竖向荷载作用下，拱圈既要承受压力，也要承受弯矩，可采用抗压能力强的圬工材料来修建。拱式体系的墩、台除了承受竖向压力和弯矩以外，还承受水平推力作用，如图 14.3 所示。

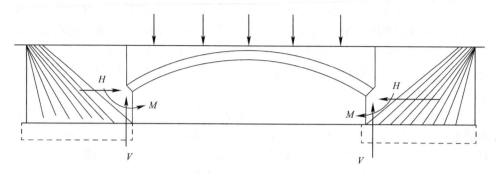

图 14.3 拱桥简图

（3）刚架桥

刚架桥是介于梁桥与拱桥之间的一种结构体系，它是由受弯的上部梁（或板）结构与承压的下部桩柱（或墩）整体组合在一起的结构。由于梁与柱是刚性连接，梁因柱的抗弯刚度而得到卸载作用。整个体系是压弯结构，也是推力结构。刚架可分为直腿刚架和斜腿刚架。

刚架的桥下净空比拱桥大，在同样净空下可修建较小的路径，如图 14.4 所示。

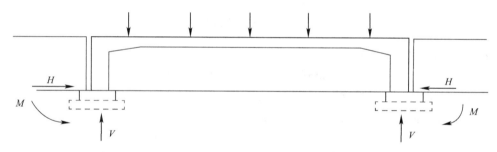

图 14.4 钢架桥简图

（4）悬索桥

传统的悬索桥均用悬挂在两边塔架上的强大缆索作为主要承重结构。在竖向荷载作用下，通过吊杆使缆索承受很大的拉力，通常都需要在两岸桥台的后方修筑非常巨大的锚碇结构，如图 14.5 所示。悬索桥也是具有水平反力（拉力）的结构。悬索桥的跨越能力在各类桥梁中是最大的，但结构刚度差，整个悬索桥的发展历史也是争取刚度的历史。

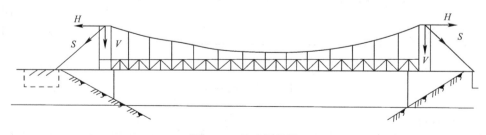

图 14.5 悬索桥简图

（5）组合体系

1）梁、拱组合体系。这类体系有系杆拱、木桁架拱、多跨拱梁结构等，它们是利用梁的受弯与拱的承压特点组成复合结构。其中梁、拱都是主要承重结构，两者相互配合、共同受力，如图 14.6 所示。

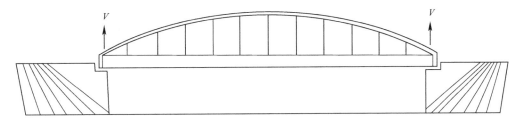

图 14.6　细杆拱桥简图

2）斜拉桥。斜拉桥也是一种主梁与斜缆相组合的组合体系，如图 14.7 所示。悬挂在塔柱上的被张紧的斜缆将主梁吊住，使主梁像多点弹性支承的连续梁一样工作，这样既发挥了高强材料的作用，又显著减小了主梁截面，使结构自重减轻而能跨越很大的路径。

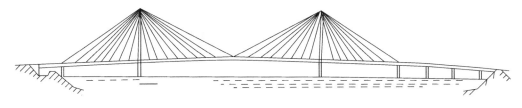

图 14.7　斜拉桥简图

2. 桥梁的其他分类简介

（1）按用途来划分，有公路桥、铁路桥、公铁两用桥、农桥（或机耕道桥）、人行桥、水运桥（或泼槽）、管线桥等。

（2）按桥梁全长和路径的不同，可分为特大桥、大桥、中桥、小桥和涵洞，见表14.1。

<table>
<tr><td colspan="3" align="center">桥梁涵洞分类　　　　　　　　　　　　　　　　　　表 14.1</td></tr>
<tr><td>桥涵分类</td><td>多孔跨径总长 L（m）</td><td>单孔跨径 L_K（m）</td></tr>
<tr><td>特大桥</td><td>$L>1000$</td><td>$L_K<150$</td></tr>
<tr><td>大桥</td><td>$100{\leqslant}L{\leqslant}1000$</td><td>$40{\leqslant}L_K{\leqslant}150$</td></tr>
<tr><td>中桥</td><td>$30<L<100$</td><td>$20{\leqslant}L_K<40$</td></tr>
<tr><td>小桥</td><td>$8{\leqslant}L{\leqslant}30$</td><td>$5{\leqslant}L_K<20$</td></tr>
<tr><td>涵洞</td><td>$L<8$</td><td>$L_K<5$</td></tr>
</table>

注：1. 单孔跨径系指标准跨径。
　　2. 梁式桥、板式桥的多孔跨径总长为多孔标准跨径的总长；拱式桥为两岸桥台起拱线间的距离；其他形式桥梁为桥面行车道长度。
　　3. 管涵及箱涵不论管径或跨径大小、孔数多少，均称为涵洞。
　　4. 标准跨径：梁式桥、板式桥以两桥墩中线之间桥中心线长度或桥墩中线与桥台台背前缘之间桥中心线长度为准；拱式桥和涵洞以净跨径为准。

（3）按照主要承重结构所用的材料划分，有圬工桥（包括砖、石、混凝土桥、钢筋混凝土桥、预应力混凝土桥、钢桥、钢筋混凝土组合桥和木桥等）。木材易腐，且资源有限，一般不用于永久性桥梁。

（4）按跨越障碍性质，可分为跨河桥、立交桥、高架桥和栈桥。高架桥一般指跨越深沟峡谷以替代高路堤的桥梁，以及在城市道路中跨越道路的桥梁。

（5）按桥跨结构的平面布置，可分为正交桥、斜交桥和弯桥。

（6）按上部结构的行车道位置，可分为上承式桥、中承式桥和下承式桥。

（7）按照桥梁的可移动性，可分为固定桥和活动桥，活动桥包括开启桥、升降桥、旋转桥和浮桥。

14.2　桥梁施工方法

1. 桥梁基础施工

桥梁基础作为桥梁整体结构的一组成部分，其结构的可靠性影响着整体结构的力学性能。

基础形式和施工方法的选用要针对桥跨结构的特点和要求，并结合现场地形、地质条件、施工条件、技术设备、工期季节、水力水文等因素统筹考虑安排。

图 14.8　桥梁基础钢筋笼安装

桥梁基础工程的形式大致可以归纳为扩大基础、桩和管柱基础、沉井基础、地下连续墙基础和组合基础几大类。

桥梁基础工程由于在地面以下或在水中，涉及水和岩土的问题，从而增加了它的复杂程度，使桥梁基础的施工无法采用统一的模式。

2. 桥梁墩台施工

桥梁墩台按建筑材料可分为圬工墩台、混凝土墩台、钢筋混凝土墩台、预应力混凝土墩台等多种形式；按施工方法可分为石砌墩台、就地浇筑式墩台和预制装配式墩台。

3. 桥梁上部结构施工

随着预应力混凝土在桥梁结构上的应用，各类桥梁结构的跨径显著增加。同时，结构设计方法的进步、桥梁构件的预制化生产和新型施工机械设备的研制应用等也从多方面促进了桥梁施工方法的进步和发展，孕育并形成了多种各具特色的施工方法。

依据桥梁构件制作地点的不同和架设方法的不同，桥梁施工方法大致可分成：就地浇筑法、预制安装法、悬臂施工法、转体施工法、顶推施工法、移动模架逐孔施工法、横移施工法、提升与浮运施工法。针对某一桥梁结构，或将采用多种施工方法的组合。下面我们将着重介绍桥梁上部结构的施工方法，并概括各种方法的施工特点。

支架就地浇筑法是在桥位处搭设支架，在支架上浇筑混凝土，待混凝土达到强度后拆除模板、支架的施工方法。

就地浇筑施工无需预制场地，而且不需要大型起吊及运输设备，桥跨结构整体性好，无需做梁间或节间的连接工作。它的缺点主要是工期长，施工质量易受季节性气候的影响而不容易控制，对预应力混凝土梁，因受混凝土收缩、徐变的影响将产生较大的预应力损失，施工中的支架、模板耗用量大，施工费用高，搭设支架影响排洪、通航，施工期间可能受到洪水和漂流物的威胁。

4. 预制安装法

预制安装法是在预制工厂或在运输方便的桥址附近设置预制场进行梁的预制工作，然后，采用一定的架设方法进行安装，完成桥体结构。

图 14.9　预制板运输

预制安装法施工的主要特点：①采用工场预制，有利确保构件的质量；采用上、下部结构平行作业，将缩短现场施工工期，由此也可降低工程造价；②主梁构件在安装时一般已有一定龄期，故可减少混凝土收缩、徐变引起的变形；③对桥下通航能力的影响视采用的架设方式而定。

此施工方法对施工起吊设备有较高的要求。

5. 悬臂施工法

悬臂施工法是从桥墩开始向跨中不断接长梁体构件（包括拼装与现浇）的悬出架桥法，其有平衡悬臂施工和不平衡悬臂施工、悬臂浇筑施工和悬臂拼装施工之分。

悬臂施工的主要特点：①桥梁在施工过程中，因墩、梁固接，在主梁上将产生负弯矩，桥墩也要承受由施工产生的弯矩；②对非墩、梁固接的预应力混凝土梁桥，在施工时需采取措施，使墩、梁临时固接，因而在整个桥梁的施工过程中存在着结构体系转换；③悬臂浇筑施工简便，结构整体性好，施工中可不断调整位置；④悬臂拼装施工速度快，桥梁上下部结构可平行作业，但施工精度要求比较高；⑤悬臂施工法可不用或少用支架，施工不影响通航或桥下交通，节省施工费用，降低工程造价。

6. 转体施工法

转体施工是将桥梁构件先在桥位处岸边（或路边及适当位置）进行预制，待混凝土达到设计强度后旋转构件就位的施工方法。

在转体施工中，转体的旋转支承和旋转轴视桥梁构造的具体形式进行布设，桥梁完工后，按设计要求予以变更。

转体施工的主要特点：①可利用施工现场的地形安排预制构件的场地；②施工期间不断航，不影响桥下交通；③施工设备少，装置简单，容易制作和掌握；④减少高空作业，施工工序简单，施工迅速。

转体施工适合于单跨和三跨桥梁，可在深水、峡谷中建桥采用，同时，也适用在平原区以及用于城市跨线桥。

7. 顶推施工法

顶推施工是在沿桥纵轴方向的台后设置预制场地，分节段预制，并用纵向预应力筋将预制节段与已施工完成的梁段连成整体，然后通过顶推装置施力，将梁体向前顶推出预制场地，之后继续在预制场进行下一节段梁的预制，循环操作直至施工完成。

顶推法施工的特点：（1）可运用简易的施工设备建造长大桥梁，施工费用低，施工平稳无噪声，可在水深处、山谷和高桥墩上采用，也可在曲率相同的弯桥和坡桥上使用；（2）主梁一般为等高度梁，对变坡度、变高度的多跨连续梁桥和夹有平曲线或竖曲线较长的桥均无法适应；（3）主梁在固定场地分段预制，连续作业，便于施工管理，避免了高空作业，结构整体性好；（4）施工时，梁的受力状态变化很大，施工阶段梁的受力状态与运营时期的受力状态差别较大，因此，在梁的截面设计和预应力钢束布置时为同时满足施工与运营的要求，将需较大的用钢量。

8. 移动模架逐孔施工法

逐孔施工是中等跨径预应力混凝土连续梁中的一种施工方法，它使用一套设备从桥梁的一端逐孔施工，直到对岸。

采用移动模架逐孔施工的主要特点：（1）不需设置地面支架，不影响通航和桥下交通，施工安全、可靠；（2）有良好的施工环境，保证施工质量，一套模架可多次周转使用，具有在预制场生产的优点；（3）机械化、自动化程度高，节省劳力，降低劳动强度；（4）移动模架设备投资大，施工准备和操作都较复杂。

移动模架逐孔施工宜在桥梁跨径小于50m的多跨长桥上使用。

9. 横移施工法

横移施工是在待安置结构的位置旁预制该结构物，并横向移动该结构物，将它安置在规定的位置上。

横移法施工的主要特点是在整个操作期间，与该结构有关的支座位置保持不变，即没有改变桥梁的结构体系；在横移期间，以临时支座支承该结构的施工重量。

横移法施工多用于正常通车线路上的桥梁工程的换梁，也可与其他施工方法配合使用。

10. 浮运与提升施工法

这是一种采用竖向运动施工就位的方法。提升施工是在未来安置结构物以下的地面上预制该结构并把它提升就位；浮运施工是将桥梁在岸上预制，通过大型浮船移运至桥位安装就位的方法。

采用提升和浮运的方法常选取整体结构，重达数千吨。使用该法的要求是：（1）在该结构下面需要有一个适宜的场地；（2）拥有一定起重能力的提升设备；（3）地基承载力需满足施工要求；（4）被提升的结构应保持平衡；（5）采用浮运法要有一系列的大型浮运起吊设备。

14.3　桥梁架设安全技术

14.3.1　混凝土梁桥

1. 混凝土梁桥浇筑

（1）现浇混凝土梁

1）在基底刚性不同的支架上浇筑连续梁、悬臂梁混凝土时，应采取消除不均匀沉降的措施。

2）桥上施工采用外吊架临边防护时，应在边梁浇筑时同步完成防护设施的预留孔或预埋件。

3）箱梁混凝土全断面一次浇筑成型应遵守下列规定：

① 内模支撑应紧凑，确保箱内空间满足作业要求；

② 每跨箱梁的顶板上应预留两个人孔，人孔宜设在 1/4 跨附近，平面尺寸应不小于 70cm×100cm；

③ 人员在箱梁内模中作业时，应有足够的照明，并在人孔顶部设人监护。

4）箱梁分两次浇筑成形时应遵守下列规定：

① 支点横梁两侧预应力束上弯部位应全断面一次浇筑；

② 两次浇筑接缝凿毛时混凝土强度不得低于 2.5MPa，且不得损坏波纹管。

5）多跨连梁分段浇筑应遵守下列规定：

① 多跨连梁宜整联浇筑，需分段浇筑而设计未规定时，宜在梁跨 1/4 处分段；

② 分段浇筑时宜自一端跨逐段向另端跨推进；

③ 分段浇筑需从两端跨开始，在中间跨合龙时，应按合龙设计规定处理；

④ 逐孔浇筑时，应自每联的一端跨开始，逐跨向另端跨推进，第一次宜浇筑 1.2 跨。

6）双悬臂梁混凝土应自跨中和悬臂端同时向两墩台方向连续浇筑，在墩顶处交汇。

7）悬臂梁加挂梁结构，浇筑挂梁混凝土时，悬臂梁混凝土应达到设计规定强度，设计无规定时应达到设计强度的 75% 以上，预应力悬臂梁的预应力张拉孔压浆应达到设计规定强度。

8）混凝土梁桥悬臂浇筑应遵守下列规定：

① 施工前应对墩顶段浇筑托架、梁墩锚固、挂篮、梁段模板、挠度控制和合龙等进行施工设计；

② 墩身预埋件等应在施工过程中进行工序检查，确认位置准确和材质、规格符合施工设计要求；

③ 浇筑墩顶端混凝土前，应对托架、模板进行检验和预压，消除杆件连接缝隙、地基沉降和其他非弹性变形；

④ 挂篮的抗倾覆、锚固和限位结构的安全系数均不得小于 2；

⑤ 挂篮组拼后应检查锚固系统和各杆件的连接状况，经验收并进行承重试验确认合格，并形成文件后，方可投入使用；

⑥ 挂篮行走滑道应平顺、无偏移。挂篮行走应缓慢，速度宜控制在 0.1m/min 以内，并应由专人指挥；

⑦ 桥墩两侧梁段悬臂施工进度应对称、平衡，其不平衡偏差应符合设计规定。

9）梁桥混凝土浇筑过程中，应随时检查钢筋、波纹管和预埋件，发现位移或松动必须及时修复，且应设专人监测模板和支架、挂篮的稳定状况，发现异常必须立即停止浇筑，并及时采取安全技术措施，经检查确认合格后方可恢复施工。

（2）联合梁混凝土桥面板浇筑

1）桥面板混凝土浇筑前应具备下列条件：

① 钢梁安装、纵横向连接、临时支撑应完成，并经检查确认符合设计或施工设计的要求，并形成文件；

② 钢梁顶面传感器焊接完成，并经检查确认符合设计要求，并形成文件。

2）采用后落架方法浇筑混凝土桥面板前，应检查临时支架和落架设备，确认合格并形成文件；浇筑混凝土时，应全断面连续一次浇筑。顺桥方向应自跨中开始浇筑，在支点处交汇，或由一端开始快速浇筑；横向应先浇中梁后浇边梁，由中间向两侧展开。

3）在浇筑混凝土桥面板过程中，应随时监测钢梁、临时支架和落架设备的稳定状况，发现异常必须立即停止浇筑，并及时采取安全技术措施，经检查确认合格后方可恢复施工。

（3）叠合梁混凝土浇筑

1）混凝土浇筑前应具备下列条件：

① 主梁的混凝土强度、安装位置、预留钢筋，经检查确认符合设计要求，并形成文件；

② 主梁的横向连接或临时支撑应完成，经检查确认符合设计或施工设计的要求，并形成文件。

2）叠合梁现浇桥面板混凝土和横向接头混凝土应快速、连续全断面一次浇筑。顺桥方向可自一端开始全宽同时浇筑，横向宜先中梁后边梁再悬臂板依序浇筑。

3）在浇筑混凝土过程中，应随时监测主梁和临时支架的稳定状况，发现异常必须立即停止浇筑，并及时采取安全技术措施，经检查确认合格后，方可恢复施工。

（4）分段架设的连梁混凝土浇筑

1）混凝土建筑前应具备下列条件：

① 浇筑前预制梁的安装位置、预留钢筋，经检查确认符合设计要求，并形成文件；

② 浇筑前预制梁的横向连接或临时支撑完成，经检查符合设计或施工设计的要求，并形成文件；

③ 浇筑前浇筑段（含横梁）内的模板及其支架、钢筋和预应力孔道预埋管安装就位，经检查确认符合设计要求，并形成文件。

2）合龙段应采用补偿收缩混凝土，并应与横梁、桥面板混凝土同时浇筑。

3）在浇筑混凝土过程中，应随时监测预制梁和临时支架的稳定状况，发现异常必须立即停止浇筑，并及时采取安全技术措施，经检查确认合格后方可恢复施工。

2. 混凝土梁桥架设

（1）构件运输与堆放

1）构件运输前应根据其质量、外形尺寸选择适宜的运输车辆和吊装机械与专用工具。

2）大型构件运输前应踏勘运输路线，确认运输道路的承载力（含桥梁和地下设施）、宽度、转弯半径和穿越桥梁、隧道的净空与架空线路的净高满足运输要求。遇电力架空线路时，其净高应符合有关规定。

3）构件超长、超高、超宽、超重时，应制定专项运输方案，并经道路交通管理部门批准。

4）构件运输应遵守下列规定：

① 运输车辆和吊装机械，严禁超规定使用和超载；

② 车辆、机械停置场地应平整、坚实；

③ 吊移构件时，吊点位置应符合设计规定，发现吊钩弯扭应矫正。吊绳夹角大于 $60°$

时应设吊梁；

④ 装卸构件前，机、车均应制动；

⑤ 起重机应在车辆后方装卸；

⑥ 构件运输时的支承点应与吊点位置在同一竖直线上，支承必须牢固；

⑦ 构件应对称、均匀地放置在运输车辆上，支承点和相邻构件间应放置橡胶垫等垫块；

⑧ 运输 T 形梁、工字梁、桁架梁等易倾覆的大型构件，必须用斜撑牢固地支撑在梁腹上；

⑨ 运输薄壁构件，应设专用固定架，采用竖立或微倾放置方式；

⑩ 构件装车后应用紧线器紧固于车体上；

⑪ 长距离运输途中应检查紧线器的牢固状况，发现松动必须停车紧固，确认牢固后，方可继续运行；

⑫ 运载超高构件应配电工跟车，随带工具保护途中架空线路，保证运输安全。

现场用拖排、小平车移运 T 形、工字梁时，应划定作业区，非作业人员严禁入内；道路必须平整、坚实、直顺、坡缓；拖排、小平车应置于梁两端吊点区域，主梁两侧应设斜撑，且宜将梁与拖排、小平车摽牢，保持稳定。

5）构件堆放应遵守下列规定：

① 构件堆放场地应干整、坚实、不积水；

② 堆放构件应根据构件受力情况、形状选择平放或立放；

③ 构件堆放高度应依构件形状、强度、地面耐压力和堆放稳定状况而定，且梁不得超过二层；板不得超过 2m。垫木应放在吊点下，各层垫木的位置应在同一竖直线上，同一层垫木厚度应相等；

④ 堆放 T 形梁、工字梁、桁架梁等大型构件时，必须设斜撑。梁底垫木的断面尺寸应根据构件质量和地面承载能力确定，长度不得超过构件宽度的 30cm；

⑤ 构件预留连接筋的端部应采取防止撞伤现场人员的措施；

⑥ 构件堆放场地应设护栏，夜间应加设警示灯。

(2) 简支梁桥架设

1）简支梁桥应根据现场条件，通航要求和河床情况，梁板外形尺寸、质量，桥梁宽度，桥墩高度，构件存放位置，施工季节和工期要求等因素选择适宜的架梁机械，制定合理的架设方案和相应的安全技术措施。

2）使用龙门式吊梁车架梁，除应遵守有关规定外，还应遵守下列规定：

① 桥头引道应填筑到与主梁顶面同高，引道与导梁或主梁接头处宜为坚实平整的砌筑结构；

② 导梁结构应进行施工设计，经计算确定，其抗倾覆稳定安全系数不得小于 1.5。导梁长度不得小于梁跨的两倍另加 5~10m 引梁；

③ 导梁安装应平稳，导梁的节段连接采用栓接时，应采用专用螺栓，不得随意代替。安装后应检查、验收，确认合格；

④ 吊梁车运梁时应设专人沿途监护，严禁非作业人员靠近；

⑤ 吊梁车运梁应慢速行驶。在导梁上行驶速度不宜大于 5m/min 并及时纠偏，保持吊

梁车在导梁轴线上行驶；

⑥ 吊梁车起落梁时，前后面吊点升降速度应一致；

⑦ 导梁推移过程和吊梁车在导梁上行驶时，导梁下应划定防护区，禁止人员入内。

3）使用穿巷式架桥机架梁，除应遵守有关规定外，还应遵守下列规定：

① 导梁安装应符合下列要求：

a. 导梁宜在桥头引道上拼装，接头应连接牢固；

b. 就位后两列导梁轴线距离应符合要求；

c. 就位后两列导梁顶面应水平、同高。

② 轨道安装应符合下列要求：

a. 轨道应与导梁连接牢固；

b. 轨道接头应平顺，不得有错台；

c. 两条轨道轴线距离应符合要求。

③ 龙门吊宜在桥头引道拼装，拼装完成后应进行检查，经试吊确认符合要求，并形成文件后方可推移至架桥孔使用。

④ 龙门吊推移时应平稳，后配重抗倾覆安全系数不得小于 1.5。就位后应用方木支垫前后支点，并用缆风绳固定于桥墩两侧。

⑤ 龙门吊上超重小车行走梁的端部应设限位装置。

⑥ 龙门吊吊梁就位应符合下列要求：

a. 龙门吊用梁在导梁上纵移时，起重小车应停在龙门架跨中；

b. 前后龙门吊应同步行驶；

c. 起重小车吊梁应垂直起落，不得斜拉；

d. 起重小车用梁横移时，两龙门吊上的小车速度应一致。

⑦ 龙门吊暂停作业时，应锁紧夹轨器，控制开关拨到零位，切断电源，锁闭操作空门窗。

⑧ 拆除龙门吊应在桥头进行。拆除前必须切断电源。拆除龙门吊时底部应垫牢，顶部应设缆风绳，并采取临时连接措施。

⑨ 龙门吊用梁和装拆作业区应设护栏和安全标志，严禁非作业人员入内。

4）跨越通航的河湖架梁应与河湖航行管理部门商定架设方案和安全防护措施，并经批准。

3. 预应力混凝土梁桥悬臂拼装

（1）梁桥悬拼施工应对墩顶段浇筑托架、墩顶段临时锚固、悬拼吊装系统、挠度控制和合龙进行施工设计。

（2）悬拼法架设连续梁、悬臂梁时，墩顶现浇段与桥墩之间应设临时锚固或临时支承，使其能承受悬拼施工阶段产生的不平衡力矩，待全部块件安装完毕方可拆除临时锚固或支承。

（3）墩顶临时支承采用硫磺水泥砂浆时，应遵守下列规定：

1）熬制前必须履行用火申报手续，经消防管理人员检查，确认防火措施落实，并签发用火证后，方可点火作业。

2）熬制硫磺砂浆应在室外进行，并应位于施工现场的下风方向，远离生活区。不得在架空线路下方熬制。

3）熬制时，严禁在猛火空锅中投料和中途投放大块硫磺，溶液不得超过锅容量的3/4，作业人员严禁离开岗位。

4）熬制完成，作业人员离开岗位前，必须熄灭余火。

5）严禁用锡焊制品盛装硫磺砂浆，装溶液量不得超过容器容量的2/3。运输时，速度应缓慢、均匀，不得忽快忽慢，并应避开人员。

6）吊运硫磺水泥砂浆时，吊运范围内严禁有人。

（4）硫磺水泥砂浆临时支承，在用电热方法撤除时，电热丝不得与其他金属接触，硫磺水泥砂浆块与支座之间必须设隔热设施，作业人员应站在上风向。

（5）悬拼吊装前应对悬拼吊装系统进行检查、试运转，并按130％设计荷载进行试吊，确认符合要求并形成文件后，方可正式起用。吊机每次移位后必须检查其定位和锚固，确认符合要求后，方可起吊。

（6）预制梁段起吊前应经检查，确认吊环符合要求、梁段上无浮置物件。

（7）预制梁段应平稳起吊，就位时不得碰撞已安装的梁段和其他作业设施。

（8）预制梁段吊离运输工具后，运输工具应迅速撤出。运输工具撤出后方可继续起吊。

（9）桥墩两侧悬拼施工进度应一致，保持对称、平衡，不平衡偏差必须符合设计规定。

（10）梁段接缝采用胶拼时，应根据设计要求选择胶黏剂，使用胶黏剂应遵守材料说明书规定。配置胶黏剂的现场应通风良好，作业人员应佩戴规定的防护用品，不得裸露身体作业。作业现场应按消防部门要求设消防器材。

（11）梁段预应力张拉应遵守下列规定：

1）梁段拼装完毕，应经检查，确认符合设计要求。现浇接头混凝土强度应达到设计规定方可张拉，设计无规定时，张拉强度不得小于梁段混凝土设计强度标准值的75％。

2）胶拼梁段拼装完成后应立即检查，确认合格，并张拉部分预应力束，使胶拼缝处预压应力大于0.2MPa。

3）张拉过程中，应随时观察、检测各梁段变化和明槽钢束的稳定情况。发现异常必须立即停止张拉，采取措施处理并确认合格后，方可继续张拉。

（12）梁段拼装过程中，应按挠度控制设计的规定控制梁段安装高程，随时检测、随时调整，确认符合允许误差要求。

（13）T形刚构或悬臂梁的挂孔架设中，移运挂孔预制梁需经过悬臂端时，应对悬臂梁结构进行验算，确认符合设计要求，并形成文件。

（14）梁段拼装完毕后，明槽混凝土应由悬臂向根部对称浇筑。如有挂孔，应在挂梁架设完毕后立即浇筑明槽混凝土。

（15）梁段拼装完毕后，应按设计规定程序拆除拼装施工临时设施，拆除时不得碰撞梁体。

4. 顶推法架梁

（1）顶推法架梁施工前应对临时墩、导梁、制梁台座进行施工设计，其强度、刚度、稳定性应满足施工安全要求。使用前应经验收，确认合格并形成文件。使用中应随时检查，发现隐患必须及时排除，确认安全后方可继续使用。

（2）不得在电力架空线路下方设置预制台座，预制台座一侧有电力架空线路时，其水平距离应符合相关规定。

（3）顶推法施工的机具设备使用前应经检查、试运行，确认合格。

（4）预制梁段混凝土浇筑前应将导梁安装就位，导梁与梁段连接的埋件应安装牢固，经检查验收，确认符合设计要求并形成文件后，方可浇筑梁段混凝土。

（5）梁段顶推应遵守下列规定：

1）油泵与千斤顶应配套标定。

2）顶推千斤顶的额定顶力和拉杆的容许拉力均不得小于设计最大顶力的两倍。

3）顶推千斤顶用的油泵应配备同步控制系统。两侧顶推时，左右应同步；多点顶推时各千斤顶纵横向应同步。

4）顶推过程中应及时在滑座后入补充滑块，插入的滑块应排列紧凑，其最大间隙不得超过 20cm。

5）顶推过程中应按设计要求进行导向、纠偏等监控工作，确认偏差符合设计要求。

（6）顶推过程中应随时检测桥墩墩顶变位，其纵、横向位移均不得超过设计规定。

（7）顶推过程中出现拉杆变形、拉锚松动、主梁预应力锚具松动、导梁变形等异常情况，必须停止顶推，妥善处理，确认符合要求后方可继续顶推。

（8）落梁前拆除滑动装置时，各支点应均匀顶起，同一墩台上的千斤顶应同步进行，同墩上两侧梁底顶起高差不得大于 1mm；相邻墩、台上梁底顶起高差不得大于 5mm。

14.3.2　拱　　桥

1. 砌筑拱圈

（1）拱圈砌筑应严格按施工组织设计规定的作业程序进行。

（2）拱圈砌筑前应检查支架、拱架和模板的安装质量，经验收合格，并形成文件后，方可进行砌筑作业。

（3）拱圈砌筑过程中应随时观测拱架、支架变形情况，发现变形超过规定，必须立即停砌，采取安全技术措施，并验收合格后，方可继续砌筑。

（4）拱圈封拱合龙时砌体砂浆强度应达到设计规定。设计无规定时应遵守下列规定：

1）砌体砂浆达到设计强度的 50% 后，方可封拱合龙；

2）封拱合龙前采用千斤顶施压调整拱圆应力时，拱圈砂浆必须达到设计强度后方可进行。

（5）拱上结构砌筑应遵守下列规定：

1）拱上结构在卸落拱架前砌筑时，封拱砂浆强度应达到设计强度 30%，方可进行；

2）拱上结构在卸落拱架后砌筑时，封拱砂浆强度应达到设计强度的 70%，方可进行；

3）分环砌筑的拱圈，应待最上环封拱砂浆达到设计强度的 70%，方可落架，砌筑拱上结构；

4）拱圈采用预施压力调整应力时，应待封拱砂浆达到设计强度后，方可落架，砌筑拱上结构。

2. 拱架上浇筑混凝土拱圈

（1）拱架上浇筑混凝土拱圈，应检查支架、拱架和模板的安装质量，经验收确认合格并形成文件后方可浇筑混凝土。

（2）拱架上浇筑混凝土，无论连续浇筑或分段浇筑均应从拱脚向拱顶混凝土分段浇筑进行。大跨度拱圈混凝土分段浇筑时，应在施工组织设计中规定浇筑程序和监控措施。

（3）分段浇筑的混凝土拱圈强度达到设计强度75％后，方可由拱脚向拱顶对称浇筑间隔槽混凝土。

（4）拱圈混凝土浇筑过程中应随时观测支架、拱架变形情况，发现变形超过规定，必须立即停止浇筑，采取安全技术措施，并验收合格后，方可继续浇筑。

（5）拱圈封拱合龙时混凝土强度应达到设计规定。设计无规定时应遵守下列规定：

1）分段浇筑的拱圈混凝土应达到设计强度75％后，方可封拱合龙；

2）封拱合龙前采用千斤顶施压调整拱圈应力时，拱圈和已浇筑的间隔槽混凝土必须达到设计强度，方可封拱合龙。

3. 劲性骨架浇筑混凝土拱圈

（1）施工前应根据设计文件和现场环境条件规定拱圈混凝土浇筑方法、程序和监控方法。并对劲性骨架的强度、刚度和稳定性进行验算，确认符合施工各阶段的要求。

（2）钢桁架劲性骨架和钢管混凝土劲性骨架的制作应遵守有关规定。

（3）劲性骨架采用少支架、无支架安装时应遵守有关规定。

（4）拱圈混凝土浇筑过程中，应随时跟踪监测，出现异常应及时按监控方案调整，使拱轴线位置符合设计要求。

（5）分环多工作面浇筑拱圈混凝土时，各工作面的浇筑顺序应对称、同步、均衡。

（6）分环、分段浇筑拱圈混凝土时，同时浇筑的两个工作段浇筑顺序应对称、同步、均衡。

（7）用水箱或其他方法压载，分环浇筑拱圈混凝土时，应严格控制拱圈的竖向和横向变形，按施工设计和监控方案压载、卸载，保持骨架稳定。

4. 钢管混凝土拱圈

（1）钢管混凝土拱圈施工前应根据设计图、河床、地形等条件对钢管拱肋的加工方法和工艺要求、分段和现场组拼方法、分段吊装阶段的加载程序、预留拱度和监控方案、混凝土浇筑方法和程序等进行施工设计，并规定相应的安全技术措施。

（2）拱肋分段长度应根据吊装方法、起重设备、运输条件等因素在施工设计中确定。

（3）钢管拱肋应由具有资质的企业加工制作，完成后应经试拼，确认法兰、节点、吊环等部件符合设计要求，方可涂装、解体出厂。

（4）钢管拱肋吊装应遵守下列规定：

1）钢管拱肋分段吊装过程中应同时安装横向联系或采取临时横向稳定措施。

2）钢管拱肋安装成拱后，应按施工设计调整拱轴线和接头高程。

3）钢管拱肋横向稳定系数大于4时可单肋合龙。

4）合龙温度应符合设计规定，设计无规定时宜在气温接近全年平均气温时合龙。

（5）钢管拱肋混凝土浇筑应遵守下列规定：

1）浇筑混凝土应按施工设计规定程序进行，设计无规定时宜由拱脚向拱顶对称浇筑。

2）浇筑过程中应根据监控拱肋变位，确认符合设计要求。

3）应采用和易性好、流动性强，且具有缓凝、早强特性的补偿收缩混凝土。

4）混凝土应连续浇筑，不得中断。

5. 装配式混凝土拱桥

（1）安装前，墩台、支承结构和预制构件应经检查、验收，确认符合设计要求并形成文件且混凝土强度达到允许吊装强度，方可吊装。

（2）悬吊设施和起重设备安装完毕后，应经试运转、试吊确认合格，并形成文件后方可投入使用。

（3）拱圈、拱肋采用少支架安装应遵守下列规定：

1）支架基础应有足够的承载力，且不得受冲刷、冻胀影响。

2）支架结构设计应满足施工过程中各个施工阶段最大荷载组合的要求。支架顶部的落架装置应能够满足多次落架的需要。

3）拱肋分段吊装到支架上后，应及时安设支撑和横向联系。

4）分段拱肋的接头与合龙应按设计规定进行，并应采用补偿收缩混凝土。拱圈横系梁宜与接头混凝土一并浇筑。

5）支架卸落应符合下列要求：

① 拱肋接头和横系梁混凝土强度达到设计强度的 75％以上或达到设计规定后，方可卸落。

② 已合龙的拱圈，经检查混凝土强度和拱轴线符合设计要求后，方可卸落。

③ 支架卸落宜分次逐渐进行；

④ 台后填土应符合设计要求和技术规定；

⑤ 卸落支架时应对拱圈变形、墩台变位进行观测，若超过设计规定应及时与设计商定加固措施，并形成文件；

⑥ 多跨拱桥应在所有孔的拱肋合龙后落架。若需提前落架，必须验算，确认桥墩能承受不平衡推力，并形成文件后方可进行。

（4）拱圈、拱肋采用无支架安装应遵守下列规定：

1）施工前应根据河床、地形、路径、吊装设备等情况选择合理方案。起重设备、设施应经过施工设计确定。

2）缆索用机架设应符合下列要求：

① 承重主索、塔架、索鞍、风缆、地锚等设施的强度和稳定性与地基承载力均应按有关规定验算，确认安全；

② 塔架应设风缆，风缆地端必须系在地锚上，严禁与电杆、树木、脚手架和建（构）筑物相连风缆不得少于三根，其与地面夹角不宜大于 45°；

③ 吊机组装完毕后，应进行全面检查，并经试运转、试吊，确认合格并形成文件后，方可投入使用。

3）扣索、扣架应符合下列要求：

① 扣索、扣架应布置合理，扣架底座应与墩台固定，扣架顶部应设风缆，扣索、扣架的强度和稳定性应经验算符合施工安全要求；

② 各扣索位置必须与所吊拱肋在同一竖直面内。

4）拱肋分段吊装时，除顶段外，短段拱肋应各设一组扣索悬挂。

5）拱肋分段吊装，由扣索悬挂时，必须设风缆。每对风缆与拱肋水平投影的夹角不宜小于50°；拱肋分三段或五段拼装时，至少应保持两根基肋设置固定风缆；固定风缆应待全孔合龙、横系梁强度达到设计规定后，方可撤除。

6）拱肋分段吊装，应待吊装段与已就位段连接后，并设扣索和风缆临时固定后方可摘除起重索。

7）多孔拱桥吊装宜由桥台或单向推力墩开始依次进行，并应遵守设计加载程序规定。

8）中小跨拱圈、拱肋分二段或整根吊装时，如横向稳定系数大于4（含），可单肋合龙。

9）拱圈跨径大于80m，或横向稳定系数小于4时，应采取双基肋或多基肋合龙。

10）各拱肋松索合龙应符合下列要求：

① 松索前，拱轴线位置和备接头位置应经校正符合设计要求；

② 每次松索应监测拱轴线平面的垂直度和接头高程，防止非对称变形造成的拱肋失稳；

③ 松索应自拱脚向拱顶进行，先松拱脚段扣索一次，然后按比例、对称、均匀进行；

④ 合龙温度应符合设计规定，设计无规定时宜在气温接近年平均气温时合龙。

（5）卧式预制桁架，拱片起吊前应对其薄弱部位采取临时加固措施；起吊过程中应保持各点受力均匀，拱片保持平面状态，不得扭曲。

（6）在安装过程中，杆件连接部位完成后，必须经验收，确认合格，并形成文件。

6. 拱上结构

（1）拱上结构施工前，应检测主拱拱圈的高程和轴线，确认符合设计要求，并形成文件后方可施工。

（2）大跨径拱桥的拱上结构施工顺序应严格按照设计程序进行；中小路径设计无规定时，可由拱脚开始，对称、均匀地向拱顶方向进行。

（3）大跨径拱桥拱上结构应待拱圈混凝土达到设计强度后方可施工。中小跨径拱桥拱上结构施工应按设计规定进行，设计无规定时应待拱圈混凝土达到设计强度的75％以上，且落架后方可施工。

（4）拱上立柱、盖梁或横墙施工时，应设临时固定措施，待腹拱安装就位后，方可拆除。

（5）腹拱吊装应自主拱的拱脚开始，对称、均匀地向拱顶方向进行。

（6）供上结构施工时，必须对拱脚水平位移和拱顶竖向位移进行监测，如有异常应立即停止施工，待采取措施确认符合要求后，方可继续施工。

14.3.3　钢　　桥

1. 钢桥制造

（1）钢桥应在具有资质的钢结构制造企业制作。

（2）钢桥制作前应编制方案，规定杆件制作、组装、试拼装、涂装的工艺和相应的安全技术措施。

（3）加工钢桥使用的钢材、焊接材料、涂装材料和紧固件应符合设计要求和现行国家标准的规定。材料进场时应有生产企业的质量合格证明书，并应按合同要求和国家标准进行检查和验收，确认合格，形成文件。

（4）在钢桥制作的同时应加工制作桥上施工临边防护设施，并履行质量验收手续，确认合格并形成文件。

（5）钢桥制作场所应符合下列规定：

1）钢桥制作场地应干整、竖实，宜采用刚性地面，其承载力应满足要求。

2）钢桥制作场地不得有影响钢材吊装的建（构）筑物、架空线等障碍物。

3）钢桥制作宜在具备相应条件的车间内加工。在露天场地制作，应有防雨、雪设施，周围应设防护栏，非施工人员禁止入内。

4）加工机具、材料、工件等应合理布置，电气接线与拆卸必须由电工负责并应符合有关规定。

5）钢桥制作场地应经检查、验收合格后，方可投入使用。

（6）钢材堆放应遵守下列规定：

1）钢材堆放场地应平整、坚实、不积水，并设防雨、雪设施。

2）钢材应按品种、型号、规格分类整齐码放。

3）码垛高度应由地基承载力确定，且不宜超过 1.2m；每层应隔垫，确保吊装穿绳的安全操作。

4）每排垛之间应有安全通道，其宽度应满足运输车辆要求，且不小于 1.5m。

（7）工作台和工装胎具应符合下列规定：

1）钢桥制作使用的工作台和工装胎具应满足钢梁制作要求，其强度、刚度和稳定性应满足钢桥制作中的安全要求。

2）工作台和工装胎具应按施工组织设计规定制作，制作完成后，必须经验收，确认合格，并形成文件。

3）工装胎具和加工件件总高度在 2m（含）以上应设临边防护设施。

（8）安装、使用加工机械应遵守下列规定：

1）机械应安装在坚实的基础上。安装完毕后应按机械说明书的规定进行检测和试运转，经验收合格后方可使用。

2）机械的防护装置应齐全、有效。

3）机械周围不得有影响操作的障碍物，室外作业应设防雨、雪棚。

4）加工机械应设专人管理，操作人员必须经安全技术培训，考核合格方可上岗。

5）加工机械应在使用说明书规定的适用范围内，按操作规程操作。

6）使用期间应建立维护、保养、检查制度，保持完好。

7）机械操作人员和配合作业人员应协调一致，相互配合。

8）两班以上作业应建立交接班制度，确认安全并形成文件。

9）机械运行中发现异常或故障，必须立即关机断电，并进行检修；检修后应经检查、试运行确认安全，方可继续使用，严禁机械带病运转和在运转中维修。

10）作业后必须关机断电，清洁机械、清扫现场。

（9）放样号料应遵守下列规定：

1）放样应在坚固的放样台上进行。

2）作业中，严禁抛掷工具。

3）燃割工件时，应合理布置垫块，且不得使用方木等易燃物作垫块，确保工作燃割后的稳定。

（10）钢材吊装应遵守下列规定：

1）吊装钢板、型钢应使用专用吊具，并保持两吊索夹角不大于120°，大型钢板应采用横吊梁吊装。

2）使用钢丝绳吊装钢板时，应采取防止钢丝绳滑移的措施；钢丝绳与钢板棱边间应采用塑性材料垫衬。

（11）剪切、冲裁工件应遵守下列规定：

1）不得将数层钢板叠在一起剪切和冲裁，并应根据加工钢板的厚度调整剪刀间隙。

2）剪切窄板时，应使用宽度、厚度符合要求的压垫板压紧。

3）作业时，应根据钢板的尺寸和质量确定吊具和操作人数，两人（含）以上作业时，应由一人指挥。

4）操作人员双手距刃口或冲模应保持20cm以上的距离，不得将手置于压紧装置或待压工件的下部。

5）送料时必须剪刀、冲刀停止动作后进行。

6）作业过程中出现异常情况，必须立即关机断电，排除故障后，应经检查确认安全方可继续作业。严禁机械带病作业。

（12）气割加工应遵守下列规定：

1）气割加工应符合现行《焊接与切割安全》有关规定。

2）气割加工现场应符合下列要求：

① 气割加工现场必须按消防部门的规定配置消防器材。

② 气割作业场地周围10m范围内不得堆放易燃易爆物品，不能满足时，必须采取隔离措施。

③ 气割作业现场应通风良好，能及时排除有害气体、灰尘、烟雾。

④ 现场宜设各种气瓶的专用库，并建立领发料制度。

⑤ 作业现场用气量应随用随供，不宜多存。露天作业时，乙炔瓶、氧气瓶等应搭设防护棚。

⑥ 风力五级（含）以上天气不得露天作业。

⑦ 作业前应履行用火申报手续，经消防管理人员检查，确认防火措施落实，并签发用火证。作业中应随时检查，确认无隐患。作业后必须清除火种，作业人员方可离开现场。

3）气割加工设备应符合下列要求：

① 操作者必须经专业培训，持证上岗，数控、自动、并自动切割加工设备应实行专人专机制度。

② 作业人员必须按规定穿戴工作服、手套、护目镜等防护用品。

③ 气瓶及其附件、软管、气阀与割炬的连接处应牢固，不得漏气。使用前和作业中应用皂水检查，确认严密。严禁用明火检漏。

④ 气割胶管应妥善固定，禁止与焊接电缆、钢丝绳等绞在一起。

　　⑤ 作业中不得手持连接胶管的割炬爬梯、登高，胶管不得缠身。

　　⑥ 作业中氧气瓶、乙炔瓶和割炬相互间的距离不得小于 10m，同一处有两个以上乙炔瓶时，其相互间距不很小于 10m；不能满足上述要求时，应采取隔离措施。

　　⑦ 严禁割具对向人、设备和设施。

　　⑧ 作业结束后必须关闭氧气瓶、旋紧安全阀，并使用设备放置在安全处，检查作业场地，确认无火灾隐患，方可离场。

　　4）运输、储存氧气瓶和乙炔瓶应遵守现行《气瓶监察安全规程》的有关规定，并符合下列要求：

　　① 运输气瓶时应检查瓶帽，确认旋紧，并应轻装、轻卸，严禁用肩扛、背负、拖拉、抛滑等易造成碰、撞的搬运方法，严禁用吊车吊运氧气瓶。

　　② 汽车运输气瓶应妥善固定，宜头朝同一方向横向放置，不得超过车厢高度。夏季应有遮阳措施，严禁暴晒。车厢内严禁乘人，严禁烟火，并随车备有灭火器材和防毒面具。

　　③ 油脂和油污等易燃物品不得与氧气同车运输。

　　④ 运输气瓶应挂"危险品"标志；并严禁在车辆、行人稠密地区、学校、娱乐和危险场所停置。

　　⑤ 气瓶入库前必须进行检查，确认符合规定要求。

　　⑥ 气瓶在库中应放置整齐，妥善固定，并留有通道；卧放时应头朝一方向，挡掩牢固。

　　⑦ 气瓶在储存时必须与易燃、可燃物隔离，且与易引燃的材料（如木屑、纸张、油脂等）距离 6m 以上，或用高于 1.6m 的不可燃屏板隔离。

　　⑧ 乙炔气瓶必须按规定期限储存，不得放置在有射线辐射的场所。

　　⑨ 储存气瓶的库房必须符合消防有关规定。

　　（13）剪冲或切割后的工件，应倒钝，并将飞边、毛刺、挂渣、飞溅物等锐利物清除干净。操作人员不得用手清除。

　　（14）机械矫正工件应遵守下列规定：

　　1）机械矫正时，工件应放置平稳，设专人指挥。

　　2）工件表面应保持清洁，不得有熔焊的金属渣。

　　3）使用滚（平）扳机矫正钢板时，操作人员必须站在机床两侧，严禁站在机床前后或站在钢板上。

　　4）矫正小块钢板时，应在其下垫以能满足机械要求助的钢垫板，垫板一端与轧辊距离不得小于 30cm，并不得偏斜。

　　5）钢板出现滚偏时，必须关机断电后方可进行调正。

　　6）使用压力矫正工件时，工件应放置在承压台正中，遇有偏心和斜面的工件，应压在工件的重心位置，并应对工件采取稳定措施。

　　7）矫正大型工件时，操作人员不得用手把持工件，应站在工件可能偏斜、偏移、翻滚的范围之外，发现异常情况应立即关机，有时采取措施，并确认工件稳固。

　　8）作业结束后必须关机断电，保养机械，清扫现场。

　　（15）边缘加工遵守下列规定：

1）采用刨边机加工坡口，压紧装置必须灵敏可靠，压紧器必须有足够的夹紧力。

2）装卸工件时必须将刀具退到安全位置。大型工件装卸时应使用起重设置，当工件平稳的放置在平台上并卡牢后，方可摘钩。

3）加工的工件上不得放置工具和其他杂物，切削作业中不得改变切削方式，不得测量工件。

4）切削作业时操作人员应站在切屑飞溅范围之外，刀具未停止运转之前操作人员不得触摸工件。

（16）制孔应遵守下列规定：

1）制孔前，应检查钻床和夹具，确认安全。

2）制孔时，钢板必须卡牢，钢板不得有位移和振动；工件上、机床上不得放置其他物件。

3）后孔法制孔，必须将杆（工）件和制孔设备支垫稳固。制孔设备应有足够的作业空间。

4）使用摇臂制孔，横臂必须卡紧，横臂回转转范围不得有障碍物。

5）手动进钻、退钻时，应逐渐增压或减压，不得在手柄上加套管进钻。

6）钻头上缠有铁屑时，应停车用刷子清除，不得直接用手清除。

7）严禁触摸旋转的刀具和在刀具下翻转、卡压、测量工件。

8）制孔结束后必须关机断电，待钻床与工件脱离后，方可吊装杆（工）件。

9）铰孔、扩孔或量测孔径拨取量棒（量规）时，不得用力过猛。

10）制孔后的飞刺、铁屑、污垢应及时清除。

（17）杆件组装应遵守下列规定：

1）杆件组装应按施工方案、工艺规定设临时支撑和紧固件。

2）组装大型杆件应使用起重设备，起落工件应缓慢、匀速，避免工装胎具受冲击荷载或集中荷载。

3）向工装胎具上搬运小型工件和工具，应直接传递，不得抛掷。

4）在胎具上铺设直立、斜置、上置的工件时，应在胎具上设防止工件倾倒、翻转、坠落、位移的临时固定装置。

5）工件和临时装置和锐边、锐角应倒钝，飞边、毛刺、污垢应清除。

6）杆件组装时，必须使用刚性材料临时固定，严禁使用钢丝绳固定工件。

7）人孔和梁端部位应设安全标志，夜间和阴暗时应设警示灯。

8）主梁上翼板未组装封盖前严禁人员站在腹板上作业。

9）楔具应焊牢，拆楔应切割、磨平，不得锤击打落。

10）杆件组装时，应由作业组长统一指挥，各工位协调配合。

（18）杆件焊接应遵守下列规定：

1）焊接作业应符合现行的《焊接与切割安全》GB 9448 的有关规定。

2）焊接作业现场应符合下列要求：

①焊接作业现场应按消防部门的规定配置消防器材。

②焊接作业现场周围 10m 范围内不得堆放易燃易爆物品，不能满足时，必须采取隔离措施。

③ 焊接作业现场应通风良好，能及时排除有害气体、灰尘、烟雾。

④ 焊接作业现场应设安全标志，非作业人员不得入内。

⑤ 焊接辐射区，有他人作业时，应用不可燃屏板隔离。

⑥ 露天焊接作业，焊接设备应设防护棚。

⑦ 二氧化碳气体保护焊露天焊接时，应设挡风屏板。

3）焊接前必须办理用火申报手续，经消防管理人员检查确认焊接作业安全技术措施落实，颁发用火证后，方可进行焊接作业。

① 操作者必须经专业培训，持证上岗。数控、自动、半自动焊接设备应实行专人专机制度。

② 焊工件业时必须使用带有滤光镜的头罩或手持防护面罩，载耐火的防护手套，穿焊接防护服，穿绝缘、阻燃、抗热防护鞋，清除焊渣时应戴护目镜。

③ 电焊机、电缆线、电焊钳应完好，绝缘性能良好，焊机防护装置齐全有效；使用前应检查，确认符合要求。

④ 使用中的焊接设备应随时检查，发现安全隐患必须立即停止使用；维修后的焊接设备，经检查确认安全后，方可继续使用。

⑤ 长期停用的电焊机，使用前必须检验，绝缘电阻不得小于 $0.5M\Omega$，接线部分不得有腐蚀和受潮现象。

⑥ 电焊机的电源缆线长不得大于 5m，二次引出线长不得大于 30m。

⑦ 电焊机的二次引出线、焊把线、电焊钳等的接头必须牢固。

⑧ 作业时，电缆线应理顺，不得身背、臂夹，缠绕身体，严禁搭在电弧和炽热焊件附近与锋利的物体上。

⑨ 作业时不得使用受潮焊条，更换焊条必须戴绝缘手套；合开关时必须戴干燥的绝缘手套，且不得面向开关。

⑩ 在狭小空间作业时必须采取通风措施，经检测确认氧气和有毒、有害气体浓度符合安全要求并记录后，方可进入作业；出入口必须设人监护，内外呼应，确认安全；作业人员应轮换作业；照明电压不得大于 12V。

4）所有焊缝必须进行外观检查，不得有裂纹、未熔合、夹碴、未填满弧坑和超出规定的缺陷。零部（杆）件的焊缝应在焊接 24h 后按技术规定进行无损检验。

（19）焊缝无损检测应遵守下列规定：

1）检测人员必须经无损探伤专业培训，取得无损检测资格。

2）检测防护应符合现行，《电离辐射防护与辐射源安全基本标准》GB 18871 的有关规定。

3）放射检测时现场应设屏蔽，在放射源周围应设明显标志，严禁人员靠近。

4）放射检测应远距离操作。工作地点应置于辐射强度最小的部位，避免在辐射流的正前方工作。

5）检测人员必须按规定佩戴专用防护用品。

（20）杆件矫正应遵守下列规定：

1）杆件矫正必须由作业组长统一指挥。

2）矫正前杆件放置稳固，矫正过程中应随时观察，确认正常；发现异常情况，必须立即停止矫正，经处理确认杆件稳定后，方可继续矫正。

（21）经矫正符合设计要求的杆件应堆放在平整、坚实、不积水的场地上，并应按施工设计规定设置支墩。支墩必须稳固。

（22）钢梁试拼装应遵守下列规定：

1）试拼装现场应划定作业区，非作业人员严禁入内。

2）试拼装场地应平整、坚实，面积和承载力应满足拼装要求。

3）试拼装应由具有经验的专业技术人员主持；吊装作业必须由信号工指挥。

4）作业前应根据杆件形状、尺寸、质量选择适宜的起重机。

5）试拼装现场附近有电力架空线路时，应设专人监护，确认起重机作业符合安全操作规程有关规定。

6）试拼装的支墩结构应进行施工设计，经计算确定。

7）试拼装时应采取防倾覆措施。

8）吊装时，被吊杆件（梁段）上严禁有人；杆件四角应加设缆风绳，保持稳定。

9）杆件（梁段）就位应缓慢、平稳、准确。在距离就位点 5～10cm 的空间位置应暂停，使用工具辅助就位，严禁碰撞已装杆件（梁段）；严禁手推、脚蹬辅助就位。

10）对孔时，应用冲钉探孔，严禁手指深入。

11）试瓶装时必须在前杆件（梁段）拼装稳固，确认安全后，方可进行后杆件（梁段）的拼装。

（23）拆除杆件应由起重机械进行。拆除前应检查环境确认安全。拆除工作应由专业技术人员主持、信号工指挥。拆除现场应设作业区，非作业人员不得入内。

2. 钢梁涂装

（1）涂漆作业应划定作业区，非施工人员不得入内。

（2）压力罐、气泵、空压机等压力容器必须检测符合压力容器的安全规定。作业前应经检查，确认安全。

（3）涂漆作业前应检查钢梁杆件固定状况，确认稳固后，方可作业。

（4）涂漆作业人员应按规定穿防护服、戴防护眼镜或长管面具。使用涂料、溶剂或稀释剂不得与皮肤接触。

（5）涂漆作业场所应符合下列规定：

1）涂漆作业场所的耐火等级、防火间距、防爆和安全疏散措施，应按现行《建筑设计防火规范》GB 50016 的有关规定执行。

2）涂漆作业场所应通风良好，宜在室外。在室内作业应采取通风措施，空气中可燃、有毒、有害物质的浓度应符合现行《涂装作业安全规程 涂漆工艺安全及其通风净化》GB 6514 的有关规定。

3）涂漆作业场地出入口至少应有两个，且其中之一必须直接通向露天，门应向开，其内的通道宽度不得小于 1.2m。

4）涂漆区内不宜设置电气设备，需设置时，应符合现行《爆炸危险环境电力装置设计规范》GB 50058 的有关规定。

5）涂漆区禁止明火，并应设禁止烟火的标志。

6）涂漆区必须按消防部门规定设置消防器材，并定期检查、更换，保持有效状态。

7）在密闭、狭窄、通风不良的空间进行涂漆作业应符合下列要求：

① 该空间只有一个出入口对应增开一个工艺口。

② 作业人员进入该空间前，应进行通风和空气检测，确认该空间内空气中氧气浓度、可燃气体浓度符合现行国家标准的规定，有毒、有害气体浓度不超过允许值，符合《工作场所有害因素职业接触限值》GBZ 2.1～2.2 规定，并记录。

③ 作业时，进出口处必须设专人监护，内外呼应。

④ 作业中应动态监测，定时检测该空间内氧气含量和可燃有毒、有害气体浓度，确认符合安全要求，并记录。

⑤ 作业照明不得大于 12V，且为防爆型灯具。

（6）涂漆前处理作业应遵守下列规定：

1）机械除锈应用真空喷砂、湿喷砂等。

2）手工除锈相邻操作人员的间距应大于 1m。

3）各种打磨工具，作业前应进行检查或试运转，确认安全。

4）除油污应采用水基型清洗液、碱液等，严禁使用苯。

（7）涂料和辅料配制应遵守下列规定：

1）涂料和辅料入场时，应有完整、清晰的包装标志、检验合格证和说明书。

2）调配涂料应在专用调配室进行，应随用随配，每次配料不得超过 20kg。

3）涂料需加热时，必须使用热水、蒸汽等热源。严禁使用火炉、电炉、煤气炉等明火。

（8）喷涂作业应遵守下列规定：

1）喷涂作业人员必须经安全技术培训，考核合格方可上岗。

2）多支喷枪同时作业时，必须保持 5m（含）以上间距，并按同一方向喷漆。

3）作业中，严禁喷枪嘴对人、设备和设施，不得触摸喷嘴和窥视咬嘴口。

4）喷枪停止使用时必须固锁安全装置。清洁喷枪时，必须先卸压、关机、断电。

5）喷涂作业场所的各种可燃残留物和受其污染的垃圾、棉纱等必须及时清理，并放入带盖的金属桶内，妥善处理。

6）喷涂作业结束后，剩余涂料和输料应及时送回仓库；不得随意乱放，作业人员应及时撤离现场。

（9）检修涂料设、贮存容器、排风管道等，需采用电焊、气焊、喷灯等明火作业时，必须将其中的易燃物清除干净。作业前，必须履行用火申报手续，经消防管理人员检查，确认防火措施落实并颁发用火证后，方可作业。

3. 钢梁现场安装

（1）吊装方案应规定吊装方法、程序、运输方式和路线、交通疏导、机械设备、辅助设施和相应安全技术措施。施工辅助设施应经结构计算确定。

（2）钢梁安装应由具有吊装施工经验的施工技术人员主持。吊装作业必须由信号工指挥。

（3）钢梁按规定进行试拼装合格后，方可运至施工现场。

（4）钢梁运输前应完成以下准备工作：

1）实地踏勘确定运输路线。运输道路的承载力（含桥梁、地下设施）、宽度、转弯半径应满足运输要求；穿过的桥梁和隧道的限高和净跨应满足运输的安全要求；跨路架空线的净高应满足安全规定。

2）施工组织设计中规定的运输车辆和配套用装机械准备就绪，经检查符合要求。

3）杆件若超长、超高、超宽、超重时，应先与道路交通管理部门研究确定运输方案，并经批准。

4）在社会道路、公路上或跨越道路、公路架梁时，应编制交通疏导方案和相应安全措施，并经道路交通管理部门批准。

5）跨越铁路架梁时，架设方案应经铁路管理部门批准。

（5）支搭临时支墩应遵守下列规定：

1）现场应设作业工，非作业人员严禁入内。

2）支墩应进行施工设计，其结构的强度、刚度、稳定性应满足施工过程中最不利施工荷载的要求。

3）支墩应设在坚实平整的地基上，地基承载力不能满足要求时，应对地基进行加固。

4）支墩必须支设牢固，使用前应经验收确认合格，并形成文件。

5）支墩上的千斤顶、砂箱等临时支承设施应与支墩连接牢固。

6）道路范围内的支墩边缘应设安全标志，夜间和阴暗时应设警示灯。

（6）钢梁杆件（梁段）吊装前应进行以下检查工作，确认安全：

1）吊点的位置、构造应符合设计要求，吊装孔应按设计规定进行。

2）各种辅助设施应符合施工设计要求。

3）各种吊装机具应完好，防护装置应齐全有效。

4）桥上临边防护设施应齐全，符合施工设计要求。

（7）吊装前，主管施工技术人员必须向所有作业人员进行安全技术交底，使吊装指挥人员、机械操作工、配合安装的作业人员了解杆件（梁段）的质量、重心位置，掌握杆件（梁段）安全就位的方法、措施。

（8）钢梁杆件（梁段）吊装就位应遵守下列规定：

1）现场必须划定作业区，设护栏或派人值守，非作业人员严禁入内。

2）桥上施工临边防护设施必须在钢梁安装中同步安装。

3）杆件吊装全过程，应设专人跟踪检查辅助设施稳定状况，确认安全；发现异常必须立即停止吊装，排除隐患确认安全后，方可恢复吊装作业。

（9）使用手动力矩扳手拧紧高强螺栓时，不得加套管施拧。各种作业工具应放置在安全地点，严禁将工具放在杆件上，手持工具应系保险绳。

（10）现场使用风动铆接工具连接杆件应遵守下列规定：

1）风动铆接工具使用时风压宜为 0.7MPa。最低不得小于 0.5MPa。

2）风管的耐风压应为 0.8MPa 以上，接头应无泄漏。

3）风动铆枪作业时，应两人操作并密切配合。作业时应先进行试铆，确认无误后方可正式铆接。

4）作业中严禁随意开风门（放空枪）或铆冷钉。

5）风动工具使用完毕，应清洗并干燥后入库保管，不得随意堆放。

（11）现场采用焊接方法连接杆件应遵守下列规定：

1）焊接部位顺序应符合设计文件规定。设计无规定时，纵向宜从跨中向两端对称进行；横向宜从中线向两侧对称进行。

2）施焊部位应设防风设施。

3）雨雪天气不得施焊钢梁外接缝。

4）在钢箱梁内施焊必须采取通风措施，应轮换作业，并设人监护。

（12）主梁的杆件（梁段）吊装就位后，应及时按设计要求进行结构体系转换（落梁），并应遵守下列规定：

1）作业时应由主管施工技术人员现场指挥。

2）卸落砂箱时应定时、定量、对称、同步进行，保持钢梁平稳下落。

3）用千斤顶落梁时应设保险支座，千斤顶放置位置应符合设计规定，不得随意更改。

4）落梁中应观察梁体、支点位移、跨中挠度等情况，并及时调整起落高度。

（13）钢梁架设完成后，应及时安装桥梁地栿、栏杆。栏杆未安装前，桥两端必须封闭。严禁非作业人员入内，严禁开放交通。

（14）钢梁架设中的临时墩等施工设施，使用功能完成后应及时拆除。拆除中应遵守下列规定：

1）现场必须划定作业区，非作业人员严禁入内。

2）有社会交通时，应设专人疏导交通。

3）拆除作业应按拆除方案规定的方法、程序自上而下拆除，严禁采用机械推拉。

4）拆除后应将拆除的物料立即运至规定地点，清理现场，满足交通要求。

14.3.4　斜拉桥与悬索桥

1. 基本要求

（1）斜拉桥与悬索桥施工应由具有施工经验的施工技术人员主持。

（2）在施工组织设计中，应根据设计文件、施工特点和现场环境状况，规定各部位的施工工艺、监控方法和相应的安全技术措施。

（3）施工材料应符合设计要求，严格执行国家或行业标准规定，重要构件应由具有资质的企业加工。材料、构配件进场前应进行检测，确认合格并形成文件。

（4）施工中应根据施工组织设计中规定的安全技术措施，结合结构和作业特点制定安全操作细则，并贯彻执行。每一工序均应进行隐蔽工程验收，确认合格并形成文件。

（5）施工中每工序作业前必须向工作人员进行详细的安全技术交底，使作业人员掌握作业要点和安全要求。

（6）施工中应加强与设计人员的联系，随时解决施工中出现的设计配合问题，使施工阶段结构变形符合设计规定，并及时向设计担供调整结构变形和内力的依据，保持安全施工。

（7）高处作业必须支设作业平台和安全梯或直爬梯等攀登设施。

（8）在河湖地区施工应配备水上救助船。

（9）施工期间应与当地气象台建立联系，掌握天气状况，做好灾害性天气的预防工作。

2. 索塔

（1）基础施工应遵守有关规定。

（2）索塔的倾斜度不得大于塔高的 1/3000，且不得大于 30mm 或设计规定。施工中应及时检测，确认合格，并记录。

（3）索塔应设置避雷器，其接地电阻不得大于 10Ω。

（4）索塔施工应设置相应的塔式起重机或施工升降机，并遵守起重机械安全操作的有关规定。

（5）钢筋混凝土索塔施工应遵守下列规定：

1）塔柱内宜设劲性钢骨架。劲性骨架应在工厂内加工，现场分阶段超前拼装，并精确定位，供测量放样、立模、索管定位和施工受力使用。

2）模板及其支撑系统的施工设计应根据结构自重、高度、风力、施工荷载，并考虑其弹性和非弹性变形、支承下沉、温差和日照的影响，经计算确定。

3）斜塔柱施工中，必须对各个施工阶段塔柱的强度和变形进行验算，并分高度设置横撑，使线形、应力、倾斜度符合设计要求。

4）施工过程中应及时检查模板及其支撑系统的工作状态，确认牢固、稳定。

（6）索塔应在厂内分段制造，立体试拼装，合格后方可出厂。现场组装时应严格控制误差，及时调整轴线和方位。

3. 斜拉桥的主梁与拉索

（1）主梁施工过程中必须对梁体每一施工阶段的塔、梁的变形、应力和环境温度进行监控测试、分析验算，并确定下一施工阶段拉索张拉量值和主梁线形、高程和索塔位移控制量，直至合龙为止。

（2）与索塔不固结的主梁。施工时必须将塔、梁临时固结，并随时观察，确认牢固。拆除临时固结应符合设计规定的方法、程序。

（3）主梁采用悬臂浇筑混凝土、联合梁和叠合梁工艺、悬臂拼装与顶推法架设施工应分别遵守有关规定。

（4）拉索、锚具应由具有资质的企业制作，具有合格和其他相关技术资料。

（5）拉索在运输、堆放中应采取保护措施，保持完好。

（6）现场自制拉索应遵守下列规定：

1）编束时宜用梳型板梳编，每 1.5～2.0m 段用铁丝绑扎，防止扭曲。

2）冷铸墩头锚在环氧树脂高温固化时，应确保温控仪的精密度和实际通电时间。

3）对制成的拉索应进行预拉，确认冷铸锚合格，并测定每索钢丝拉力、延伸和回缩并记录，以便正式张拉时校核。

（7）安装拉索应遵守下列规定：

1）安装拉索应根据塔高、布索方式、索长、索径和施工现场状况等选择架设方法和设备。

2）成品线索放索时应设制动设施，防止卷盘的缆索自由散开伤人。

3）展平的缆索不得在地面上拖磨，不得堆压、弯折。

4）施工中不得用起重钩等易于对缆索产生集中力的吊具直接挂扣缆索，宜用带胶垫的管形夹具或尼龙吊带等多点起吊方法，防止损伤缆索保护层。

5）锚头和缆索穿入塔、梁索管时，应采取限位器等防止偏位和损伤的措施。

6）安装过程中缆索应保持直顺，不得扭曲。锚头螺纹应包裹，防止损伤。

7）施工中发现缆索保护层和锚头损伤应及时修补，并记入档案。

4. 悬索桥的锚碇、主缆与加劲梁

（1）重力式锚碇施工应遵守下列规定：

1）基坑施工应符合有关规定。需爆破岩层时应使用小型爆破法。

2）锚固体系施工应符合下列要求：

① 型钢锚固体系的钢构件制作，试拼、运输、安装等应符合有关规定；

② 预应力锚固体系的焊件必须进行超声波和磁粉探伤检查，锚头应安装防护套，并注入防护性油脂。

3）锚体混凝土施工除应符合有关规定外，还应根据锚碇形式、尺寸等分块施工，块间预留接缝内宜浇筑微膨胀混凝土；浇筑混凝土时应采取温度控制措施，防止混凝土出现裂缝；浇筑后应控制混凝土内外温差在 25℃以内。

（2）山峒式锚碇施工应遵守下列规定：

1）隧道开挖需爆破时应采用小型爆破法，不得损坏围岩，并遵守有关规定。

2）锚体混凝土中的预埋件应符合设计规定。

3）锚体混凝土必须与岩体结合良好，采用微膨胀混凝土。

（3）施工猫道

1）猫道形状和各部尺寸应满足主缆工程施工的需要；猫道临边必须设防护栏杆，其高度宜为 1.5m；栏杆的水平杆不得少于三道，且均匀设置；立杆间距不宜大于 70cm；各节点必须连接牢固。

2）猫道承重索可用钢丝绳或钢绞线，其安全系数不得小于 3.0。

3）猫道采用钢丝绳作承重索时，必须进行预张拉，消除非弹性变形。预张拉荷载不得小于各索破断力的 1/2，承重索按规定长度切断后，其端部应灌注锚头，锚头应进行静载检验，确认合格并记录。

4）承重索架设应对称、连续进行，保持边跨与中跨作业均衡，并控制塔顶变位、扭转值在设计规定范围内。

5）猫道面层宜由两层大、小方格钢丝网组成。

6）猫道面层铺设应由索塔向跨中和锚碇方向对称均衡进行，且上、下游两幅猫道应对称、平衡铺设。施工中应控制索搭两侧水平力之差在设计规定范围内。

7）猫道应按施工组织设计规定设风缆，采用钢丝绳作风缆时，使用前应进行预张拉。

（4）主缆施工应遵守下列规定：

1）主缆施工前应检查、验收牵引系统和施工猫道，确认符合要求，并形成文件。

2）猫道中作业人员不得集中，避免步调一致形成共振。

3）索股线形和索力调整、紧缆工作与主缆的防护应符合设计规定。

4）索股牵引应符合下列要求：

① 牵引过程中应对索股施加反拉力；

② 牵引之初宜低速牵引，对牵引系统进行检查和调整，并确认正常；

③ 牵引中发现绑扎带连续两处被切断时，必须停机处理，发现索股扭转必须纠正；

④ 横移索股向索鞍上就位时，应统一指挥，作业人员协调一致，严整人员位于索股下方。

5）在索鞍区段内，索股形应在松弛状态下进行，保持钢丝平顺，不得交叉、扭转、损伤。

6）主缆缠丝应密贴，缠丝张力应符合设计要求。

（5）安装索鞍必须选择在白天、晴朗时连续完成；严格控制推顶量，确保安全、准确就位。

（6）索夹与吊索安装应遵守下列规定：

1）索夹安装应符合下列要求：

① 索夹及其连接螺栓应经检查合格后方可使用；

② 索夹应与主索连接紧密。确保吊索承载力后不滑移；

③ 紧固同一索夹螺栓时，必须保持各螺栓受力均匀。

2）吊索安装应采取防扭转措施，保持直顺。

3）索夹和吊索在运输安装过程中应采取保护措施，不得碰撞损坏。

（7）加劲梁应符合下列规定：

1）钢箱梁应由具有资质的企业创造，并遵守有关规定。

2）钢箱梁安装应符合下列要求：

① 安装作业应在索夹、吊索安装完毕，经检查确认合格，并形成文件后进行；

② 安装前，吊装机械及其辅助设备应安装就位，并经检查、试吊，确认正常；

③ 桥下为铁路、道路、公路、河湖或施工范围内有架空线时，应与有关管理单位联系，制定设施保护、交通疏导方案，并经同意。吊装就在桥下应划定防护区，设护栏和安全标志，并设人值守；

④ 安装作业应在索塔两端对称均衡进行，控制索塔两端水平力之差符合设计规定；

⑤ 吊装中应双测索塔变位情况，根据塔顶位移量，按设计要求分阶段调整索鞍偏移量；

⑥ 每一梁段安装就位后必须连接牢固；

⑦ 吊装中不得碰撞已安装就位的两梁段。

3）梁段之间焊接连接时应符合下列要求：

① 焊接作业应在风力小于 5 级，温度高于 5℃，湿度小于 85% 的环境中进行；

② 雨天箱外不得施焊；

③ 箱梁内焊接时必须采取排烟措施；

④ 施焊部位应对称进行；

⑤ 焊缝应按设计规定进行无损检验，确认合格。

14.4 顶进桥涵施工安全技术

1. 基本要求

（1）施工前应根据设计文件勘察现场，掌握铁路或道路、公路运行和现场交通状况；掌握路基内设施状况和路基填筑情况，掌握工程范围内和附近的房屋、地下管线、架空线路等到建（构）筑物情况。

（2）在铁路或道路、公路下顶进桥涵施工前，应由建设单位召开有关管理单位参加的施工配合会，研究决定加固、防护和交通疏导方案，并及时与有关管理单位签订安全协议，明确分工、职责与配合。

（3）施工组织设计应规定施工排降水方法、工作坑断面、滑板和顶进后背结构、桥涵模板及其支架结构、顶进方法和设备、安全技术措施。

（4）在铁路下顶进桥涵前，应按铁路加固设计，进行铁路线路加固和采取防止线路推移的措施，经铁路管理单位检验合格，并形成文件。在道路、公路下顶进桥涵前，应按加固设计进行路基和有关管线加固，并经道路、公路等管理单位检验合格，形成文件。

（5）铁路、道路、公路范围内的顶进、降水等施工应遵守有关管理单位的规定，保持运行安全。

（6）工作坑附近需改移架空线、地下管线等建（构）筑物应在工作坑开挖前完成，并经检查，确认合格，并形成文件。

（7）桥涵顶进施工前应建立测控系统，施工中应设专人观测施工影响范围内的房屋、地下管线等建（构）筑物的沉降、位移、变形，发现超出允许范围时应及时采取安全技术措施。

（8）工作坑外，施工机械设备、料具的临边安全距离应根据荷载、土质、坑壁坡度或支护情况和基坑深度等确定，且不得小于 1.5m。工作坑靠路基一侧严禁停置机具、堆土、堆料。

（9）顶进桥涵施工范围应设围挡，非施工人员不得入内。

（10）在现况顶进桥位上进行改建施工时，应遵守下列规定：

1）改建施工应断绝现况交通。施工前应与道路交通管理单位研究制定交通绕行方案，经批准后实施。

2）施工前应查阅现况箱涵的竣工图，掌握其结构状况。

3）施工前应根据设计文件、现况箱涵结构、穿越铁路、道路、公路的交通和现场环境状况，制定专项施工方案，规定拆除方法、分次顶进长度与拆除旧箱涵的长度，采取相应的安全技术措施。

4）新箱涵具备顶进条件后，应按施工方案要求先顶入土体中承载，为拆除旧箱涵提供条件。

5）新箱涵顶进中应边顶进，边拆除旧箱涵结构，其长度应符合方案规定。

6）采用凿岩机凿除旧箱涵结构时，应符合土石方机械安全操作规定。

7）采用爆破方法拆除旧箱涵结构时，应采用小药量，不得影响新箱涵的结构安全。

2. 工作坑

（1）工作坑的位置应满足铁路、道路、公路和管线管理单位的要求。靠路基一侧边坡坡度不宜陡于 1∶1.5，顶进铁路桥涵工作坑上口至近侧的边股铁路中心不得小于 3.2m。

（2）工作坑基底平面尺寸应满足桥涵预制与顶进设备安装的安全要求。

（3）工作坑边坡应视坡顶活荷载和土质情况而定，边坡应在施工过程中保持稳定。

（4）工作坑壁需支护时，支护结构应进行施工设计，并符合现行《建筑基坑支护技术规程》JGJ 120 的有关规定。

（5）有地下水时，工作坑土方开挖前应采取降排水措施。水位应降至基底 50cm 以下。

（6）工作坑完成后应经验收，确认土基符合要求、边坡稳定，并形成文件后方可进行下一工序的施工。

（7）施工中应根据现场条件在工作坑的适宜位置设置临时通道，供施工人员、运输车辆和机械设备使用。

3. 顶进后背

（1）顶进后背必须有足够的强度和稳定性。后背形式可依据顶力大小、现场条件和地质、地形情况参照城市桥梁工程施工技术规程有关规定选用。

（2）在工作坑内开挖后背基槽，应有确保坑、槽壁稳定的措施，并应设专人观察坑壁的稳定情况；发现边坡裂缝、支护松动等异常情况，必须立即停工，人、机撤至安全地方，采取加固措施，经检查确认安全后，方可继续开挖。

（3）紧贴土壁安装后背时，土壁应竖直、平整。

（4）采用埋置法修筑板桩墙后背，肥槽应用砂砾或半刚性材料回填夯实。

（5）浇筑钢筋混凝土后背梁应遵守有关规定。

（6）采用装配式钢筋混凝土后背，墙后肥槽应用半刚性材料回填夯实，梁顶以上的土方边坡采取稳定措施。

（7）重力墙后背混凝土或砌块施工应遵守有关规定。背后应用砂砾或半刚性材料回填夯实。

（8）采用钢筋混凝土筏片填筑式后背，钢筋混凝土施工应遵守有关规定。

（9）顶进后背完成后应经验收，形成文件后方可投入使用。

（10）顶进后背上和施工设计规定范围内不得堆放材料、机具和停放机械设备。

4. 箱涵制作

（1）滑板和箱涵顶板润滑层石蜡涂敷时，应采取防火、防烫伤措施。明火作业前，必须履行用火申报手续，经消防管理人员检查，确认防火措施落实，并颁发用火证。

（2）高处作业必须支搭作业平台，并遵守有关规定。

（3）模板及其支架、钢筋、混凝土、防水施工应遵守相关规定。

5. 顶进设备

（1）顶进设备安装前应经检查，确认液压动力系统无漏油、仪表灵敏可靠，传力系统结构符合设计规定；电气接线符合有关规定。

（2）液压泵站应设置在与顶进、运输无干扰的位置。

（3）传力系统配置应遵守下列规定：

1）传力柱、顶铁、钢横梁的强度、刚度和稳定性应满足最大顶力的要求。

2）传力柱、顶铁、钢横梁、拉杆和锚具应按施工设计规定布置。

3）传力柱、顶铁的中心线应与顶力轴线一致，钢横梁应与顶力轴线垂直。

4）顶铁与传力柱相接处、两节传力柱对接处，应设置钢横梁，加强横向约束，保持纵向稳定。

5）千斤顶不得直接与顶铁或传力柱顶接，应通过钢横梁传力。

（4）液压系统应按生产企业提供的使用说明书操作。

（5）顶进设备安装完成后，应经检查、验收，并经试运转确认合格，方可投入使用。

6. 顶进

（1）桥涵顶进应由主管施工技术人员现场指挥，连续施工，不得中断。

（2）桥涵顶进前应具备下列条件：

1）桥涵结构已经验收确认合格，并形成文件。

2）后背和顶进设备已安装完毕，经验收和试运转确认合格，并形成文件，现浇混凝土或砌体结构后背的强度已达到设计规定，并形成文件。

3）顶进作业区的地下水位已降至基底 50cm 以下。

4）铁路或道路、公路加固已按加固设计完成，并经其管理单位验收合格，形成文件。

5）桥涵顶进中的应急物资已准备就绪。

6）顶进铁路桥涵时，铁路加固设施的监护、调整人员已到位，列车慢行调令已下达。

（3）桥涵顶进应遵守下列规定：

1）液压泵站应经空载试运转，确认电气、液压系统、监测仪表、传力系统正常后，方可开始顶进。

2）千斤顶与传力结构顶紧后，应暂停加压，再次检查顶进设备和后背，确认正常后，方可逐级加压顶进。

3）顶进中，监测人员应严密监控千斤顶、传力柱、顶铁、钢横梁、后背、滑板、桥涵结构等各部位的变形情况，发现异常情况，必须立即停止顶进，待采取措施确认安全后，方可继续顶进。

4）顶进中，不得对千斤顶、传力柱、顶铁进行调整；不得敲击垫铁。调整或置换传力柱、顶铁、垫铁时，必须将千斤顶退回零位。

5）顶进中，不得进行挖土作业。

6）顶进中，非施工人员不得进入工作坑内，施工人员不得靠近顶铁。

7）顶进必须在火车运行间隙或道路、公路暂停通行时进行。

8）铁路桥涵顶进作业应与铁路加固作业密切配合，顶进前铁路加固人员应及时松开桥涵顶部加固的支承木楔，减少摩阻，防止路线推移。火车到达前应打紧木楔。

9）采用解体方法进行桥涵顶进时，接缝处应设置钢板遮盖。

10）采用顶拉法作业时，拉杆两侧和两端均不得有人，每一顶程结束后，应检查拉杆的锚固情况，确认正常后方可进行下一循环顶进。

（4）挖土应遵守下列规定：

1）严格按施工组织设计的规定开挖，土体开挖坡度应符合规定，严禁超挖。

2）挖土必须符合铁路或道路、公路管理部门的规定。

3）挖土施工中应随时观测土体稳定状况，发现异常应及时采取措施，当发现路基塌方影响行车安全时，必须立即停止挖土，报告铁路或道路、公路管理部门，并组织抢险，保持路基稳定。

4）挖土必须在火车运行间隙或道路、公路暂停通行时进行；火车、汽车通过时施工人员应暂离开挖面。

（5）桥涵顶进中，应设专人指挥机械和车辆，协调挖土、运土和顶进操作人员的相互配合关系。指挥人员应位于安全地点，随时观察机械、车辆周围状况及时疏导人员，维护现场人员的安全。